우주의 모양

우주의 모양

지은이 제프리 R. 윅스
옮긴이 홍갑주
펴낸이 박문규
펴낸곳 경문사
펴낸날 2014년 8월 15일 1판 1쇄
등 록 1979년 11월 9일 제313-1979-23호
주 소 121-818, 서울특별시 마포구 와우산로 174
전 화 (02) 332-2004 팩스 (02) 336-5193
이메일 kyungmoon@kyungmoon.com

값 22,000원

ISBN 978-89-6105-736-3
ISBN 89-7282-390-2 (세트)

우주의 모양

The Shape of Space, 2nd

제프리 R. 윅스 지음

홍갑주 옮김

KM 경문사

일러두기

- 책명이나 원어를 밝혀야 하는 경우는 병기하였다.
- 본문에 사용한 부호의 뜻은 다음과 같다.
  - 저서 · 신문 · 잡지 : 《 》
  - 기사 · 논문 : 〈 〉
  - 강조와 인용 : ‘ ’, “ ”

옮긴이 머리말

우주의 모양은 어떻게 생겼을까요? 우주의 끝이 있다면 그 '너머'에는 무엇이 있을까요? 아니, 그 너머에 무엇이 있다면 끝은 사실 끝이 아니게 되지 않나요?

도넛 표면이 손잡이 달린 머그컵 표면과 '같다'는 이야기, 혹은 구에 그려진 삼각형 내각의 합은 평면상의 삼각형에서보다 크다는 이야기를 들어본 사람이 있을 겁니다. 우주의 모양을 탐구하기 위해서는 이 이야기 각각이 예시하는 어떤 성질과 그 관계에 대해 알아야 합니다. 학생이나 일반 대중에게 전문적인 수학 내용을 소개하는 책은 그 결과만을 전달하거나, 혹은 기껏해야 관련된 수학자 이야기를 덧붙이는 데 그치는 것이 보통입니다. 그러나 이 책은 독자가 수학적 상상과 사고를 한 단계 한 단계 직접 따라가도록 해 준다는 점에서 특별합니다. 저자인 제프리 윅스Jeffrey R. Weeks는 20세기의 가장 위대한 기하학자 중 한 명인 윌리엄 서스턴William Thurston의 제자로서, 주로 프리랜서로 지내며 자유롭게 연구하는 독특한 수학자이자 우주론 연구자이자 컴퓨터 프로그래머입니다. 상상력과 재치로 가득 찬 이 책은 정말로 멋진 방법으로 우주의 모양과 관계된 수학을 경험하게 해줍니다.

우주 모양의 후보들을 탐구하는 것은 처음에는 어려울지 모릅니다. 어떤 모양들은 한눈에 잘 들어오지 않습니다. 그러나 이 책의 방법을 따라 그 모양들을 '내적으로' 탐험하는 경험을 쌓아갈수록, 일상적으로 경험하는 것과는 다른 구조를 가진 여러 공간들이 마치 내 앞에 놓여 있는 것처럼 생생하게 느껴지게 되고, 그 모양에 대해 이야기 하는 것이 자연스러워질 것입니다. 한편으로 이러한 경험은 여러분의 '보는' 능력에 대해 새로운 앎을 줄 것입니다. 보는 것은 우리

마음의 일이고, 사람의 마음은 정말로 유연하다는 사실을 말이지요.

이 책의 원서가 발간된 이후에 푸앵카레의 추측이 증명되고, 우주의 진화에 관련된 새로운 관측 결과들이 발표되는 등, 수학과 우주론 양 분야에서 진전이 있었습니다. 이 책을 읽은 여러분은 이에 대해서도 좀 더 알아보고 싶은 마음이 생길 것입니다. 그러기를 기대합니다.

이 책을 처음 소개해준 것은 늘 당찬 저의 대학 동기 강보경 박사였습니다. 은사이신 최영기 교수님은 이 책의 가치를 확신하게끔 이끌어 주셨습니다. 삶이 열정 그 자체인, 지금은 티브이에서 자주 보는 오경란 선생님 덕분에 경어체로 번역하는 시도에 자신감을 가질 수 있었습니다. 김지선 박사는 초기 번역작업을 도와주었고, 이규하, 한정윤 선생님, 제자 박지환은 바쁜 와중에 원고를 읽고 수정할 점을 지적해 주었습니다. 정말로 감사합니다. 또한 개인적인 사정으로 많이 늦어진 번역작업을 기다려 주고 세련된 편집을 완성해 준 경문사에 이 기회를 빌려 감사의 말을 전합니다.

윅스는 서문에서 자신이 느낀 즐거움을 독자들도 느끼기를 기대한다고 말했습니다. 저는 이 책을 읽고 정말로 큰 즐거움을 느꼈습니다. 제가 받은 즐거움이 번역을 통해 여러분께 그대로 전달된다면 더할 나위 없이 기쁘겠습니다.

홍갑주 드림

제2판 머리말

《우주의 모양》 초판이 1985년에 나왔을 때 진짜 우주를 측정해서 그 모양을 파악하겠다는 생각은 먼 미래에나 실현 가능할 것 같은 즐거운 꿈이었을 뿐입니다. 그 미래가 왔습니다. 예상했던 것보다 더 빨리 말이지요. 2002년 현재 우주의 모양을 측정하려는 별개의 두 연구가 서로 다른 방법으로 진행 중입니다. 21장의 우주결정학Cosmic Crystallography에서는 은하들이 배열된 형태 속에서 어떤 패턴을 찾습니다. 반면, 하늘의 원Circles in the Sky 방법에서는 빅뱅 이후에 남아 있는 초단파 복사선을 사용합니다. 어떤 방법이 성공할 것인지 예측하기는 아직 이릅니다. 하지만 21세기의 첫 10년이 우주의 모양을 측정하려는 인류의 실현가능한 시도가 처음으로 이루어진 시기로 기록될 것이라는 데에는 의심의 여지가 없습니다.

물리적인 우주에 대한 우리의 지식은 아직 성장 과정인 반면, 곡면과 삼차원 다양체의 기본적인 기하적 성질에 대한 이해는 1985년에 이미 성숙한 상태였고, 그 이후로 별로 변하지 않았습니다. 따라서 이 책의 처음 열여덟 장은 제1판의 전개방식을 그대로 따라갑니다. 이번 판에서 가장 크게 개선한 부분은 논리적인 빈틈을 메웠다는 것입니다. 첫 판을 쓸 때는 곡면의 분류에 대한 충분히 쉬운 증명을 찾을 수 없었습니다. 첫 판이 나온 후에 존 콘웨이John Conway는 매우 독창적인 'ZIP 증명'을 고안했습니다. 부록 C는 조지 프란시스George Francis가 그린 최고로 명료한 삽화를 통해 ZIP 증명을 보여줍니다.

마지막으로, 부록 B의 참고문헌 목록을 새로 고쳤습니다.

여러분이 신비한 우주의 탐험을 멋지게 해내기 바랍니다. 제가 느꼈던 즐거움을 여러분도 느끼기를 기원합니다.

제1판 머리말

뫼비우스 띠와 클라인 병이 처음으로 제 마음을 사로잡은 것은 고등학교에 다닐 때였습니다. 그것들이 '위상수학'이라는 분야의 연구대상이라는 것을 알게 된 다음, 나는 좀 더 많이 배우고 싶어졌습니다. 그러나 아쉽게도 학교 도서관은 물론 공공도서관에도 그 주제에 대한 책이 별로 많지 않았습니다. 대학을 가면 위상수학에 대해 좀 더 배울 수 있을 것이라고 생각했지만, 대학에서 4학년이 되기 전에는 위상수학 수업을 신청할 수도 없었고, 4학년 때 배운 것도 극도로 추상화된 과목(점집합론적 위상수학)과 기교적인 도구들을 배우는 또 다른 과목(대수적 위상수학)뿐이었습니다. 위상수학의 가장 아름다운 예들은 거의 무시되었습니다.

《우주의 모양》 은 뫼비우스 띠나 클라인 병 같은 가장 간단한 예들과, 이보다 높은 수준의 대학 수업에서 배우는 어려운 수학 사이의 간격을 메워줄 것입니다. 나는 이 책을 다양한 사람들을 대상으로 썼습니다. 주로 이 주제에 관심이 있는 비수학자들(아마도 뫼비우스 띠에 대해 듣고 나서, 좀 더 배우고 싶어 하는 고등학교 학생들)을 대상으로 썼지만, 이 책은 현재의 대학과 대학원 과정에 빠져 있는 직관적인 예들을 제공해 주는 역할도 할 것입니다.

나는 아직 이 책이 무엇에 관한 것인지 이야기하지 않았을 뿐 아니라 제목조차 설명하지 않았습니다. 1장에서 이에 대해 이야기할 것입니다.

Contents

우주의 모양
The Shape of Space

Part 1 곡면과 삼차원 다양체

Part 2 곡면의 기하

Part 3 삼차원 다양체의 기하

Part 4 우주

부록

part 01

곡면과 삼차원 다양체

CHAPTER 01

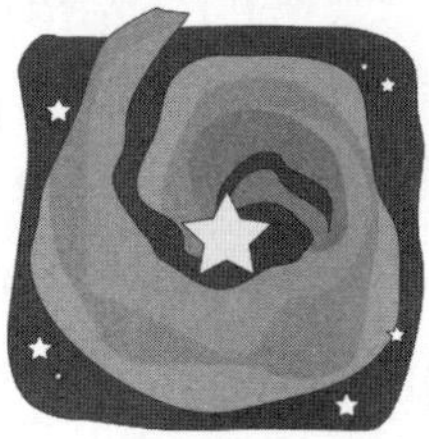

플랫랜드

1884년에 **정사각형**이라는 이름을 가진 좀 유별난 한 사람이 마침내 회고록을 출판했습니다. 아, 사실은 애보트E. A. Abbot라는 이름의 대리인이 그를 대신하여 출판했습니다. **정사각형** 자신은 이단이라는 혐의로 감옥에 갇혀 있거든요. **정사각형**이 유별났던 것은 그의 이름이 이상해서가 아니라 오히려 그것이 그 자신을 잘 표현하는 정확한 이름이었기 때문입니다. **정사각형**은 실제로 정사각형 모양이었던 것입니다.*

여러분은 **정사각형**이 살았던 곳이 어디일지 궁금하겠지요. 우리가 사는 곳과 같은 삼차원 공간에 살고 있는 이차원의 정사각형을 기대해선 안 됩니다. 종이처럼 얇은 두께를 가진 생물을 여러분이 상상할지 모르겠습니다만, **정사각형**은 두께를 가지지 않은 완전히 납작한 사람입니다. 정사각형은 우리의 삼차원 우주에 살지 않았습니다. 그는 플랫랜드에 살았습니다. 그곳은 거대한 평면과 닮은 이차원 우주입니다.

《플랫랜드Flatland》는 또한 그가 출판했던 회고록의 제목이기도 합니다. 그 책은 지금도 서점에서 구할 수 있으니 꼭 읽어보기 바랍니다. 1907년에는 힌

---

* 역주: 플랫랜드의 사람 이름 '정사각형(Square)'을 고딕체로 '**정사각형**'이라 표기함으로써, 기하학적 도형 '정사각형(square)'과 구별하였다.

튼C.H. Hinton이란 사람이 비슷한 내용의 책 《플랫랜드에서 일어난 일An Episode of Flatland》을 펴냈습니다. 이 두 책에서 결정적으로 다른 부분은 애보트의 플랫랜드 주민들은 그들의 이차원 우주를 마음대로 돌아다닐 수 있는 반면 힌튼이 이야기한 세계의 주민들은 중력에 묶여 있어서, 그들이 사는 원판 모양의 행성인 아스트리아Astria의 원 모양 가장자리에 붙어서 살고 있다는 점입니다(그림 1.1). 아스트리아에 대해 완전히 알고 싶다면 듀드니A. K. Dewdney의 책 《평면우주The Planiverse》를 읽어보기 바랍니다.

우리의 주제로 돌아옵시다. 플랫랜드의 모든 사람들은 플랫랜드는 거대한 평면－우리와 같은 스페이스랜드Spaceland 사람들은 유클리드 평면이라고 부르는－이라고 생각했습니다. 정확하게 말하자면, 사람들은 플랫랜드는 평면이라는 사실을 당연한 것으로 여겼습니다. 그때까지는 아무도 이 문제에 대해 관심을 가지지 않았거든요. 아, '거의 아무도'입니다. 언젠가 한번은 스톤Stone

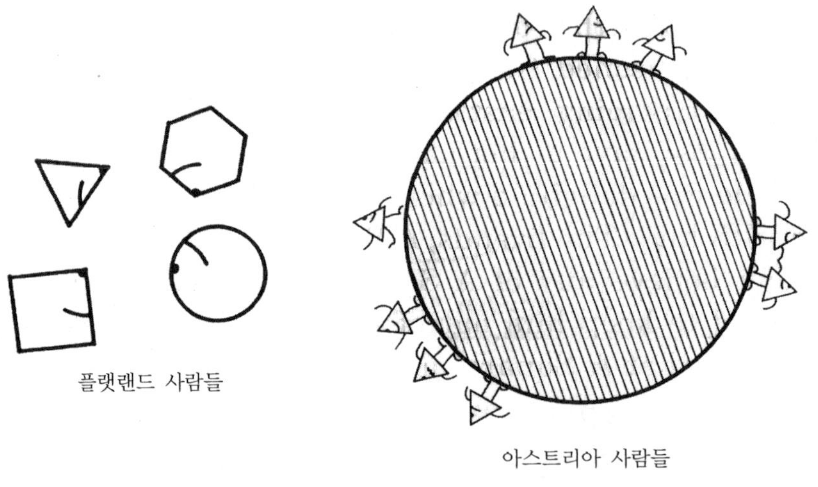

[그림 1.1] 플랫랜드 사람들은 '평면' 속에서 자유롭게 움직인다. 반면 아스트리아 사람들은 원판 모양의 행성, 아스트리아의 가장자리를 따라서만 움직인다.

이라는 물리학자가 플랫랜드는 넓이가 유한하면서도 어떤 경계도 갖지 않는 모양이라는 이론을 제시했습니다. 그는 플랫랜드를 원에 비유했습니다. 대부분의 사람들은 그의 말을 이해하지 못했습니다. 원은 분명히 그 둘레의 길이가 유한하며 끝점을 갖지 않지만, 이 사실이 무한한 넓이를 가질 것이 분명한 플랫랜드와 무슨 상관이 있냐는 것이지요. 게다가 일단 언어상의 문제점이 있었습니다. 플랫랜드 사람들에게 '평면'을 가리키는 단어는 '플랫랜드' 자신을 가리키는 바로 그 단어뿐이었기 때문에 플랫랜드가 평면이 아니라는 생각을 표현하기 위해서는 다음과 같이 말하는 함정에 빠지게 됩니다. "플랫랜드는 플랫랜드가 아니다." 말할 필요도 없겠지만, 이 이론을 믿는 사람은 단지 몇 명밖에 없었습니다.

정사각형은 그 중 한 명이었습니다. 그는 특히 한 방향으로 길을 떠나서 방향을 바꾸지 않고도 반대방향으로부터 돌아올 수 있다는 발상에 호기심을 가졌습니다. 결국, 그는 호기심을 누르지 못하고 행동에 옮겼습니다. 플랫랜드 사람들 대부분은 겁이 많아서 플랫버러Flatburgh 시 주변의 농지 밖으로 하루나 이틀 이상 나가는 여행을 해본 적이 없었습니다. 정사각형은 한 달 정도 숲을 가로질러 동쪽으로 나아간다면 서쪽으로부터 돌아올 수 있을 것이라고 생각했습니다.

정사각형에게 기쁜 일이 생겼는데, 두 명의 친구가 그와 함께 가겠다고 자원한 것입니다. 그 두 친구, 정오각형과 정육각형이 정사각형의 이론을 믿었던 것은 아닙니다. 그들은 단지 정사각형이 위험에 빠지지 않도록 돕고 싶었습니다. 그들은 정사각형에게 플랫버러에 있는 모든 붉은 실을 구입하자고 제안했습니다. 그들의 아이디어는 붉은 실을 자신들의 뒤로 늘어뜨리면서 나아가자는 것이었습니다. 그러면 한 달을 여행하다가 포기하더라도 플랫버러로 돌아오는 길을 찾을 수 있을 것이라고 생각했거든요.

결과적으로, 그 실은 필요 없었습니다. 여행을 떠난 지 3주일 만에, 그들은 서쪽으로부터 돌아오는데 성공했기 때문입니다. 정사각형은 무척 기뻐했고 정오각형과 정육각형은 안도의 한숨을 내쉬었습니다. 하지만 이 결과는 사람들에게 어떤 확신도 주지 못하였습니다. 정오각형과 정육각형조차도 자신들이 한쪽으로 조금씩 굽은 방향으로 여행을 해서 그들의 경로가 플랫랜드의 평면에서 커다란 원을 그리게 된 것이 틀림없다고 생각했습니다(그림 1.2). 정사각형은 그들의 이론에 아무런 반박을 못 했지만 전혀 기죽지는 않았습니다. 그는 다시 도전할 준비가 되어 있었습니다.

플랫랜드에 붉은 실이 다 떨어졌기 때문에, 이번에 정사각형은 파란 실을 늘어뜨려 지나온 길을 표시했습니다. 그는 북쪽으로 출발하여 2주일 만에 남쪽으로부터 돌아올 수 있었습니다. 사람들은 이번에도 정사각형은 원을 만드는 구부러진 경로로 나아갔으며, 단지 운이 좋아 돌아올 수 있었다고 추측했습니다.

정사각형은 이번에 그의 여행이 훨씬 짧게 끝났다는 것이 이상했습니다. 더욱 이상한 것은 처음 여행 때 늘어뜨렸던 붉은 실을 한 번도 마주치지 않았다는 점이었습니다. 플랫랜드의 물리학자들도 그 문제에 흥미를 가졌습니다. 그들에 의하면, 플랫랜드가 스톤이 제안한 소위 '초원hypercircle'*의 모양이라고 하더라도 두 실은 여전히 서로 만나야 한다는 사실에는 의심의 여지가 없었습니다(그림 1.3). 하지만, 물론, 붉은 실이 어떤 이유로 끊어졌을 수도 있었습니다. 이 가능성을 조사하기 위해 과학자들은 탐사대 두 팀을 보냈습니다. 한 팀은 붉은 실을 따라, 한 팀은 파란 실을 따라 나아갔지요. 그 결과 두 가지의 실 모두 손상되지 않았음이 확인되었습니다.

이 수수께끼는 몇 년간 수수께끼로 남아 있었습니다. 몇몇의 용감한 플랫랜드 사람들은 순례여행을 하듯 그 실을 따라 정기적으로 여행을 하곤 했습니다. 해결의 실마리는 어떤 물리학자가 새로운 이론을 제시하면서 드러났습니다. 그는 플랫랜드는 '플랫랜드'(즉, 평면) 모양도 아니고 초원 모양도 아닌, 그가 '토러스'라고 부르는 모양이라고 주장했습니다. 처음에는 아무도 그의 말

* 역주: '초원(超圓, hypercircle)'이란 우리 스페이스랜드 사람이 '구(球, sphere)'라고 부르는 바로 그것이다. 플랫랜드 사람들이 쉽게 생각할 수 있는 도형인 원과 비슷하지만, 그보다 더 높은 차원을 가진 대상이라는 의미에서 구를 이렇게 부르고 있다.

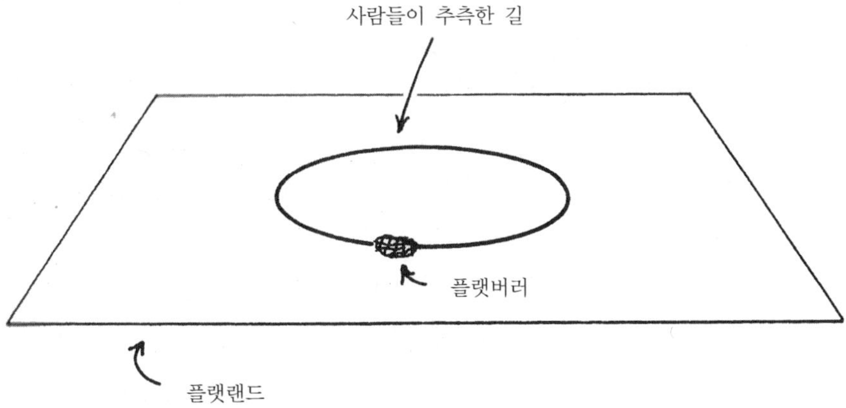

[그림 1.2] 정사각형의 동료들조차도 그들이 조금씩 굽은 방향으로 여행해 원을 그렸다고 생각했다.

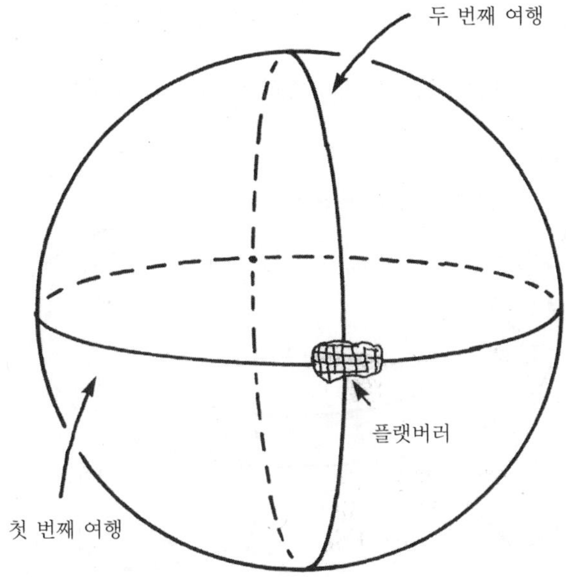

[그림 1.3] 플랫랜드가 '초원(즉, 구)'이었다고 하더라도 두 개의 실은 교차해야 한다.

을 이해하지 못했습니다. 하지만 사람들은 이 이론을 통해 두 실이 서로 만나지 않는 수수께끼가 해결되었다는데 점차 동의하게 되었고, 결국 모든 사람들이 이것으로 만족했습니다. 따라서 몇 년간 플랫랜드는 토러스 모양이라고 간주되었습니다(그림 1.4).

그러던 어느 날 어떤 사람이 플랫랜드의 '모양'에 대한 또 하나의 이론을 제시했습니다. 이 이론 역시 토러스 이론과 마찬가지로 두 실이 서로 만나지 않는 수수께끼를 잘 설명해 주었지만, 플랫랜드의 전체적인 모양이 토러스와는 다르다고 주장했습니다. 게다가 이 새로운 이론 이후로 몇 달 동안 사람들은 플랫랜드의 모양에 대한 또 다른 가능성을 계속 제시했습니다(그림 1.5). 얼마 안 있어 플랫랜드 전체를 측량해서 그 진짜 모양을 결정하기 위한 범우주적인 탐사가 시작되었는데….

(이 이야기는 4장에서 계속됩니다)

스페이스랜드 사람으로서, 우리는 그림 1.5와 같은 그림을 그릴 수 있는 삼

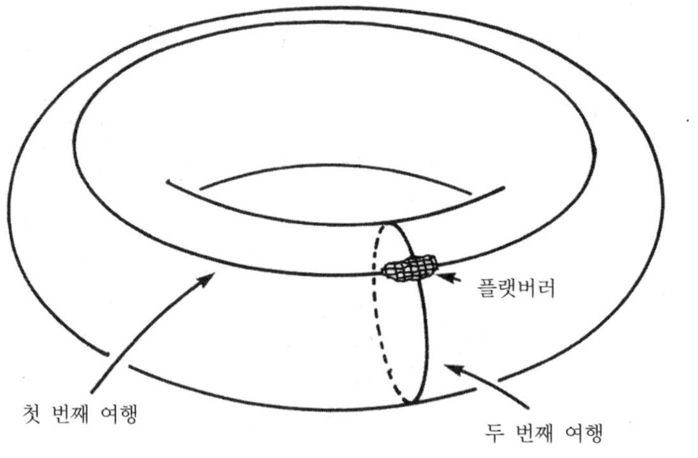

[그림 1.4] 우리 스페이스랜드 사람은 토러스를 도넛의 표면으로서 시각화시키기도 한다.

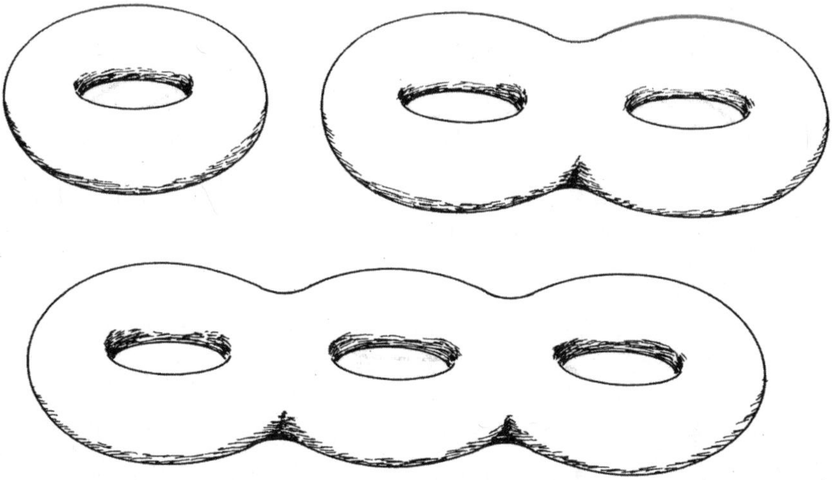

[그림 1.5] 플랫랜드의 몇 가지 가능한 모양

차원을 갖고 있습니다. 그래서 우리는 이차원 우주가 어떻게 그 스스로 맞물려 닫혀 있을 수 있는지 쉽게 이해할 수 있습니다. 하지만 이차원 우주 속에 살고 있는 플랫랜드 사람들은 그러지 못할 것입니다. 다음과 같은 상황을 상상해 보면 그들의 어려움을 이해할 수 있을 것입니다.*

1. 당신은 지적 생물체를 찾기 위해 멀리 떨어진 은하로 여행을 떠났다. 그 은하에 도착하고 나서는 그 은하에서 가장 쾌적하게 보이는 행성으로 향했다. 그런데 당신은 결국 지구에 돌아온 것을 알게 되었다.
2. 당신은 천문학자이다. 당신은 하늘의 서로 다른 두 방향에서 완전히 똑같은 물체를 발견했다.
3. 당신은 지구 밖의 생명체가 보내는 전파를 찾는 전파 천문학자이다. 당

* 주의: 이 상황들은 여러분의 상상력을 자극하기 위해 지어낸 것입니다. 실제로 가능한 일인지를 걱정하지 마세요.

신은 먼 은하에서 오는 희미한 신호를 발견하였다. 수신기의 파장을 맞추니 그것은 오래된 TV 드라마 '전원일기'였다.

위의 상황 각각은 우주가 지금까지 여러분이 생각하던 것과는 다른 모양으로 만들어져 있다는 의심을 갖게 해줍니다. 즉, 우주는 여러분이 당연히 그럴 것이라고 상상했던 것과는 다른 모양을 가지고 있는 것처럼 보입니다. 사실 우주의 진짜 모양이 어떤지, 여러분은 전혀 모릅니다!

사실, 우주의 진짜 모양은 아무도 모릅니다. 하지만 사람들은 어떤 모양이 가능한가에 대해서는 꽤 많은 사실을 알고 있습니다. 우주의 가능한 모양들이 바로 이 책의 주제입니다. 이 모양들을 삼차원 다양체라고 부릅니다(비슷하게, 플랫랜드의 이차원 형태를 이차원 다양체라고, 혹은 간단히 곡면이라고 부릅니다). 지금 여러분이 삼차원 다양체에 대해 갖고 있는 개념은 아마 모호할 것입니다. 하지만 걱정할 필요는 없습니다. 2장을 시작하며 곧바로 몇 가지 예를 살펴볼 것이니까요. 지금 필요한 것은 우리의 우주가 그 스스로 돌아와 닫혀 있을 수도 있다는 것을 깨닫는 것입니다. 마치 플랫랜드의 가능한 모양을 보여주는 곡면들이 그 스스로 돌아와 닫혀 있는 것처럼 말이지요.

이 책은 삼차원 다양체의 예들을 소개하는데 초점을 맞춥니다. 삼차원 다양체에 대한 방대한 이론을 전개해나가지는 않을 것입니다. 여러분은 그 다양체들 각각을 시각적이고 직관적인 방법으로 이해하게 될 것입니다. 분명, 이것은 쉬운 일이 아닙니다. 정사각형과 정육각형이 토러스의 모양에 대해 이야기하면서 겪게 될 어려움을 상상해보세요. 정사각형은 자신의 이차원 공간에 갇혀 있기 때문에 토러스의 정확한 그림을 그릴 수 없습니다. 비슷한 이유로 우리는 어떤 삼차원 다양체의 정확한 그림을 그릴 수 없습니다.

하지만 희망적인 점도 있습니다. 다양한 삼차원 다양체들을 정의하는 절묘한 기법들을 여러분이 이용할 수 있다는 것입니다. 그 기법들을 가지고 오랫동안 골똘히 생각하면서, 삼차원 다양체에 대한 여러분의 직관이 점점 자라나게 될 것입니다. 인간의 지적 능력이란 이런 면에서는 상당히 유연합니다. 이 책을 천천히 읽기를, 그리고 내용을 완전히 이해할 수 있도록 충분한 시간을 투자하기를 바랍니다. 기껏해야 한 장, 때로는 문제 하나 정도가 한 번에 읽기에 적당한 양일 것입니다.

이 책에서 여러분은 삼차원 다양체를 직관적으로 이해할 수 있게 해주는 일련의 질문들을 만나게 될 것입니다. 자 여러분의 상상력을 발휘하세요!

CHAPTER 02

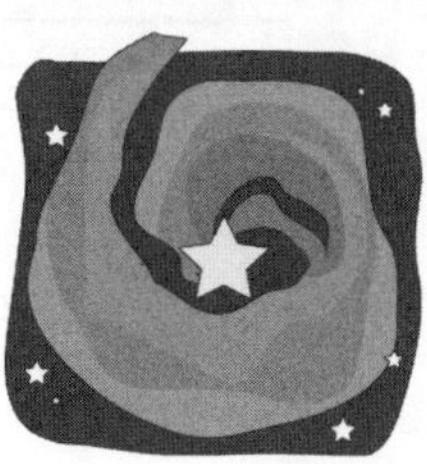

붙이기

두 명이 비행기를 조종하여 TV 화면상에서 공중전을 펼치는 유명한 컴퓨터 게임이 있습니다. 이 게임의 재미있는 점은 비행기가 화면의 한쪽 끝으로 날아가면 가장자리에 충돌하는 것이 아니라 반대편 가장자리로부터 되돌아온다는 것입니다(그림 2.1). 수학적으로 말하자면 화면의 모서리는 서로 '붙어' 있습니다. (여기서 '붙어 있다'는 것은 완전히 추상적인 의미에서 그렇다는 것입니다. 가장자리가 물리적으로 연결되어 있을 필요는 없습니다.) 이런 식으로, 마주보는 모서리들이 추상적으로 붙어 있는 정사각형이나 직사각형을 토러스라고, 더 정확하게 말하면 편평 이차원 토러스라고 부릅니다. 편평 이차원 토러스와 1장에서 살펴본 도넛 표면 토러스 사이에는 어떤 관계가 있지만, 이제부터 여러분은 도넛 표면은 완전히 잊어버려야 합니다.

> 토러스 위에서의 보드게임을 비롯하여, 이 책으로 탐구하는데 도움을 주는 게임 몇 가지를 인터넷 주소 http://www.geometrygames.org/SoS/에서 즐길 수 있습니다.*

* 역주 : 주소의 대소문자를 구별할 것. 이 게임들은 스마트폰 앱으로도 즐길 수 있다. 안드로이드 마켓이나 앱 스토어에서 '원환게임'으로 검색하면 된다.

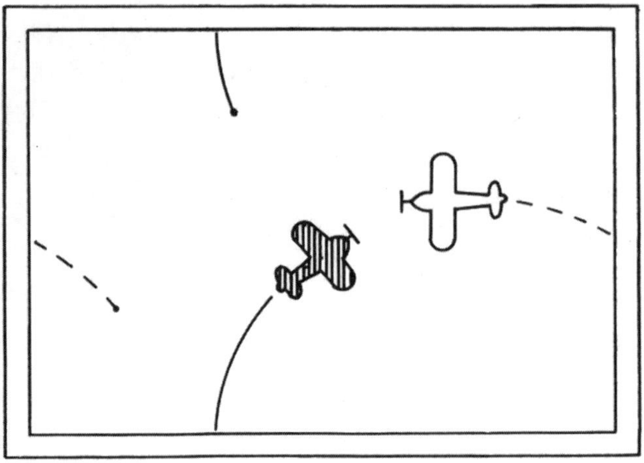

[그림 2.1] 비행기들은 TV 화면의 가장자리를 가로질러 날아다닐 수 있다.

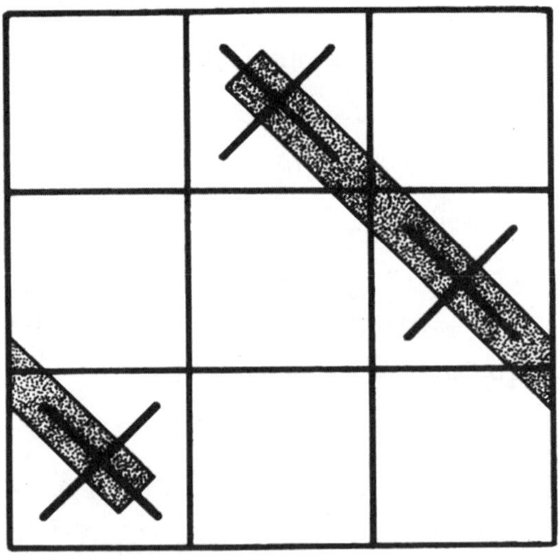

[그림 2.2] 말판이 토러스를 나타낸다고 상상할 때, 이 X들은 한 줄을 이룬다.

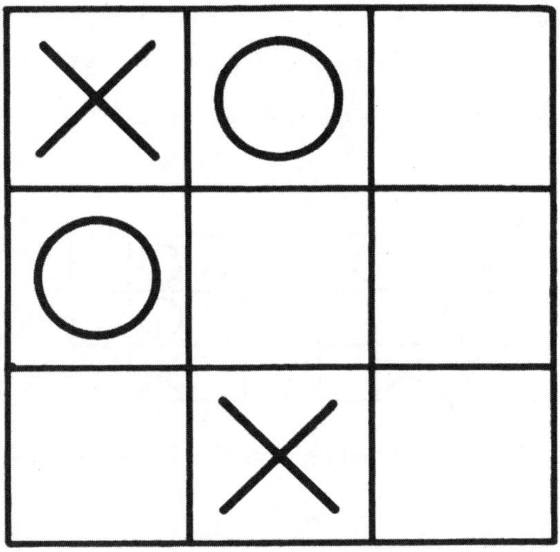

[그림 2.3] X의 최선의 선택은 어디인가? O의 최선의 선택은 어디인가?

연습문제 2.1 친구와 토러스 틱택토 게임을 해봅시다. 규칙은 전통적인 틱택토와 같지만, 말판의 마주 보는 변들은 서로 붙어서 토러스를 이룹니다. 비행기 전투 게임에서 TV 화면의 마주보는 변들이 서로 붙어 있던 것처럼 말이지요. 그림 2.2에서 세 개의 X는 한 줄을 이루므로 게임은 끝났습니다. ▮

연습문제 2.2 그림 2.3은 진행 중인 토러스 틱택토 게임을 보여주고 있습니다. 지금 X의 차례입니다. 어디에 두어야 할까요? 또, O의 차례라면 어디에 두어야 할까요? (연습문제의 답은 이 책 뒤의 부록 A에 있습니다.) ▮

토러스 틱택토 게임에서 그림 2.4에 보이는 배치들은 모두 동등한 것입니다. 두 번째 배치는 첫 번째 배치에서 모든 말을 한 칸씩 '위로' 이동시켜 얻을 수 있습니다(맨 위의 행을 '위로' 옮기면 맨 아래 행으로 오게 됩니다). 비슷하게, 세 번째 배치는 두 번째 배치에서 모든 말을 한 칸씩 오른쪽으로 이동시켜 얻은 결과입니다. 네 번째 배치는 약간 다른 방법을 통해 얻어집니다. 그것은 세 번째 배치를 시계방향으로 90도 회전시켜서 얻은 것입니다.

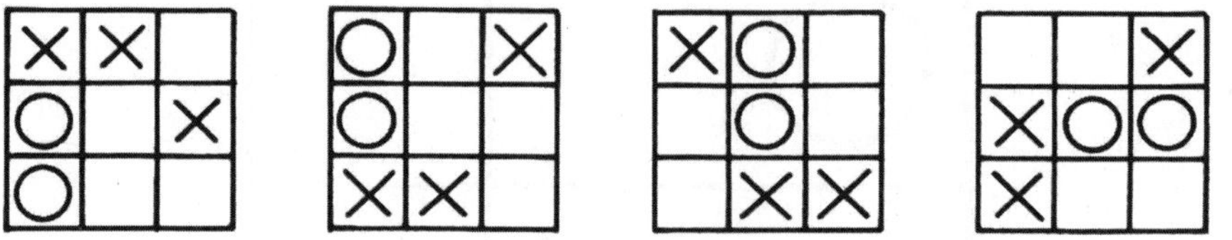

[그림 2.4] 이 네 개의 배치들은 토러스 틱택토 게임에서 동등하다.

연습문제 2.3 그림 2.5는 토러스 틱택토 게임에서의 배치들입니다. 동등한 것끼리 묶어 보세요. ∎

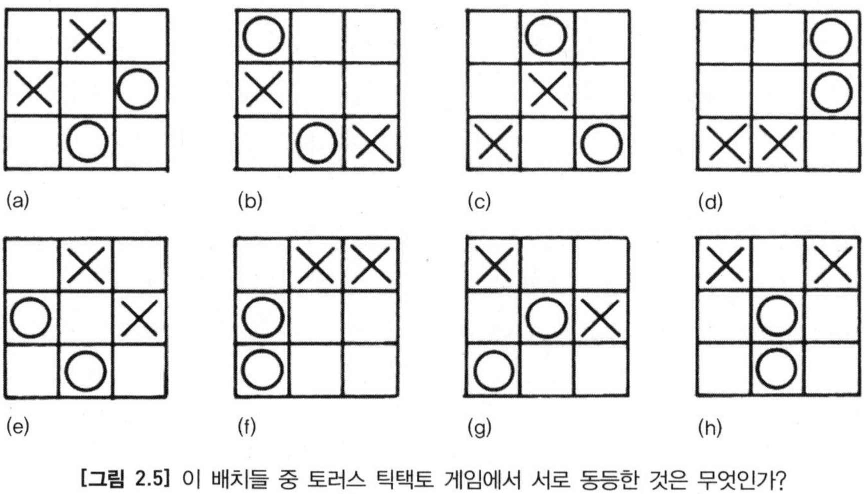

[그림 2.5] 이 배치들 중 토러스 틱택토 게임에서 서로 동등한 것은 무엇인가?

연습문제 2.4 토러스 틱택토 게임에서 먼저 두는 사람이 놓을 수 있는 본질적으로 서로 다른 칸은 몇 개입니까? 또 상대방은 몇 가지 방법으로 응수할 수 있습니까? 최선의 경기를 한다고 할 때 반드시 이기는 방법이 있는 쪽이 있습니까? (원래의 틱택토 게임이라면 둘 중 한 사람에게는 최소한 비기는 방법이 있습니다.) ▮

연습문제 2.5 토러스 위에서의 체스는 틱택토보다 더 어렵습니다. 그림 2.6의 배치를 봅시다. 흰색 나이트가 위협하는 검은 말은 무엇입니까? 흰색 나이트를 위협하는 검은 말은 무엇입니까? ▮

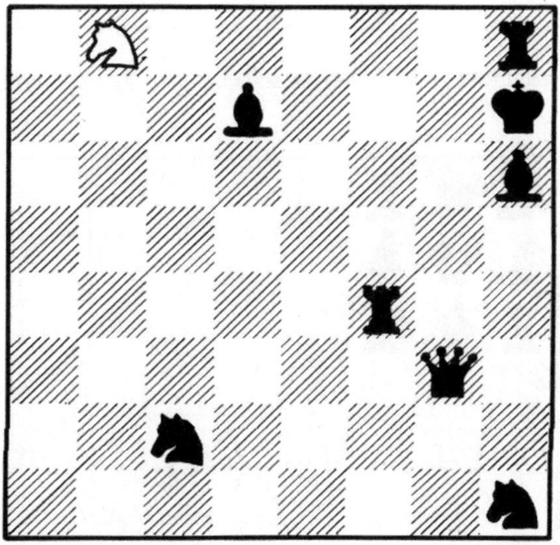

[그림 2.6] 체스판의 마주보는 변들을 서로 붙이면 토러스가 된다.

연습문제 2.6 그림 2.7은 토러스 체스판 위에 있는 몇 개의 말들을 보여주고 있습니다. 흰색 나이트와 흰색 퀸 양쪽으로부터 위협을 받는 검은 말은 무엇입니까? ▮

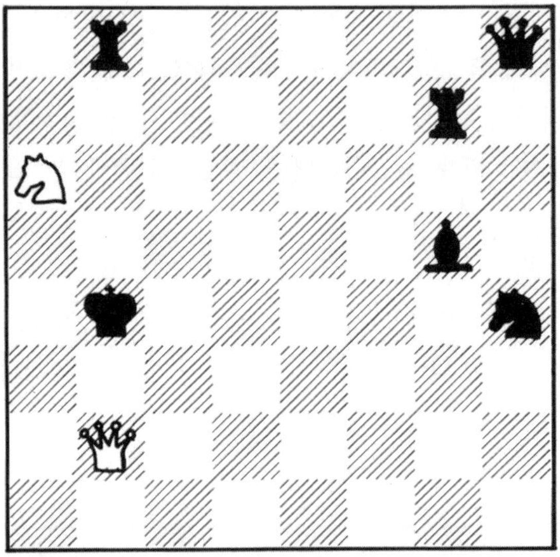

[그림 2.7] 흰색 나이트와 흰색 퀸 **양쪽으로부터** 위협을 받는 검은 말은 무엇인가?

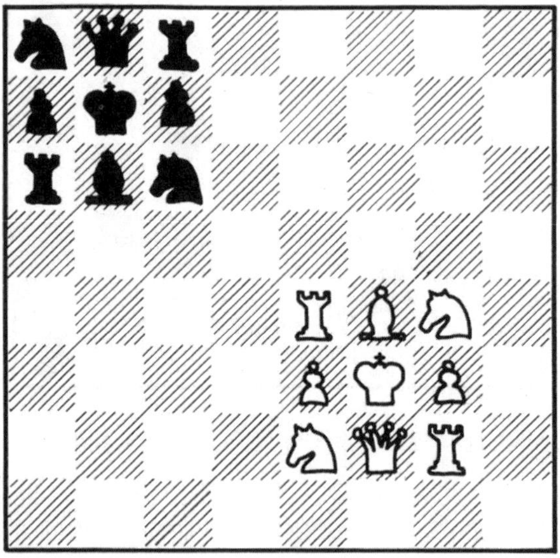

[그림 2.8] 토러스 체스에서 사용할 수 있는 시작 배치 중 하나

연습문제 2.7 친구와 함께 토러스 체스 게임을 해보세요. 원래의 체스를 시작할 때의 배치는 토러스 체스에서는 통하지 않을 것입니다.(직접 해 보면 왜 그런지 알게 될 것입니다.) 그 대신 그림 2.8의 시작 배치를 사용하거나, 혹은 여러분 스스로 시작 배치를 만들어 사용하세요. 폰을 제외한 모든 말은 원래의 규칙대로 움직이기로 합니다. 폰은 이 게임에서 전후좌우로 한 칸씩 움직이기로 하며, 상대편 말을 잡을 때는 대각선으로 한 칸 이동하기로 합니다. ▮

연습문제 2.8 토러스 체스판에서 비숍이 오른쪽 위의 모퉁이 밖으로 나간다면, 그것은 어디로부터 되돌아옵니까? ▮

연습문제 2.9 토러스 체스에서 나이트와 비숍이 서로에게 동시에 위협받을 수 있습니까? ▮

우리가 틱택토 게임과 체스를 할 때 사용한 편평 토러스는 그림 1.5의 이차원 다양체와 똑같은 이차원 다양체입니다. 그림 1.5의 이차원 다양체와 같이, 편평 토러스는 유한한 넓이를 가지지만 가장자리가 없습니다. 그러한 이차원 다양체와는 달리, 편평 토러스는 삼차원 공간에서 그려지는 것이 아니라 추상적으로-'붙이기'를 통해-정의됩니다. 같은 기법이 사차원 공간에서의 그림에 의지하지 않고 삼차원 다양체를 정의하는데도 사용됩니다.

처음 살펴볼 삼차원 다양체는 편평 이차원 토러스와 유추적입니다. 그것은 삼차원 토러스 또는 짧게 3-토러스라고 불립니다. 그것을 만들기 위해 먼저 벽돌 모양의 공간을 생각합시다. 지금 여러분이 앉아있는 직육면체 모양의 방이면 적당하겠군요. 그 방의 오른쪽 벽과 왼쪽 벽이 붙어 있다고 상상하세요. 이 말은 두 벽이 물리적으로 붙어 있다는 것이 아니라 여러분이 왼쪽 벽을 통과해 걸어가면 오른쪽 벽으로부터 나오게 된다는 말입니다. 같은 방법으로 뒤쪽 벽과 앞쪽 벽이 붙어 있고 천장과 바닥이 붙어 있다고 상상하세요. 바로 이

때 여러분은 삼차원 토러스 안에 앉아 있는 것입니다! 이 삼차원 토러스는 경계가 없으며 그 전체의 부피는 여러분이 생각한 방의 부피와 똑같습니다.

연습문제 2.10 위에서 설명한 삼차원 토러스의 '벽'을 통해 여러분은 무엇을 보게 됩니까? 예를 들어 '바닥' 또는 '천장'을 통해 무엇을 보게 됩니까? ▮

한 변이 10미터인 정육면체로부터 만들어진 삼차원 토러스를 상상해보세요. 그 정육면체 안에는 파이프들을 직각격자 모양으로 연결하여 만든 정글짐이 있습니다(그림 2.9). 각각의 파이프는 길이가 1미터입니다. 정육면체의 면들이 붙어서 삼차원 토러스를 이룬다면, 정글짐은 면들을 가로질러 계속 이어집니다.

이 정글짐에서 혼자 노는 것은 별로 재미가 없습니다. 여러분은 몇 미터 또는 그 이상 올라갈 수 있겠지만 결국은 이전의 위치로 돌아올 것입니다. 하지만 이 상황이 여러분의 눈에 보이는 바는 흥미롭습니다. 여러분이 10미터, 또는 10미터 이상의 앞을 내다보면 여러분 자신을 보게 됩니다. 그러나 여러분이 여러분 자신과 만날 수는 없습니다. 왜냐하면 여러분이 여러분의 '다른 자신'을 향해 올라가기 시작하는 순간, 그는 10미터 더 앞에 있는 **그**의 다른 자신을 잡으려는 (헛된) 노력을 시작할 것이기 때문입니다!

이 정글짐에서는 친구와 함께 노는 편이 훨씬 더 재미있을 것입니다. 예를 들어 볼까요? 여러분이 친구를 만나기 위해 10미터를 올라가는 동안 여러분의 친구는 그 자리에서 여러분을 기다리면 될 것입니다. 그러나 만약 여러분이 위로 올라가는 동안 친구가 10미터만큼 **옆으로** 기어간다면? 여러분이 랑데부 지점에 도착할 때 그는 여러분의 옆으로부터 다가올 것입니다. 삼차원 토러스에서 술래잡기는 더욱 재미있어질 것입니다.

연습문제 2.11 삼차원 토러스에서 더욱 자유롭게 상상해 봅시다. 예를 들면 보통의 삼차원 비행기를 타고 날아다닌다고 상상해보세요. 또는 모든 남북방

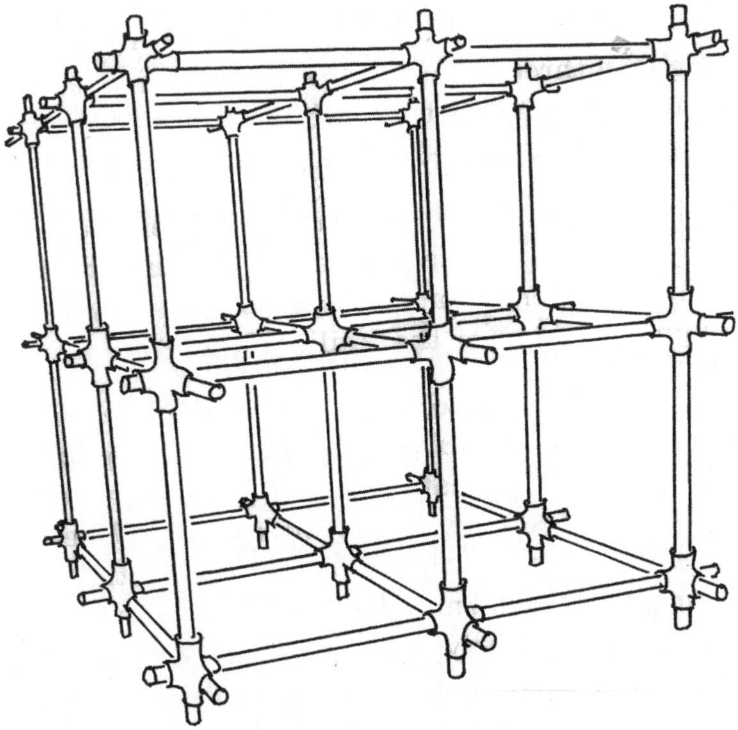

[그림 2.9] 정글짐의 일부

향 도로들이 북쪽 일방통행이고, 모든 동서방향 도로들이 동쪽 일방통행이며, 모든 엘리베이터는 위로 올라가기만 하는 완전히 도시화된 삼차원 토러스를 상상해 보세요(여러분은 여전히 가고 싶은 곳 어디라도 갈 수 있습니다). 삼차원 토러스에서 할 수 있는 다른 일들을 상상해보세요. ▮

연습문제 2.12 삼차원 토러스에서는 혼자 캐치볼을 할 수 있습니다. 어떻게 하면 될까요? ▮

이론상으로, 우주가 삼차원 토러스라면 우리가 우리의 공간 속을 바라볼 때 우리 자신의 모습을 볼 수 있어야 합니다. 그렇다면 천문학자들이 실제로 그러지는 못했다는 이유로 실재의 우주는 삼차원 토러스가 아니라고 말할 수 있을까요? 전혀 아닙니다! 우주의 나이는 단지 100억 또는 200억 년밖에 되지 않았습니다. 그래서 우주가 매우 큰 삼차원 토러스라면, 예를 들어 현재 600억 광년의 지름을 가지고 있다면, 빛이 우주를 가로질러 완전히 되돌아올 시간이 충분치 않았을 것입니다. 또 다른 가능성은 우리가 우주를 가로질러 모든 방향을 보고 있긴 하지만 우리가 우리 자신의 모습을 알아채지 못했다는 것입니다. 우리가 먼 우주를 바라보면 사물의 수십억 년 전의 모습을 보게 됩니다. 수십억 년 전의 우리 은하는 지금과는 모습이 달랐습니다. (지금 망원경으로 들어오는 빛은 수십억 년 전에 그 출발지를 떠나서 우주 공간을 여행하고 도착한 것입니다.) 어쨌든 우리는 우리 은하가 지금 어떻게 보일지 정확하게 알 수 없습니다. 우리는 우리 은하 내부에 있기 때문입니다!

이제 표기법 몇 가지를 약속하고 이 장을 마무리 짓겠습니다(그림 2.10). 앞으로 편평 이차원 토러스는 변마다 화살표가 그려진 정사각형으로 그릴 것입니다. 여러분은 정사각형의 변들이 같은 모양의 화살표끼리 맞아떨어지게끔

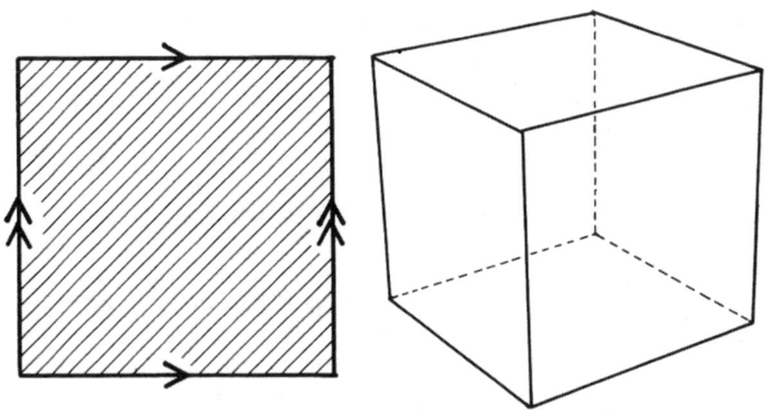

[그림 2.10] 편평 이차원 토러스(왼쪽)와 삼차원 토러스 (오른쪽)

서로 붙어 있다고 상상해야 합니다. 정육면체의 면에 대해서 비슷한 표기법을 사용할 수 있지만 그다지 실용적이지 않습니다. 우리는 정육면체를 그린 다음 마주보는 면끼리 붙어 있는 것으로 간주하라고 말하는 단순한 방법을 통해 삼차원 토러스를 나타낼 것입니다. 주의해야 할 사실이 또 있는데, 이차원 토러스와 같은 이차원 다양체는 비록 그것이 실제로 어떤 입체도형의 표면이 아니더라도 곡면이라고 부릅니다.*

* 역주: 이 책의 '곡면'은 수학 용어 'surface'를 번역한 것이다. 일상생활에서 'surface'는 어떤 입체도형의 겉을 나타내는 용어이고, 우리말로는 이것을 보통 '표면'이라고 부른다. 수학에서 'surface'는 단지 이차원 다양체(2-manifold)의 다른 말이며, 어떤 'surface'를 생각하기 위해 그것으로 둘러싸인 입체를 미리 가정할 필요가 없다.

CHAPTER 03

용어

이 장에서는 다양체를 공부하는데 기본이 되는 다음의 다섯 가지 개념을 설명할 것입니다.

1. 위상 대 기하
2. 내적인 성질 대 외적인 성질
3. 국소적 성질 대 전역적 성질
4. 균질 기하 대 비균질 기하
5. 닫힌 다양체 대 열린 다양체

지금 당장 이 개념들에 통달할 필요는 없으니 걱정하지 마세요! 지금은 대강만 알아 두고 필요할 때 이 장을 다시 펼쳐보면 됩니다. 게다가 앞으로 올 장에서 지금 소개하는 개념들을 더욱 구체화시켜 설명할 것입니다.

지금 살펴볼 예 대부분은 곡면에 관한 것이지만, 이를 통해 살펴볼 개념들은 삼차원 다양체에 대해서도 적용됩니다.

위상 대 기하

얇고 쉽게 늘일 수 있는 고무로 만들어진 곡면을 상상해 봅시다. 그 곡면을 여러분 마음대로 구부리고, 늘이고, 비틀고, 변형해 보세요(찢지만 않으면 됩니다). 여러분이 곡면을 변형시킴에 따라 그 모양은 여러 측면에서 달라지지만, 곡면의 성질 중 어떤 것은 변하지 않고 보존됩니다. 예를 들어 그림 3.1의 왼쪽 아래에 있는 곡면은 변형되어 있지만 여전히 일종의 구*라고 볼 수 있는 반면, 오른쪽 아래에 있는 곡면은 구멍 두 개짜리 도넛을 변형시킨 것으로 볼 수 있습니다. 곡면의 성질을 살펴볼 때, 변형에 영향 받지 않는 측면을 그 곡면의 위상topology이라 부릅니다. 그림 3.1에서 왼쪽의 두 곡면끼리, 그리고 오른쪽의 두 곡면끼리는 같은 위상을 가집니다. 반면, 구와 구멍 두개짜리 도넛 표면은 서로 다른 위상을 가집니다. 즉, 어떻게 변형하더라도 하나를 다른 하나처럼 만들 수는 없습니다(기억하세요. 곡면을 찢어서 열고, 그것을 다시 붙여 다른 것과 닮도록 만드는 일은 허용되지 않습니다).

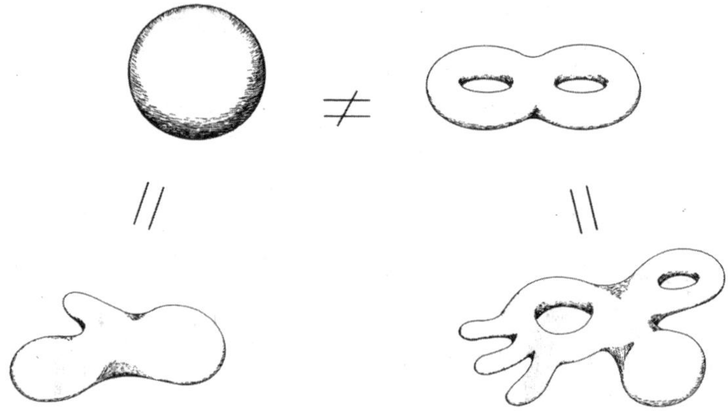

[그림 3.1] 왼쪽에 있는 두 곡면은 위상적으로 구별할 수 없고, 오른쪽의 두 개도 그러하다.

* 이 책에서 '구'라는 용어는 속이 찬 공이 아닌, 단지 그 표면 모양의 곡면을 뜻합니다. 구는 내적으로 이차원이지만, 속이 찬 공은 내적으로 삼차원임에 주의하세요.

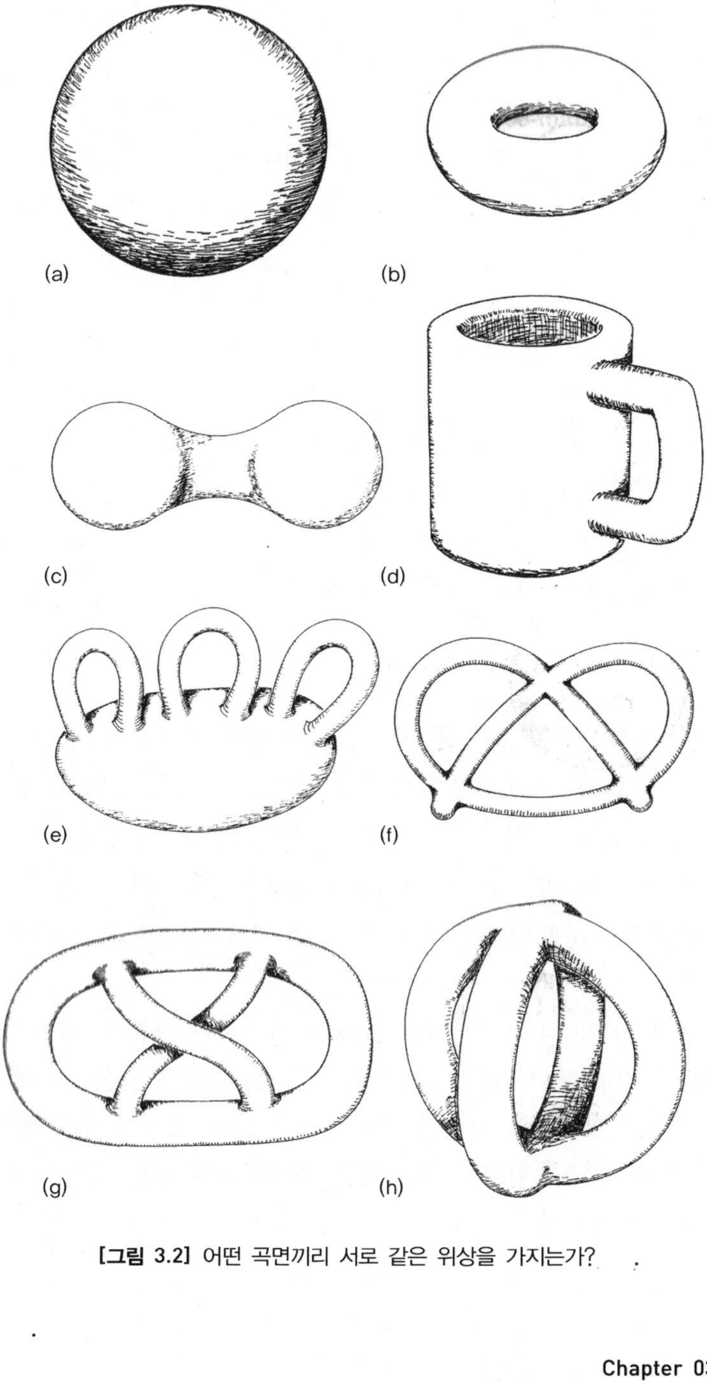

[그림 3.2] 어떤 곡면끼리 서로 같은 위상을 가지는가?

곡면의 기하geometry는 그 곡면이 변형될 때 변하는 성질들로 이루어집니다. 곡률은 가장 중요한 기하적 성질입니다. 또 넓이, 거리, 각 등도 기하적 성질입니다. 달걀껍질과 탁구공은 위상이 동일하지만 기하는 서로 다릅니다. (이 예와 다음의 예들에서, 여러분들은 달걀껍질이나 탁구공과 같은 대상들을 이상화해서 완전히 이차원인 것으로 간주하고, 실제 물체가 가지고 있는 두께는 무시해야 합니다).

연습문제 3.1 그림 3.2에서 어떤 곡면끼리 같은 위상을 가집니까? ▮

연습문제 3.2 1장의 이야기에서 정사각형이 발견한 바를 상기해 봅시다. 플랫랜드에서는 두 개의 고리 모양으로 실을 늘어뜨리되, 그 두 고리가 오직 한 점(즉, 플랫버러의 시내)에서만 만나도록 할 수 있었습니다. 이때 정사각형은 플랫랜드의 위상적인 성질을 발견한 것입니까, 아니면 기하적인 성질을 발견한 것입니까? ▮

우리가 물리적으로 정사각형의 위쪽 변을 아래쪽 변에 붙이고, 왼쪽 변을 오른쪽 변에 붙인다면 도넛 표면을 얻게 됩니다(그림 3.3). 편평 토러스와 도넛 표면 토러스는 같은 위상을 가집니다. 그러나 그것들의 기하는 다릅니다. 도넛 표면은 굽어 있지만 편평 토러스는 분명히 편평합니다. 그림 3.3에서, 우리는 편평 토러스를 도넛 표면처럼 보이도록 만들기 위해 그것을 변형해야 했습니다.

편평 토러스와 도넛 표면이 같은 위상을 가진다는 이유로, 사람들은 이 둘을 구별하지 않고 토러스라고 부릅니다. 우리는 기하에 관심을 가질 때만 편평 토러스와 도넛 표면을 구분합니다. 기하를 다룰 때는 편평 토러스가 도넛 표면보다 훨씬 더 중요합니다. 따라서 이 책에서는 특별한 경우가 아닌 한 다음과 같이 약속합니다.

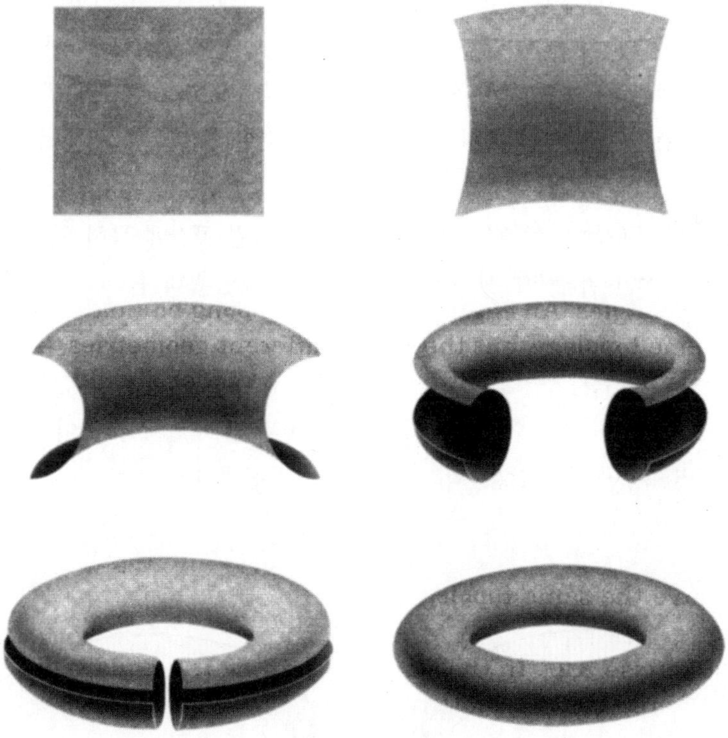

[그림 3.3] 편평 토러스와 도넛 표면은 같은 위상을 가진다.

'토러스'는 '편평 토러스'를 의미한다.

내적인 성질 대 외적인 성질

그림 3.4는 고무로 만든 띠를 한 바퀴 비트는 방법을 보여주고 있습니다. 비틀림을 가진 고무 띠는 비틀림이 없는 원래의 것과 위상적으로 다릅니다. 적어도 우리의 입장에서는 그렇습니다. 이제 이 띠에서 살고 있는 플랫랜드

사람에게 자르고 비틀고 다시 붙이는 과정이 어떻게 보일지 상상해 봅시다. 그에게 있어서는 띠가 자신의 세계 전체입니다. 삼차원 공간이 존재한다는 것을 그는 전혀 모르고 있는 것이지요. 그러므로 그가 비틀림을 발견할 수 있는 방법은 없습니다. 그에게는 띠가 잘린 후—잠시 후에—정확히 원래 상태로 복원되는 것으로 보이게 됩니다!

이 띠의 외적인 위상intrinsic topology은—그것이 삼차원 공간에 묻혀 있는 방식은—변했지만 내적인 위상extrinsic topology은 변하지 않았습니다.

일반적으로 말하자면, 두 곡면에 대해 그 곡면에 사는 플랫랜드 사람들이 한 곡면을 다른 곡면과 (위상적으로) 구별할 수 없다면 두 곡면은 같은 내적인 위상을 가집니다. 한 곡면이 삼차원 공간 안에서 다른 곡면처럼 보이도록 변형될 수 있다면 두 곡면은 같은 외적인 위상을 가집니다.

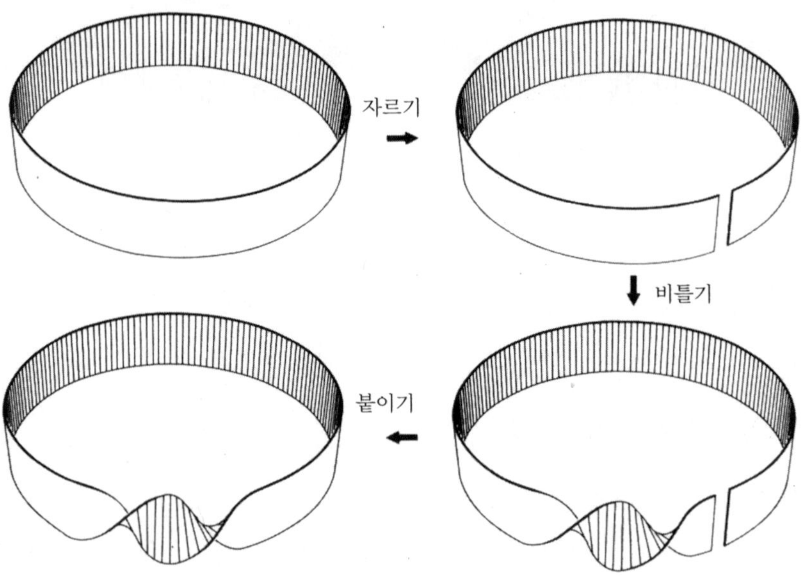

[그림 3.4] 고무 띠에 비틀림을 주는 방법

연습문제 3.3 그림 3.5의 곡면들은 내적인 위상이 모두 같습니다. 외적인 위상 또한 서로 같은 것은 어느 것들입니까? ∎

연습문제 3.4 그림 3.4에서 자르고 비틀고 다시 붙이는 과정을 약간 바꾸어 띠의 내적인 위상과 외적인 위상 모두 변하게 해봅시다. ∎

내적인 성질/외적인 성질의 구별은 곡면의 기하에 대해서도 적용됩니다. 예를 들어, 그림 3.6에서 보이는 것처럼 종이 한 장을 원기둥의 절반 모양으로 구부려 봅시다. 종이의 **외적인 기하**extrinsic geometry는 분명히 변했습니다. 하지만 종이 자체는 변형되지 않았습니다. 즉, 종이의 **내적인 기하**intrinsic geometry는 변하지 않았습니다. 달리 표현하자면, 이 종이에서 살고 있는 플랫랜드 사람은 종이가 구부러졌는지 아닌지 알 수 없습니다.

이 개념을 예를 통해 보여주는 실험이 하나 있습니다. 한 장의 (편평한) 종이에 두 개의 점을 찍습니다. 그리고 그것들을 연결하는 곧은 선분을 그립니다. 이 선분은 편평한 종이 위에서 두 점 사이의 가장 짧은 경로입니다. 지금 이 종이를 원기둥 모양으로 둥글게 맙니다. (필요하다면 테이프를 붙이거나 풀로 붙입니다.) 실을 가져와서 원기둥에 찍혀 있는 한 점에서 다른 점까지 두릅니다. 그 실은 여러분이 그린 선의 정확히 바로 위를 지날 것이고, 이것은 원기둥에서 가장 짧은 경로가 편평한 종이에서 가장 짧은 경로와 같다는 사실을 말해줍니다. 이것은 놀랄 일이 아닙니다. '편평한' 종이와 '굽은' 원기둥이 같은 내적인 기하를 가지고 있기 때문에 생긴 당연한 일입니다.

연습문제 3.5 여러분은 종이 자체는 변형시키지 않으면서 그것을 원기둥 모양으로 둥글게 말 수 있습니다. 변형 없이 그 종이를 원뿔 모양으로 말 수도 있습니까? 변형 없이 농구공을 종이로 감쌀 수 있습니까? 이것은 여러분에게 종이, 원기둥, 원뿔, 농구공의 내적인 기하에 대해 무엇을 말해줍니까? ∎

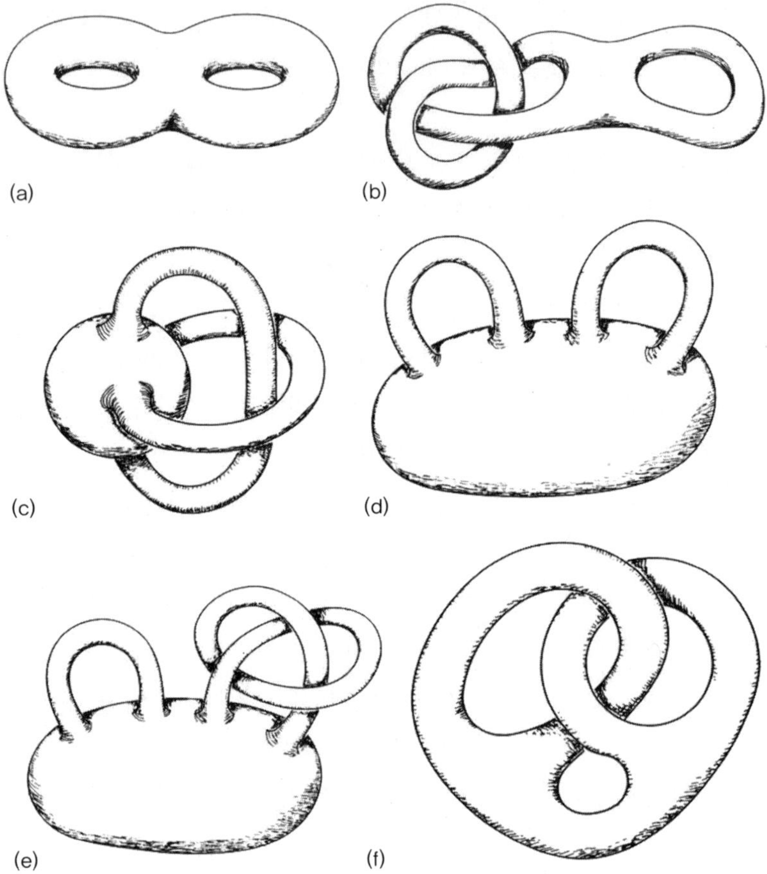

[그림 3.5] 어떤 곡면끼리 같은 외적인 위상을 가지는가?

[그림 3.6] 종이를 구부리면 그것의 외적인 기하가 변하지만 내적인 기하는 변하지 않는다.

그림 3.7은 서로 다른 내적인 기하를 갖는 세 개의 곡면을 보여줍니다. 플랫랜드에 사는 사람이라면 이 곡면들 위에 그려진 삼각형들의 성질을 연구해서 곡면들을 비교할 수 있습니다. (삼각형의 변들은 내적인 관점에서—그것들이 왼쪽으로도 오른쪽으로도 구부러지지 않는다는 의미에서—곧아야 합니다. 플랫랜드 사람은 우리 스페이스랜드 사람이 우리의 우주에서 하는 것, 예를 들면 실을 팽팽하게 당기는 것 또는 광선이 어떻게 지나가는지 보는 것과 같은 방법으로 곡면에서 (내적으로) 직선을 찾을 수 있습니다. 내적으로 곧은 직선을 **측지선**이라고 부릅니다). 반구 위에서 임의의 삼각형의 내각의 합은 180°보다 큽니다. 예를 들면 이 그림의 반구 위에 그려진 삼각형의 세 내각은 각각 90°이고, 그 각들의 합은 90°+90°+90°=270°입니다. 한편 이 그림의 평면에서 삼각형의 내각의 합은 정확히 180°입니다. 또한 이 그림의 말안장곡면에서 삼각형의 내각의 합은 180°보다 작습니다. 그러므로 플랫랜드 사람은 자신이 살고 있는 곡면이 어떤 것인지 실험적으로 결정할 수 있습니다. 삼각형 하나를 그려서 세 내각의 크기를 측정하기만 하면 되는 것입니다! 앞으로 9장과 10장에서 삼각형의 이러한 성질들을 자세히 다룰 것입니다.

수학자 가우스는 우리가 살고 있는 삼차원 세계에서 이 실험을 정밀하게 수행했습니다. (이후의 장에서 어떻게 삼차원 다양체가 구부러질 수 있는지를 설명할 것입니다. 하지만 가우스가 관심을 가졌던 것은 지구 표면의 곡률이었으며, 우주의 곡률을 구하기를 기대하지는 않았습니다.) 세 개의 산봉우리 호엔하겐, 브로켄, 인젤베르크로 이루어진 삼각형의 세 내각을 측정한 결과, 그는 측정의 정밀도 내에서 공간이 내적으로 편평하다는, 즉 세 내각의 합이 180°라는 결론을 얻었습니다. 하지만 우주는 너무 광대하고 지구는 너무 작아서 지구상의 측정 규모로 우주의 곡률을 발견하기란 불가능할 것입니다. 우리는 19장에서 우주의 곡률을 더 상세히 살펴볼 것입니다.

우리 스페이스랜드 사람들은 곡면의 내적인 성질과 외적인 성질 모두를 관찰할 수 있습니다. 플랫랜드 사람에게는 선택의 여지가 없습니다. 이차원의

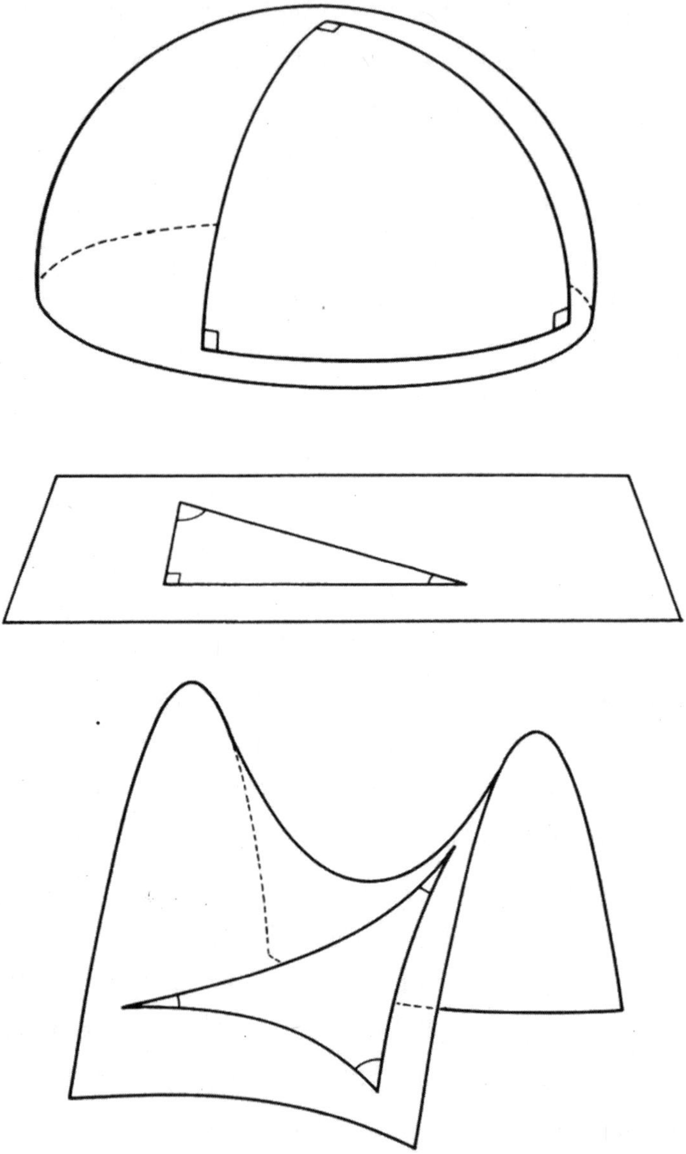

[그림 3.7] 반구, 평면, 말안장곡면은 서로 다른 내적인 기하를 가진다.

우주가 실재하고 인지할 수 있는 전부인 그는 자연스럽게 내적인 시점을 가지게 됩니다. 예를 들어 토러스에서 자란 플랫랜드 사람은 토러스의 모양이 어떠한지 직관적으로 잘 이해하여, 토러스를 가로지르는 산책길은 매일이라도 다닐 수 있을 만큼 짧다고 생각할 것입니다. 그는 시내에 있는 고모님 댁을 방문하고 집으로 다시 돌아갈 때, 왔던 길을 따라 돌아가는 것보다 가던 방향으로 계속 가는 것이 더 빠르다는 사실을 직관적으로 알게 될 것입니다.

연습문제 3.6 삼차원 토러스에서의 생활을 상상해보세요. 어떤 은하에 살고 있는 친구 집을 방문하고 나서 또 다른 은하에서 한동안 탐험을 더 즐긴 후 집에 돌아가려고 할 때, (되돌아가는 것이 아니라) 계속해서 가는 것이 가장 빠른 경로가 되는 생활을 말이지요. ▮

우리 인간은 우리의 우주를 내적으로, 즉 그 내부에서 지각합니다. 따라서 우리가 삼차원 토러스와 같은 삼차원 다양체들을 공부할 때 그것들을 내적인 입장에서 시각화하는 것은 자연스러운 일입니다. 우리는 삼차원 다양체에 대한 연구를 하기 위한 예비 단계로서 먼저 곡면들에 대해 살펴볼 것입니다. 따라서 곡면들을 내적으로 살펴보는 연습은 우리에게 유용할 것입니다. 이제 우리는 그렇지 않다고 분명하게 밝히지 않을 때는 **모든 곡면을 내적으로 다루기로** 약속합시다. 곡면이 가지는 외적인 성질들은 무시할 것입니다. (예를 들면, 그림 3.4의 고무 띠에서의 비틀림은 무시할 것입니다. 그림 3.6의 종이에서의 구부러짐 역시 무시할 것입니다.)

나는 여기에서 철학적인 이야기를 잠깐 하고 싶습니다. 우주가 (예컨대, 삼차원 토러스와 같이) 기묘한 모양으로 그 스스로와 연결되어 있을 때, 이것은 어떤 사차원 공간 안에서 그것이 굽어 있음을 의미하지 않습니다. 내적인 관점의 핵심은 다음과 같습니다.

> 다양체는 그 자체로 존재한다. 더 높은 차원의 어떤 공간에 묻혀 있을 필요가 없다.

국소적 성질 대 전역적 성질

곡면과 삼차원 다양체는 국소적 성질도 가지고 있고, 전역적 성질도 가지고 있습니다. 국소적 성질은 다양체의 작은 영역 안에서 관찰할 수 있는 것이며, 전역적 성질은 전체로서의 다양체를 고려할 때 관찰할 수 있는 것입니다. 이 정의를 다음의 연습문제에 적용해보세요. 구와 평면은 국소적으로도 전역적으로도 다르고, 위상적으로도 기하적으로도 다르다는 사실에 주의해야 합니다.

연습문제 3.7 한 무리의 플랫랜드 사람들이 구 위에 살고 있습니다. 그들은 줄곧 그들이 평면에 살고 있다고 믿었습니다. 누군가 다음 발견들 중 하나를 하기 전까지는 말이지요. 다음 중 어떤 발견이 국소적입니까? 그리고 어떤 발견이 전역적입니까?

1. 삼각형의 세 내각을 정밀하게 측정한 결과 각각 61.2°, 31.7°, 89.3°이었다.
2. 동쪽으로 출발한 어떤 탐험가가 서쪽으로부터 되돌아왔는데, 그는 직선 경로에서 벗어난 적이 없었다.
3. 플랫랜드의 문명화된 지역이 확장되면서, 사람들은 플랫랜드의 넓이가 유한하다는 것을 알게 되었다. ∎

용어 '국소적'과 '전역적'은 '국소적 기하'와 '전역적 위상'이라는 어구 속에서 가장 흔히 사용됩니다. 예를 들면, 편평 토러스는 도넛 표면과 같은 전역적 위상을 가지지만 그 국소적 기하는 다릅니다. 한편, 편평 토러스는 평면과 같은 국소적 기하를 가지지만 그 전역적 위상은 다릅니다. 삼차원 토러스는 '일반적인' 삼차원 공간과 같은 국소적 기하를 가지지만 그 전역적 위상은 다릅니다. 1장에서 플랫랜드 사람들은 플랫랜드에 대한 전역적 위상을 찾던 반면, 가우스는 산봉우리들을 측량해서 우리 우주에서 지구가 차지하는 영역에 대한 국소적 기하를 조사했던 것입니다.

국소적/전역적이라는 용어를 이용하면 다양체의 정의를 새로 고쳐 말할 수 있습니다. 즉, 이차원 다양체(즉, 곡면)는 평면과 국소적 위상이 같은 공간이고, 삼차원 다양체는 '보통의' 삼차원 공간과 국소적 위상이 같은 공간입니다. 모든 이차원 다양체는 국소적 위상이 서로 같으며 모든 삼차원 다양체는 국소적 위상이 서로 같지만, 이차원 다양체의 국소적 위상은 삼차원 다양체의 국소적 위상과 다릅니다. 삼차원 다양체의 국소적 위상이 일반적인 공간의 국소적 위상과 일치한다는 바로 이 사실이, 삼차원 다양체들이 우주의 모양에 대한 후보가 될 수 있는 이유입니다. 우리는 우주의 전역적 위상이나 국소적 기하에 대해서 거의 아무것도 알지 못합니다. 하지만 우주 전체에 걸쳐서 그 국소적 위상은 우리가 태양계에서 차지하고 있는 '보통의' 공간에서의 국소적 위상과 같다고 가정하는 것은 정당합니다.

연습문제 3.8 일차원 다양체의 개념을 정의하고 예를 하나 들어보세요. ■

연습문제 3.9 무한히 긴 원기둥과 평면을 비교해 봅시다. 그것들은 같은 국소적 기하를 가집니까? (그것들의 외적인 국소적 기하도 비교할 수 있지만, 일반적으로 우리는 내적인 국소적 기하를 다룹니다.) 그것들은 같은 전역적 위상을 가집니까? 국소적 위상에 대해서는 어떠합니까? 연습문제 3.7의 목록에 있는 세 가지 유형의 발견 중, 평면과 원기둥을 구별하기 위해 플랫랜드 사람들이 사용할 수 있는 것은 무엇입니까? ■

연습문제 3.10 정육면체 모양의 방으로 만든 삼차원 토러스와 직육면체 모양으로 늘여진 방으로 만든 삼차원 토러스를 비교해 봅시다. 그것들은 같은 국소적 위상을 가집니까? 또 같은 국소적 기하를 가집니까? 같은 전역적 위상을 가집니까? 같은 전역적 기하를 가집니까? ▮

균질 기하 대 비균질 기하

균질homogeneous 다양체란 모든 위치에서 국소적 기하가 같은 다양체를 말합니다. 비균질 다양체에서는 위치에 따라 국소적 기하가 다릅니다. 구는 균질 곡면입니다. 불규칙한 모양의 물방울 표면은 비균질입니다. 도넛 표면은 분명히 대칭적이지만 비균질입니다. 그것의 바깥쪽은 볼록한 모양이지만, 그것의 구멍 근처는 말안장 모양입니다. 하지만 편평 토러스는 모든 위치에서 편평하기 때문에 균질입니다. 기하의 관점에서 편평 토러스는 도넛 표면보다 더 중요합니다. 편평 토러스는 균질이지만 도넛 표면은 균질이 아니기 때문입니다. 구는 같은 이유로 불규칙한 모양의 물방울 표면보다 더 중요합니다. 우리가 지금까지 알게 된 균질 곡면은 구와 편평 토러스밖에 없지만 이보다 훨씬 더 많이 있을지도 모릅니다. 이 책의 주된 주제 중 하나는 이미 찾은 두 가지말고도, 다양체들에 대한 균질한 기하를 더 많이 찾는 것입니다.

연습문제 3.11 삼차원 토러스는 균질 삼차원 다양체입니까? ▮

닫힌 다양체 대 열린 다양체

직관적으로, 닫힌closed은 유한을 의미하고 열린open은 무한을 의미합니다. 다음의 연습문제에서 여러분의 직관을 시험해 봅시다. 여러분은 이 책의 뒷부분에서 여러분의 답이 맞는지 확인할 수 있습니다.

연습문제 3.12 다음 다양체 중 어떤 것이 닫혀 있고 어떤 것이 열려 있습니까?

1. 원
2. 직선 (선분이 아니라 전체로서의 직선)
3. 구멍 두 개짜리 도넛 표면
4. 구
5. 평면
6. 무한히 긴 원기둥
7. 편평 토러스
8. 보통의 삼차원 공간
9. 삼차원 토러스 ▮

사실, 닫혀 있다 혹은 열려 있다는 단순한 개념에는 두 가지 복잡한 문제가 있습니다. 하나는 원판처럼 가장자리를 갖는 것은 정의상 아예 다양체가 아니므로 (그것은 소위 가장자리를 갖는 다양체라고 불립니다) 닫혀 있는 것으로도 열려 있는 것으로도 간주하지 않는다는 것입니다. 그러므로 '닫힘'과 '열림'이라는 용어를 사용할 때는 그 다양체가 가장자리를 갖지 않는다는 것을 암묵적으로 가정합니다. 이것을 분명하게 해두는 것은 이 책에서는 크게 중요한 문제가 아니지만, 다른 책에서 저자가 "편평 토러스는 닫힌 곡면이다"와 같이 말할 때, 여러분은 그가 편평 토러스가 유한하다는 사실을 강조하는 것이 아니라, (정사각형은 끝을 가지지만, 그것으로부터 만들어진) 편평 토러스가 가장자리를 갖지 않는다는 것을 강조하고 있다는 사실을 알 수 있을 것입니다.

두 번째의 복잡한 문제는 더 흥미롭습니다. 무한히 길지만 넓이는 유한한 곡면들이 있다는 것이 알려져 있습니다. 전형적인 예는 '뾰족꼬리'를 갖는 도넛 표면입니다(그림 3.8). 이 뾰족꼬리는 나아갈수록 점점 좁아지는 무한히 긴 관입니다. 이 곡면에서 뾰족꼬리의 첫 번째 1센티미터에 해당하는 영역의

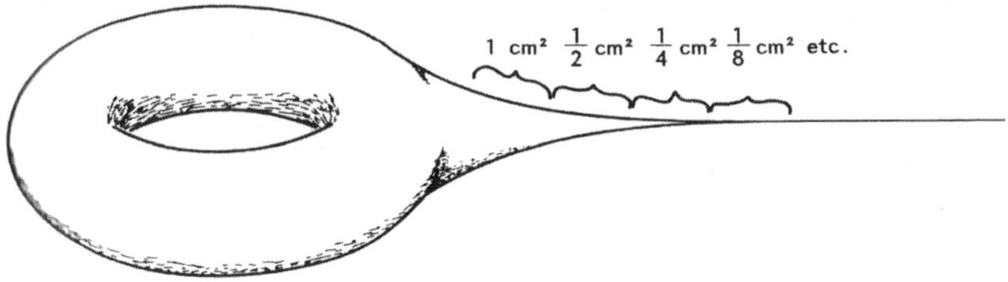

[그림 3.8] '뾰족꼬리'를 가진 도넛 표면. 무한히 긴 뾰족꼬리를 갖고 있지만 그 넓이는 유한하다.

넓이는 1제곱센티미터(cm^2)이고, 다음 1센티미터에는 넓이 $1/2cm^2$가 해당하고, 그 다음의 1센티미터에는 $1/4cm^2$가 해당하고⋯ 등등입니다. 그러므로 뾰족꼬리의 총 넓이는 $1+\frac{1}{2}+\frac{1}{4}+\cdots=2cm^2$입니다. 여기서 중요한 것은 뾰족꼬리의 넓이가 정확히 $2cm^2$가 된다는 것이 아니라 그것이 유한하다는 사실입니다. 곡면의 나머지 영역에 대한 넓이까지 모두 더해 보면, 여러분은 곡면 전체의 넓이가 (그 길이가 무한함에도 불구하고) 유한함을 알게 됩니다. 관습적으로 곡면은 그것의 넓이보다는 그것이 가로지르는 거리에 따라서 닫힘과 열림으로 분류됩니다. 그래서 뾰족꼬리를 갖는 도넛 표면은 그 넓이가 유한함에도 불구하고 열린 곡면이라 불립니다. 그러나 다음의 연습문제만 지나면 이 책에서는 더 이상 뾰족꼬리를 다루지 않을 것입니다.

연습문제 3.13 만약 정사각형이 뾰족꼬리를 따라 나아가는 여행을 시도한다면, 어떤 일이 일어날까요? ▮

이 책은 주로 닫힌 다양체를 다룹니다. 그래서 지금부터 특별히 언급하지 않는 한,

> '다양체'는 '닫힌 다양체'를 의미합니다.

CHAPTER 04

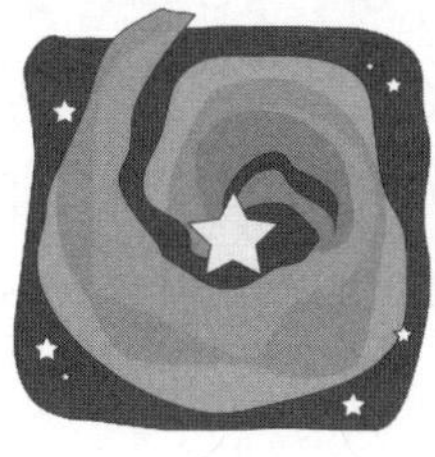

가향성

1장에서 우리는, 우리의 영웅인 정사각형과 그의 동료들이 플랫랜드 전체에 대한 범우주적인 탐사에 착수하는데서 이야기를 멈춘 바 있습니다. 그들은 처음으로 탐험을 떠났을 때만큼이나 흥분했습니다. 하지만 그들이 탐험에서 돌아와서 겪게 된 당혹감에 비하면 이때의 흥분은 아무 것도 아니었습니다!

돌아오는 탐사대원들과 처음 마주친 사람은 시 외곽 농업 지역에 사는 늙은 농부였습니다. 농부가 길 모퉁이를 돌 때 탐사대원들은 바로 맞은편에서 다가오고 있었습니다. 다행히 이때 다친 사람은 없었습니다. 농부는 탐사대원들이 길 위에서 잘못된 편으로 통행한 것에 약간 화가 났지만, 그들이 무사히 돌아왔다는 기쁨에 곧 화를 누그러뜨렸습니다. 농부는 그들의 모험담을 듣고 싶었기 때문에 그들과 동행하여 시내로 향했습니다. 그들이 플랫버러의 경계에 도착했을 때 탐사대원 중 한 명이 뭔가 이상한 것을 발견했습니다. 원래 “플랫버러에 오신 것을 환영합니다.”라고 쓰여 있던 표지판이 “.다니합영환 을것 신오 에러버랫플”라고 거꾸로 쓰여 있는 표지판으로 교체되어 있는 것입니다.

그는 “이런, 장난꾸러기 녀석들…” 하고는 웃었습니다.

농부는 “뭐라고 했소?” 하며 의아해했습니다.

"아, 아무것도 아닙니다. 어떤 꼬마 녀석이 여기 해놓은 장난을 보고 재미있어서요."

농부는 그 탐사대원이 표지판을 보고 왜 재미있어 하는지 알 수가 없었습니다. 하지만 이 일에 대해서는 더 이상 묻지 않기로 했습니다.

탐사대원들은 플랫버러 시내로 더 깊이 들어갈수록 점점 더 어리둥절해졌습니다. 표지판의 글은 죄다 거꾸로 쓰여 있었고, 농부뿐만 아니라 시내의 모든 사람들이 잘못된 편으로 통행하고 있었습니다. 마치 그들이 탐사를 다녀오는 동안 모든 플랫버러 시민들이 신기하게도 그들의 거울상으로 바뀐 것처럼 느껴졌습니다. 플랫랜드 사람들은 보통 미신을 믿었는데, 플랫버러가 거울상이 된 것이 탐사대원들에게 길조는 아니었습니다.

플랫버러 시민들에게도 이 상황은 그다지 좋아 보이지 않았습니다! 그들은 탐사대원들이 떠나고 없었을 때 플랫버러에는 조금도 이상한 일이 없었다고 주장했습니다. 그들은 오히려 글을 거꾸로 쓰고, 플랫버러가 무언가 변했다고 말하고 다니는 탐사대원들이야말로 이상하다고 생각했습니다. 결국, 시민들은 탐사대원들이 뒤집힌 상태로 돌아다닌다는 것을 알게 되었으며 가까운 친구들 이외에는 그들 곁에 가려고 하지 않았습니다.

여러분도 짐작할 수 있었겠지만, 탐사는 중지되었습니다. 그리고 이후 3년간 아무도 플랫랜드의 도시화된 지역 밖으로는 나가지 않았습니다…

(이 이야기는 5장에서 결말을 맺습니다)

연습문제 4.1 여러분이 우주를 가로지르는 여행을 떠나 머나먼 은하에 도달했는데, 결국 우주를 한 바퀴 돌아 우리 은하로 되돌아온 것임을 알게 된 상황을 상상해 봅시다. 지구를 발견했을 때, 여러분은 지구가 그림 4.1과 같이 보여서 깜짝 놀랐습니다. 그러면 착륙해서 보게 되는 광경은 어떨까요? 여러분의 마을을 산책할 때 어떤 일이 생길지 상상해보세요. 다른 사람들은 여러분에 대해 어떻게 생각할까요? ∎

[그림 4.1] 거울 반전된 지구

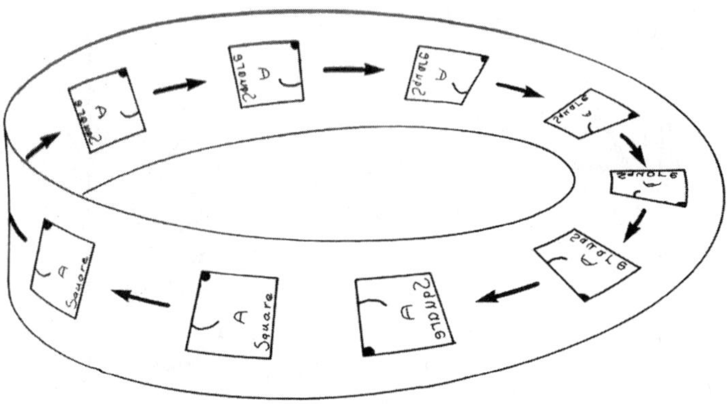

출발 도착

[그림 4.2] 정사각형이 뫼비우스 띠를 따라 한 바퀴 돌면 거울상이 되어 돌아온다.

플랫랜드 이야기에서 탐사대원들은 거울상이 되어 플랫랜드로 돌아왔습니다. 그림 4.2를 통해 어떻게 이런 일이 발생한 것인지 알아보세요. 이 그림은 탐사대원들이 지나간 길을 보여주고 있습니다. 이 길은 뫼비우스 띠Möbius strip를 이룹니다. [진짜 뫼비우스 띠는 두께가 0입니다. 이 띠가 진짜 종이로 만들어진 뫼비우스 띠와 같이 얇은 두께를 가진다고 잘못 상상한다면, 정사각형이 출발한 곳으로 돌아올 때 종이의 반대쪽 면에서 돌아오게 되는 것과 같은 문제에 부딪히게 될 것입니다. 뫼비우스 띠가 진정한 이차원의 대상이라면(즉, 두께가 없다면) 이러한 문제는 일어나지 않습니다.]

여기서 드는 의문은, 그 안에서 플랫랜드 사람들이 뫼비우스 띠를 일주하게 될 가능성이 있는 곡면에는 어떤 것이 있냐는 것입니다. 클라인 병은 이에 대한 하나의 답입니다. 클라인 병은 정사각형을 가지고 편평 토러스를 만들었던

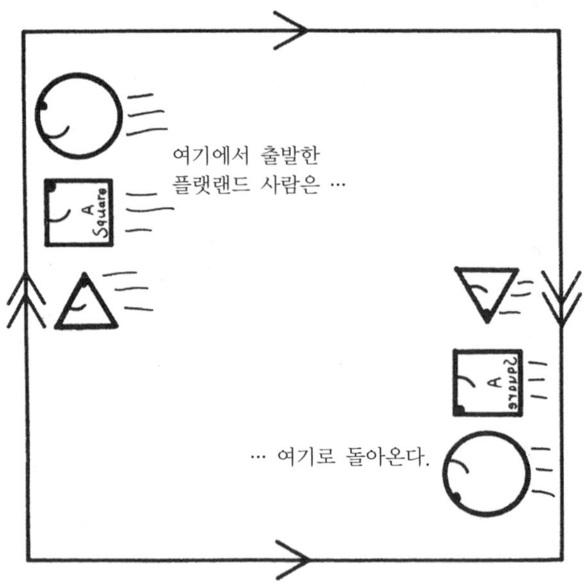

[그림 4.3] 이 정사각형의 변들을 화살표가 맞아떨어지도록 붙이면 클라인 병이 만들어진다. 왼쪽 끝을 지나 여행하는 플랫랜드 사람은 오른쪽으로부터 그의 거울상이 되어 돌아온다.

것과 마찬가지 방식으로 만들 수 있습니다. 지금 달라진 것은 그림 4.3에 보이는 화살표들이 같은 모양끼리 맞아떨어지도록 붙어야 한다는 것입니다. 편평 토러스에서와 같이, 이 붙이기가 삼차원 공간에서 실제로 이루어져야 한다는 말은 아닙니다. 단지, 한 변을 가로질러 나아간 플랫랜드 사람은 반대쪽 변에서 돌아와야 한다는 말입니다. 위와 아래의 변은 편평 토러스와 같은 방법으로 붙어 있습니다. 플랫랜드 사람이 위쪽 변을 가로질러 나아가면 아래쪽 변에서 되돌아옵니다. 왼쪽 변과 오른쪽 변은 '뒤집혀서' 붙어 있습니다. 즉, 플랫랜드 사람이 왼쪽 변을 건너가면 오른쪽 변으로부터 돌아오지만, 자신의 거울상이 되어 돌아옵니다. 클라인 병은 많은 뫼비우스 띠를 포함하고 있습니다(그림 4.4).

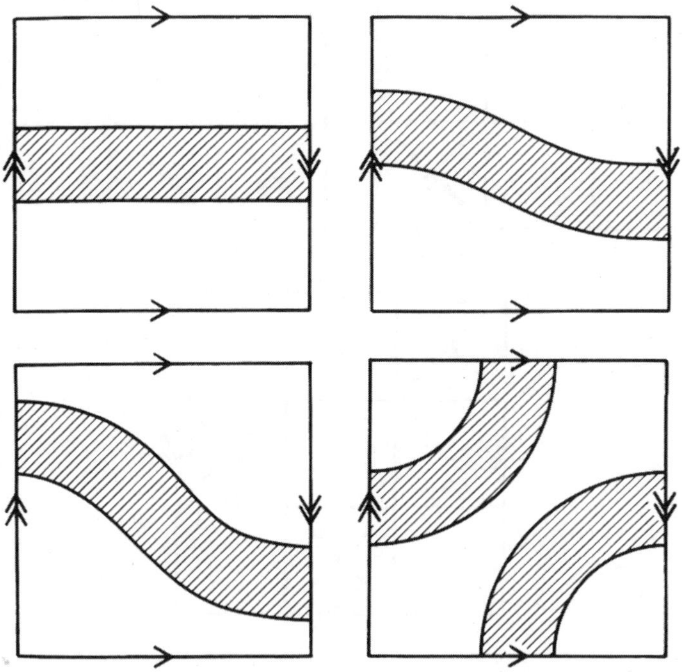

[그림 4.4] 클라인 병은 많은 뫼비우스 띠를 포함하고 있다.

연습문제 4.2 그림 4.5의 클라인 병 틱택토 게임판들 중에서 승리를 결정하는 말 세 개짜리 열을 포함하고 있는 것은 무엇인가요? ▮

연습문제 4.3 그림 2.6의 체스판이 (토러스가 아니라) 클라인 병 모양으로 붙어 있다고 상상하세요. 흰색 나이트는 어떤 검은 말을 위협합니까? 흰색 나이트를 위협하고 있는 검은 말은 무엇입니까? ▮

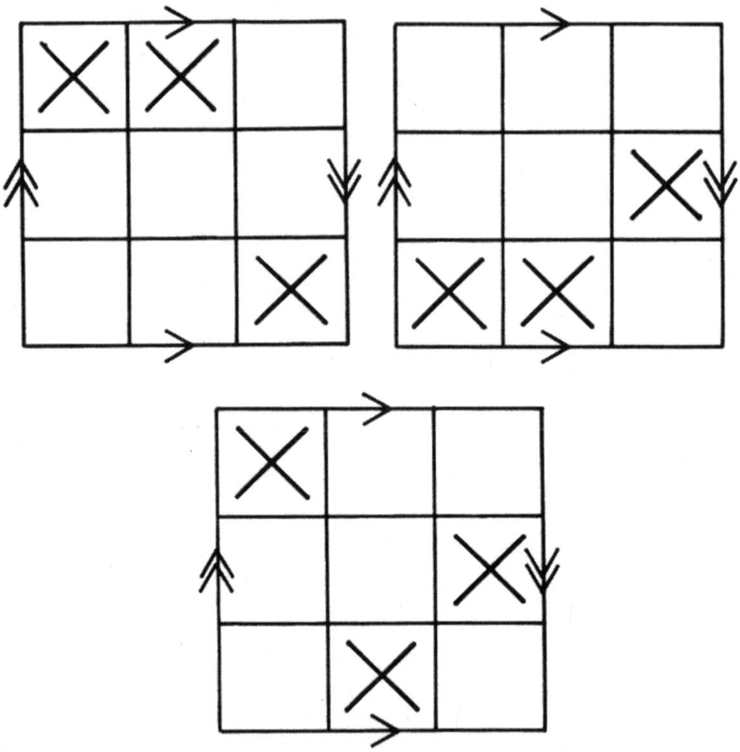

[그림 4.5] 클라인 병 틱택토 게임에서 승리를 결정하는 말 세 개짜리 열을 포함하는 것은 어느 것인가?

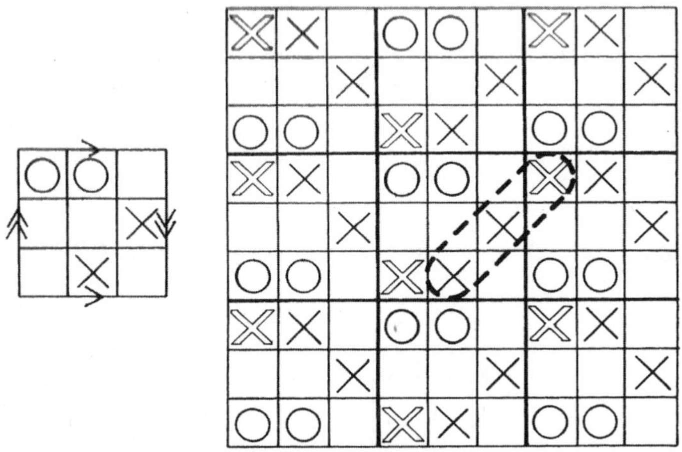

[그림 4.6] 클라인 병 틱택토 게임의 분석

클라인 병에서의 틱택토 게임과 체스 게임의 진행상황을 분석할 수 있는 좋은 방법이 있습니다. 예를 들어, 어떤 클라인 병 틱택토 게임이 진행중인데, 현재의 상황은 그림 4.6의 왼쪽에 보이는 것과 같고 지금은 X의 차례라 합시다. 성급하게 오른쪽 위의 모퉁이 칸에다 두는 대신, X는 여유를 가지고 이 상황을 조심스럽게 분석합니다. 그는 말판의 위쪽 변이 아래쪽 변과 붙어 있음에 주목하고는, 원래 말판의 복사본을 위쪽 변에 붙여서 그립니다. 이러면 위쪽과 아래쪽 변이 어떻게 붙어 있는지 더 명확히 알 수 있게 됩니다. 같은 이유로, 그는 또 하나의 복사본을 아래쪽 변에 붙여서 그립니다. 그는 왼쪽과 오른쪽 변에 대해서도 복사본을 붙여서 그리는데, 이번에는 위와 아래가 뒤집히게 그립니다. 그는 지금 (토러스에서가 아니라) 클라인 병에서의 틱택토 게임을 하기 때문입니다. 그는 계속하여 새로운 복사본을 이전의 말판에 붙입니다. 원리적으로, 이렇게 끝없이 계속해 나갈 수 있습니다. 그러나 그는 상황을 정확하게 파악하는데 아홉 개의 복사본이면 충분하다는 것을 알고 있습니다. X는 이렇게 만들어진 그림을 분석하여 왼쪽 아래의 모퉁이 칸을 차지하고, 게임에 승리하게 됩니다.

연습문제 4.4 위의 방법을 사용하여, 그림 4.7의 여러 상황에 대해, X가 둘 수 있는 최선의 수를 결정해보세요. ▮

연습문제 4.5 친구와 함께 클라인 병 틱택토 게임을 해보세요. ▮

연습문제 4.6 친구와 함께 클라인 병 체스 게임을 해보세요. ▮

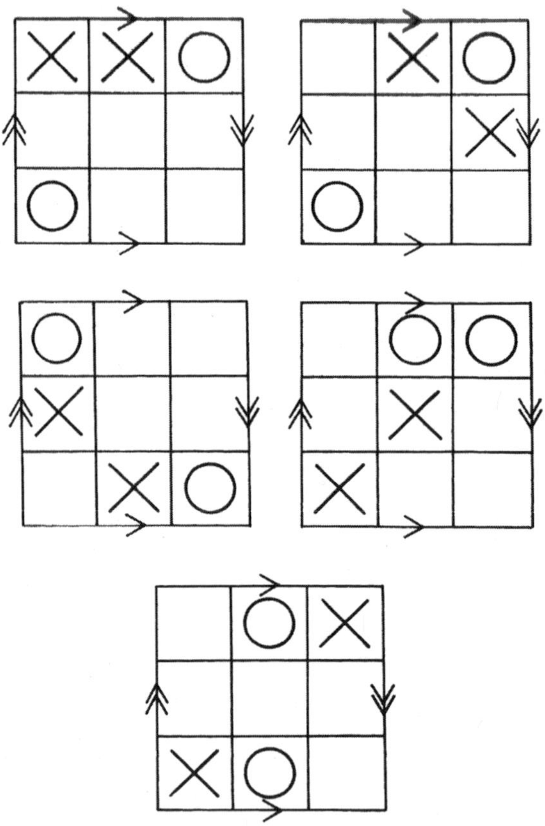

[그림 4.7] X의 최선의 수 찾기

연습문제 4.7 클라인 병 체스판에서 비숍이 오른쪽 위의 모퉁이 쪽으로 나간다면, 어디로 돌아오게 됩니까?

힌트: 오른쪽 위 모퉁이에 표시를 하고, 그림 4.6과 같은 그림을 그려 보세요. ∎

연습문제 4.8 연습문제 4.3에서 살펴본 클라인 병 체스게임에서, 여러분은 나이트와 비숍이 서로 위협받는 위치에 있는 것을 보았습니다. 어떻게 이러한 일이 가능합니까? 나이트는 오직 반대 색깔의 칸에 있는 말만 위협할 수 있으며, 비숍은 오직 같은 색깔의 칸에 있는 말만 위협할 수 있는 것 아닌가요? 체스판이 그림 4.8과 같이 만들어진다면, 나이트와 비숍이 동시에 서로 위협할 수 있습니까? 이 새로운 말판에서 나이트와 룩은 동시에 서로를 위협할 수 있습니까? ∎

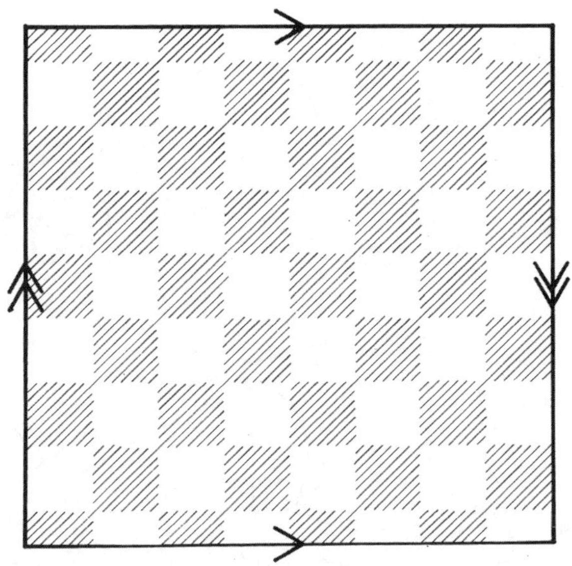

[그림 4.8] 클라인 병 체스판을 만드는 새로운 방법. 높이가 절반인 위쪽 끝의 행은 높이가 절반인 아래쪽 끝의 행에 붙어서, 클라인 병 자체의 보통의 한 행을 만든다.

대부분의 다양체에 대해 그 전역적 위상은 내적으로 이해되어야 합니다. 그러나 우리가 클라인 병을 삼차원 공간에서 조립해 본다면 그 전역적 위상을 좀더 직접적으로 이해할 수 있을 것입니다. 먼저 정사각형을 원통 모양으로 말아 위쪽과 아래쪽 가장자리를 붙이세요. 이것은 쉽게 될 것입니다. 이제 원통이 그 자신을 통과하여 들어가도록 한 다음(그림 4.9) 양 끝을 맞붙입니다. 스스로를 통과하는 것이 유쾌한 일은 아니지만 그러지 않고서 클라인 병을 삼차원 공간에 묻는 방법은 없습니다. (9장에서 볼 것이지만 사차원 공간에서는 스스로를 통과하게 하지 않고도 클라인 병을 묻을 수 있습니다.)

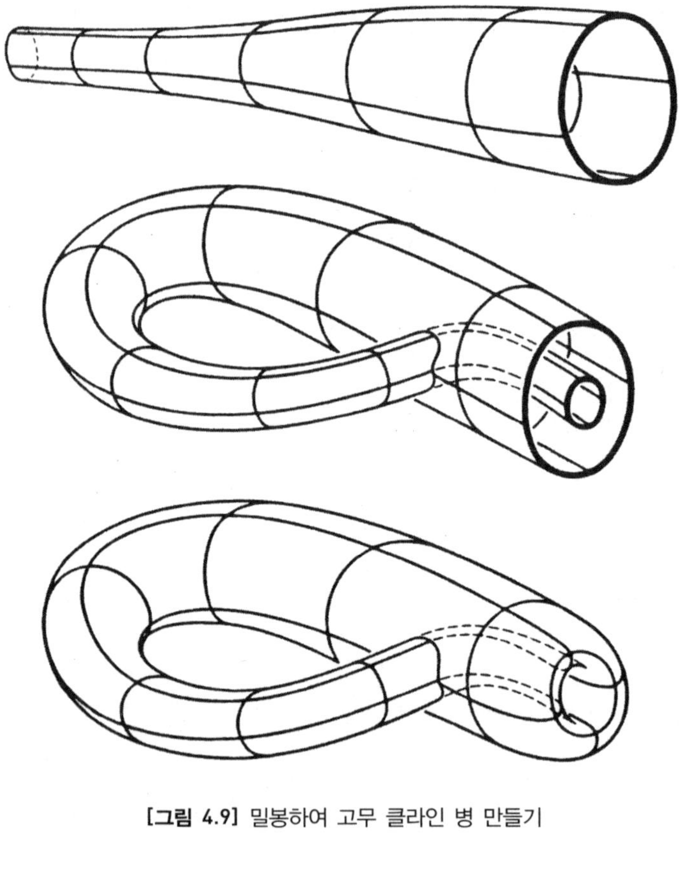

[그림 4.9] 밀봉하여 고무 클라인 병 만들기

• **주의** 그림 4.9는 클라인 병의 전역적 위상을 좀더 실감나게 보여주기 위해 제공되었을 뿐입니다. 대부분의 경우는 단지 마주보는 변들이 적절하게 붙어 있는 정사각형으로서 클라인 병을 나타내는 것이 더 좋습니다.

클라인 병의 국소적 기하는 모든 곳에서 편평합니다. 국소적인 실험을 하는 플랫랜드 사람은 클라인 병을 토러스나 평면과 구별하지 못할 것입니다. 여러분은 클라인 병이 정사각형의 가운데에 해당하는 영역에서만 편평한 것이 아니라 변들과 모퉁이들이 만나는 영역에서도 편평하다는 사실에 주의해야 합니다. 그림 4.10은 네 개의 모퉁이가 어떻게 서로 짜 맞추어지는지 보여줍니다. (한편, 붙이기에 의해 만들어진 '봉합선'은 모두 삭제되어야 합니다. 그것은 클라인 병 자체의 요소가 아닙니다.) 클라인 병은 균질인 곡면에 대한 우리의 세 번째 예입니다. 다른 두 개는 (편평) 토러스와 구였습니다.

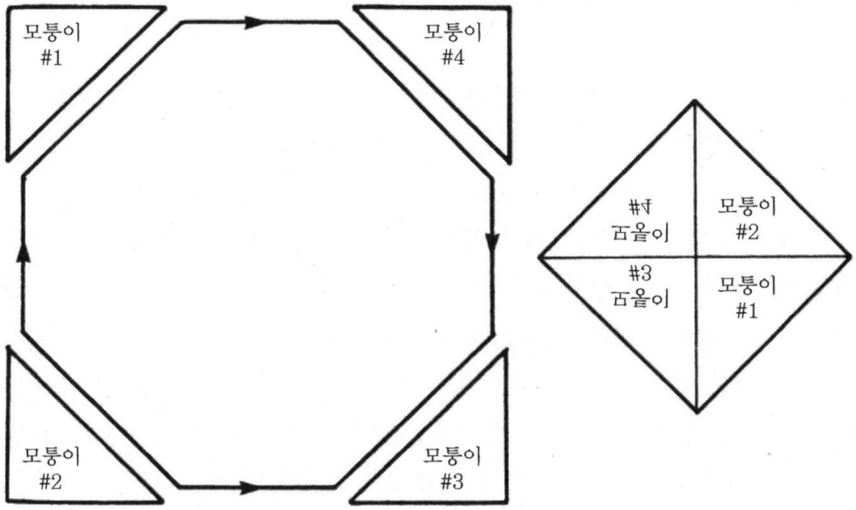

[그림 4.10] 클라인 병에서 정사각형의 모퉁이들이 맞추어지는 방법

곡면 혹은 삼차원 다양체에서 여행자가 자신의 거울상이 되어 출발점으로 돌아오게 만드는 경로를 **방향 뒤집힘 경로**라고 부릅니다. 방향 뒤집힘 경로를 포함하지 않는 다양체는 **가향적**이라고 합니다. 그런 경로를 포함하는 다양체는 **비가향적**이라고 합니다. 예를 들어, 구나 토러스는 가향적인 곡면입니다. 클라인 병은 비가향적인 곡면입니다. 삼차원 토러스는 가향적인 삼차원 다양체입니다. 그러면 비가향적인 삼차원 다양체에는 무엇이 있을까요?

비가향적인 삼차원 다양체는 클라인 병을 만들 때 사용한 방법을 응용하여 만들 수 있습니다. 방 안에 담겨 있는 직육면체 모양의 공간을 가지고 시작합니다. 삼차원 토러스와 같이 왼쪽 벽이 오른쪽 벽에, 바닥이 천장에 붙어 있다고 상상하세요. 이제 앞쪽 벽은 뒤쪽 벽에 붙어 있지만 좌우 뒤집혀서 붙어 있다고 상상합니다. 그 안에서 여러분이 앞쪽 벽을 통과해 걸어 나간다면 거울상이 되어 뒤쪽 벽으로부터 돌아오게 될 것입니다. 한 번 더 그렇게 걸어 나간다면 여러분은 원래 상태로 되어 돌아올 것입니다.

연습문제 4.9 이 삼차원 다양체의 뒤쪽 벽을 통해 무엇이 보입니까? 다른 벽에 대해서는 어떻습니까? ▮

이 새로운 삼차원 다양체가 우리가 삼차원 토러스에서 만들었던 것과 같은 정글짐을 포함한다고 상상해보세요. 그 속에서 친구와 논다면 무척 재미있을 것입니다. 여러분이 어떤 친구와 마주칠 때 그 친구는 어떤 때는 오른손잡이가, 어떤 때는 왼손잡이가 되어 있을 것입니다. 여러분은 좀 특별한 술래잡기 놀이를 할 수 있을 것입니다. 친구를 붙잡더라도 그 친구의 두 손 중 왼손이 어느 쪽인지 알아맞히지 못한다면 잡았다고 인정하지 않는 것입니다. 가르마를 머리 가운데에 탄 사람은 아주 유리할 것입니다. 반면, 글이 적힌 티셔츠는 절대 입어선 안 되겠지요.

연습문제 4.10 비가향적인 삼차원 다양체에서 할 수 있는 다른 재미있는 일을 상상해보세요. 예를 들어 밤에 친구의 신발을 한쪽만 훔쳐서 방향 뒤집힘 경로를 따라 한 바퀴 돈 다음 동트기 전에 원래 자리에 놓아두는 것입니다. ▮

사영평면은 구와 국소적으로는 같지만 전역적인 위상은 다른 곡면입니다. 이 곡면은 하나의 반구에 대해 그 테두리상의 마주보는 점끼리 맞붙임으로써 만들어집니다(그림 4.11). 그림 4.12는 이렇게 만들어진 결과물에서 테두리상의 짧은 한 부분이 국소적으로 어떠한 모습인지 보여줍니다. 우리는 테두리상의 어떤 일부분이 맞붙어 있는 모습은 보여줄 수 있지만, 테두리 전체가 맞붙어 있는 모습을 한 번에 보여 줄 수는 없습니다. 그것은 그 결과물의 고유한 전역적 성질 때문입니다. 따라서 여러분은 테두리상의 마주보는 부분들이 어떻게 맞붙는지에 집중해야 하며, 구를 시각화할 때처럼 그 전체를 한 번에 시각화하려고 해서는 안 됩니다. 무엇보다 중요한 것은 테두리상의 마주보는 부분끼리 맞붙이고 나면 이 반구의 기하가 완전히 형성되며, 결국 사영평면은 구와 같은 국소적 기하를 가지게 된다는 것입니다. (붙이기가 일어난 '봉합선'을 따라서도 마찬가지입니다.) 사영평면은 우리가 만난 네 번째의 균질한 곡면입니다.

연습문제 4.11 사영평면은 가향적입니까? 즉, '테두리'를 가로질러 나아간 플랫랜드 사람이 제자리로 돌아올 때 원래 상태로 돌아옵니까, 아니면 거울상이 되어 돌아옵니까? ▮

연습문제 4.12 사영평면에 사는 플랫랜드의 어떤 사람은 사영평면을 테두리상의 마주보는 점이 붙어 있는 반구로서 시각화시킵니다. 이 사람의 집은 '남극'에 있습니다. 어느 날 그는 집을 떠나서 직선(즉, 측지선)을 따라 여행을 했는데, 결국 다다른 곳은 자기 집이었습니다. 이 여행경로 위에서 집에서 가장 먼 지점은 어디일까요? ▮

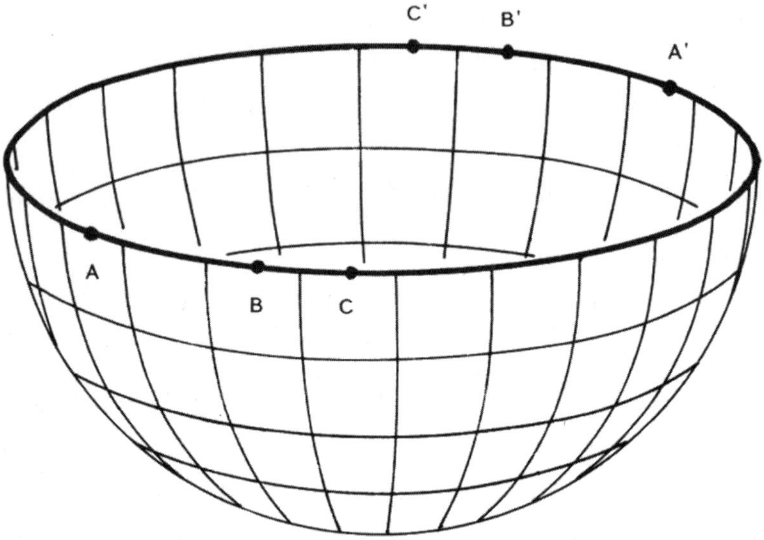

[그림 4.11] 반구 테두리상의 마주보는 점끼리 붙이면 사영평면을 얻는다.

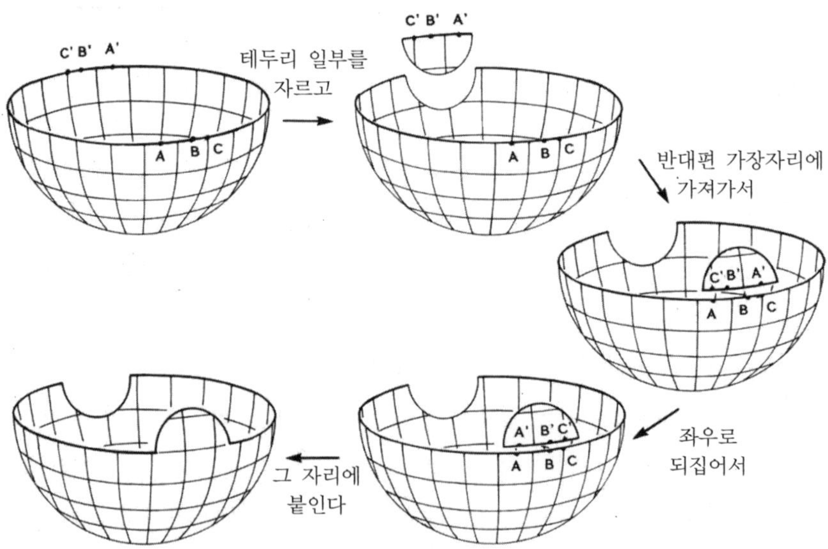

[그림 4.12] 테두리상의 마주보는 부분끼리 붙이는 방법

연습문제 4.13 한 무리의 플랫랜드 사람들이 사영평면에 살고 있습니다. 이들은 소방서 두 개를 세우려는 중인데, 소방서들은 서로 멀리 떨어져 있을수록 효율적이라고 합니다. 플랫랜드 사람들은 두 소방서를 어디에다 세울까요? (주의: 테두리상의 마주보는 점은 사영평면상에서 동일한 점입니다.) 또한, 소방서 세 개를 세울 수 있다면 어떻게 하는 것이 좋을까요? ∎

연습문제 4.14 플랫랜드에 살고 있는 어떤 사람은 자신이 살고 있는 곳이 구 아니면 사영평면이라는 것을 압니다. 이 중 실제로 어느 것이 옳은지, 그가 어떻게 하면 알 수 있을까요? 플랫랜드의 다른 어떤 사람은 그가 살고 있는 곳이 사영평면 아니면 클라인 병이라는 것을 압니다. 이번에는 어떻게 하면 알 수 있을까요? ∎

연습문제 4.15 지금까지 우리는 네 개의 균질한 곡면을 관찰했습니다. 그것은 구, 토러스, 클라인 병, 사영평면입니다. 그림 4.13의 표를 이것들로 올바르게 채우세요. ∎

우리가 사영평면의 위상적 성질에만 관심을 가진다면, 반구를 납작하게 만들어 원판이 되도록 해도 됩니다. 단, 테두리상의 마주보는 점끼리는 여전히 붙어 있다는 것을 잊지 말아야 합니다(그림 4.14). 원판은 반구보다 그리기 쉽다는 점에서 좋습니다.

계속하여 위상적 성질만 볼 때, 속이 찬 삼차원의 공에 대해 경계면상의 마주보는 점들을 맞붙이면 **사영 삼차원 공간**을 만들 수 있습니다. 우리는 이것의 기하를 14장에서 초구의 기하를 공부하면서 함께 다룰 것입니다.

연습문제 4.16 사영 삼차원 공간은 가향적입니까? 여러분이 경계를 가로질러 간다면, 돌아올 때는 어떻게 됩니까? ∎

연습문제 4.17 가향성은 국소적 성질입니까, 전역적 성질입니까? 위상적 성질입니까, 기하적 성질입니까? ▮

	가향적	비가향적
굽은 국소적 기하		
편평한 국소적 기하		

[그림 4.13] 구, 토러스, 클라인 병, 사영평면으로 이 표를 채울 수 있다. 어느 것이 어느 칸에 들어가야 하는가?

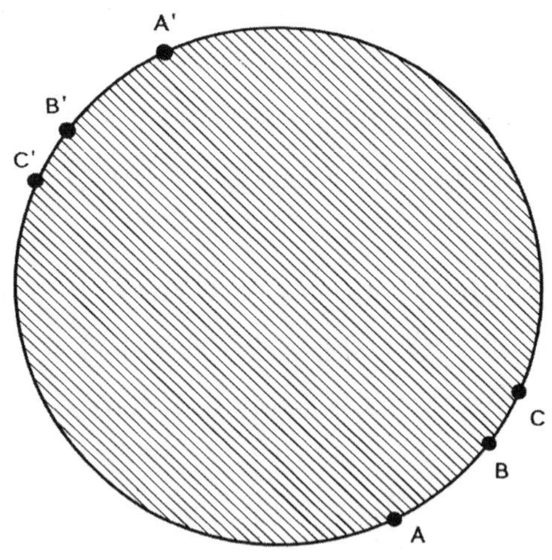

[그림 4.14] 위상적으로, 사영평면은 테두리상의 마주보는 점들이 붙어 있는 원판이다.

CHAPTER 05

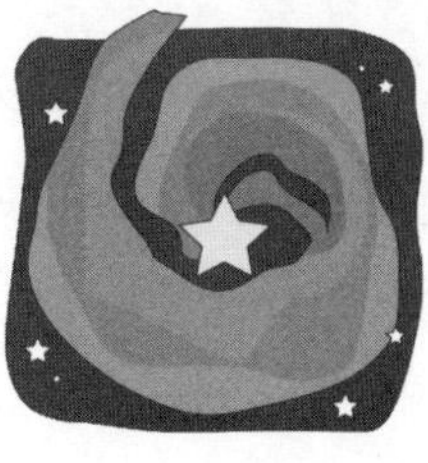

연결합

플랫랜드 이야기의 마무리

거울상이 된 탐사대원들은 대부분의 사람들이 기대했던 것보다 빨리 새로운 상황을 받아들였습니다. 그들에게 가장 힘들었던 일은 올바르게 글자 쓰는 법을 배우는 것이었지만, 이것조차도 얼마 후에는 일상적인 일이 되었습니다. 플랫랜드 사회의 어떤 분야에서는 오히려 그들의 새로운 능력을 필요로 하기도 했습니다. 모든 것이 정상으로 되돌아갔습니다.

사실, 몇 년이 흐르면서 사람들에게 모험심이 생기게 되었습니다. 거의 매주마다 누군가는 탐험에 나섰습니다. 물론 거울상이 되어 되돌아오는 사고를 겪는 탐험가들도 때때로 있었지만, 이것은 더 이상 끔찍한 일이 아니었습니다. 거울상이 된 탐험가들은 금방 새로운 생활에 익숙해졌습니다. 게다가 뒤집힘 사고는 어떤 '뒤집힘 지역'을 통과한 사람들에게만 일어나는 일이었습니다. 플랫랜드의 나머지 지역은 충분히 안전해 보였고, 그 안에서의 여행은 완전히 일상적인 일이 되었습니다.

뒤집힘 사고로부터 여행자를 보호하기 위해서, 사람들은 뒤집힘 지역의 경계를 따라 그 열 걸음 앞에 돌덩어리들을 놓아두었습니다. 이렇게 조치한 이후에는 가장 겁이 많은 플랫랜드 사람조차도 안전한 지역 안에서는 마음껏 여행을 즐길 수 있었습니다.

오래지 않아 안전한 지역에 대한 공식적인 탐사가 착수되었습니다. 탐사대원들은 안전한 지역이 도넛 표면(그림 5.1)과 닮았다는 사실을 알게 되었는데, 이것은 플랫랜드의 모양에 대해 가장 먼저 제안되었던 가설들 중 하나와 일치했습니다.

하지만 다른 사람들은 이것이 플랫랜드의 전체 모양이 도넛 표면과 같다는 것을 의미하지는 않는다는 점을 곧바로 지적했습니다. 예를 들어 뒤집힘 지역도 도넛 표면과 닮았다면 플랫랜드는 구멍 두 개짜리 도넛 표면이 될 것입니다(그림 5.2).

결국 사람들의 호기심은 두려움을 이겨냈고, 뒤집힘 지역에 대한 탐사가 시작되었습니다. 가장 용감한 탐사대원만이 이 일에 자원하였습니다. 그들은 뒤집히는 것은 두려워하지 않았습니다. 그것은 이미 일상적인 일이 되었으니까요. 그들이 두려워한 것은 두 번 뒤집히는 것이었습니다! 두 번 뒤집히면 죽을 수도 있다는 것이 다수의 의견이었습니다. (두 번 뒤집히면 원래 상태로 돌아올 것이라는 소수 의견도 있었지만, 신문에 이 의견은 좀처럼 실리지 않았습니다.)

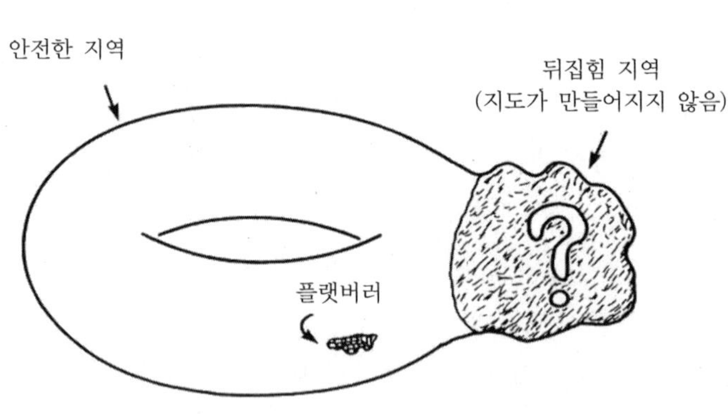

[그림 5.1] 먼저 플랫랜드의 안전한 지역부터 지도가 만들어졌다.

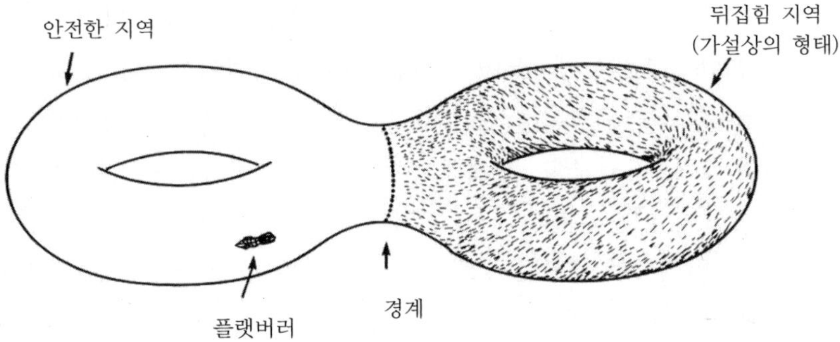

[그림 5.2] 안전한 지역과 뒤집힘 지역 각각 도넛 표면과 닮았다면 플랫랜드는 전체적으로 구멍 두 개짜리 도넛 표면과 같을 것이다.

탐사는 두 단계로 진행되었습니다. 첫 번째 단계의 목표는 뒤집힘 지역이 얼마나 큰지 대략적으로 알아내는 것, 그리고 상세한 지도를 그리는 두 번째 단계를 위해 뒤집힘 지역을 몇 개의 구역으로 분할해 두는 것이었습니다.

첫 번째 단계는 세 명의 탐사대원들이 거울상이 되어 돌아오긴 했지만 별탈 없이 끝났습니다. 뒤집힌 탐사대원들은 용감하게도 뒤집힘 지역으로 다시 들어가서 두 번째 단계의 세부 탐사를 돕기로 했습니다. 사실 그들은 서로 용기를 과시하고 싶어서 먼저 들어갈 사람을 뽑는 제비뽑기까지 했습니다.

첫 번째 단계가 완료되자 뒤집힘 지역은 8개의 구역으로 나누어졌습니다. 두 번째 단계에서는 각 구역별로 조를 편성해 보내어 상세한 지도를 만들기로 했습니다. 팀의 배정은 러시안 룰렛 식이어서, 각 팀은 자기 팀이 뒤집힘을 일어나게 만드는 구역을 맡게 될지 궁금해 했습니다. 놀랍게도—그리고 다행히도—여덟 팀 모두 자신들이 맡은 구역은 완벽하게 정상이라고 보고했습니다!

정작 이 결과가 불가사의하게 여겨진 것은 여러 구역들로부터 얻은 자료들을 모으고 통합하여 비교할 때였습니다. 그들은 구역들이 그림 5.3에서 보이는 것처럼 연결되어 있음을 알게 되었습니다. 그 불가사의한 일이란 제1구역이 제7구역이 아니라 제8구역과 연결되어 있고, 제7구역과 연결되어 있는 것은 제2구역이라는 것이었습니다! 그 구역들은 그렇게 이상한 방법으로 연결되어 있었습니다!

결국 이 혼란스러움은 해소되고 새로운 깨달음이 얻어졌습니다. 플랫랜드 사람들은 거울상으로 뒤집히는 현상이 그렇게 불가사의한 일이 아님을 마침내 알게 되었습니다. 단순히, 플랫랜드라는 공간은 뒤집힘 지역을 여행하는 사람의 오른쪽은 왼쪽이 되고 왼쪽은 오른쪽이 되어 되돌아오게 하는 방식으로 그 스스로 연결되어 있었던 것입니다. 플랫랜드 사람들은 지금 뫼비우스 띠를 발견했습니다!

이것은 지적으로 굉장한 성과였습니다. 뿐만 아니라 이것은 실용적으로도 가치 있는 성과였습니다. 이제 뒤집힌 탐사대원들을 원래 상태로 돌아오게 하기 위해서는 뒤집힘 지역으로의 여행을 보내주기만 하면 되니까요. 이 이후로 뒤집힘 지역은 장난을 치거나 여가생활을 즐기는 장소가 되었습니다.

이렇게 범우주적인 규모의 탐사가 완결되었습니다. 탐사대원들은 플랫랜드가 두 개의 지역, 즉 하나는 뫼비우스 띠, 다른 하나는 토러스와 닮은 지역으로 구성되어 있다는 사실을 확신하게 되었습니다. 플랫랜드 사람들은 이후로 영원히 행복하고 평화롭게 살았습니다.

끝

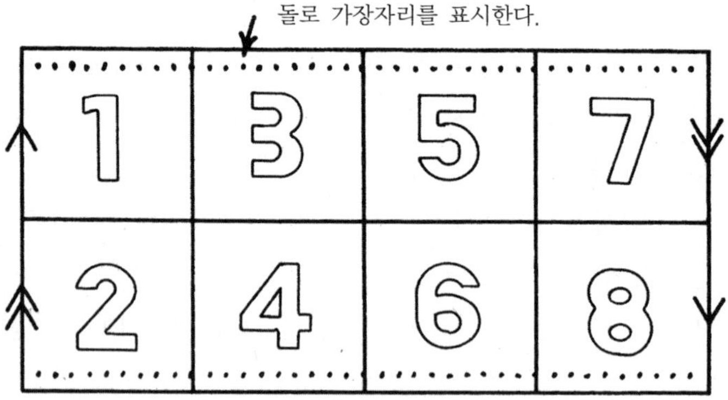

[그림 5.3] 8개의 구역이 연결되어 있는 방식

> 주의: 이 장에서 모든 곡면들은 위상적으로 다룹니다. 여러분은 원하는 대로 그것들을 구부리고 비틀 수 있습니다.

플랫랜드 사람들이 그림 5.2에서 지적한 것처럼, 구멍이 두 개인 도넛 표면은 구멍 하나짜리 도넛 표면 두 개가 붙어 있는 것과 매우 닮았습니다. 사실, 우리는 구멍 하나짜리 도넛 표면 두 개의 각각에서 원판을 잘라내어 생긴 가장자리끼리 맞붙여서 구멍 두 개짜리 도넛 표면을 만들 수 있습니다(그림 5.4). 이러한 연산을 연결합이라고 부릅니다.

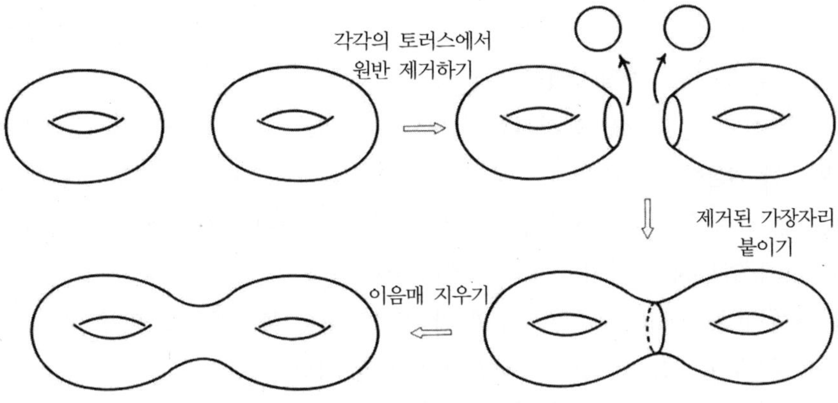

[그림 5.4] 구멍 하나짜리 도넛 표면 두 개로 구멍 두 개짜리 도넛 표면 하나를 만드는 방법

연습문제 5.1 구멍 두 개짜리 도넛 표면과 구멍 하나짜리 도넛 표면의 연결합은 무엇입니까? 구멍 여섯 개짜리 도넛 표면과 열한 개짜리 도넛 표면의 연결합은 무엇입니까? ▮

연습문제 5.2 구멍 두 개짜리 도넛 표면과 구의 연결합은 무엇입니까? 클라인 병과 구에 대해서는 어떻습니까? 사영평면과 구에 대해서는 어떻습니까? ▮

연습문제 5.3 이 연습문제는 사영평면에서 원판을 잘라냈을 때 무엇을 얻게 되는지 알기 위한 것입니다. 여러분은 연습문제 5.4에서 이 문제에서 얻은 정보를 바탕으로 사영평면 두 개의 연결합이 무엇인지 알게 될 것입니다. 메모지에 다음 단계 각각을 따라 그림을 그려 보세요.

1. 가장자리상의 마주보는 두 점끼리 맞붙어 있는 원판인, (위상적) 사영평면을 그린다.
2. 사영평면의 중심에서 작은 원판을 제거한다.
3. 그림 5.5에서 보이는 것처럼 남은 부분을 두 개의 구부러진 조각으로 자른다. 그림과 같이 가장자리에 화살표시를 한다.
4. 구부러진 조각 각각을 직사각형이 되도록 곧바르게 편다. 우리는 사영평면에 대한 **위상적** 성질들을 다루고 있으므로, 그것들이 마치 고무로 만들어진 것처럼 간주하여 자유롭게 구부릴 수 있다. 단, 어떤 화살표가 어느 가장자리 위에 있는지 놓치지 말고 잘 따라가야 한다.
5. 하나짜리 화살표가 붙은 두 개의 긴 가장자리를 물리적으로 맞붙인다. 이러기 위해서는 조각 하나를 뒤집어야 할 것이다.
6. 두 개짜리 화살표가 붙은 두 가장자리끼리, 세 개짜리 화살표가 붙은 두 가장자리끼리 물리적으로 붙인다. 여러분은 분명 삼차원 공간을 이용하게 될 것이다. 평면상에서 이것을 할 수는 없다.

여러분이 만든 것은 원판이 제거된 사영평면과 위상적으로 동일합니다. 일반적으로 우리가 이것을 부르는 이름은 무엇입니까? ▮

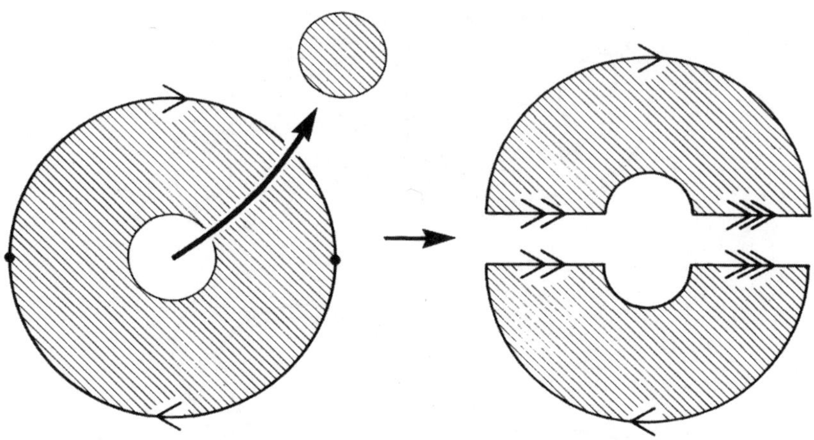

[그림 5.5] 사영평면에서 원판을 제거한다. 그리고 남은 부분을 위에서 보이는 것처럼 두 개의 조각으로 자른다.

연습문제 5.4 사영평면 두 개의 연결합은 무엇입니까? 힌트: 두 개의 사영평면 각각에서 원판을 잘라내면 앞의 연습문제에서 얻은 것이 두 개 생깁니다. 그림 5.6과 다음의 리머릭을 참고하면 이 두 개를 맞붙여서 얻게 되는 것이 무엇인지 판단하는데 도움이 될 것입니다.

수학자 클라인은
뫼비우스 띠는 신성하다고 생각했다네.
그가 말하길, "당신이 만약,
여기 두 개의 가장자리를 붙인다면
내 것과 같은 기묘한 병을 얻을 것이다." ∎

연습문제 5.5 이 장의 처음에 나온 이야기에 의하면, 플랫랜드는 어떤 두 곡면의 연결합이었습니까? ∎

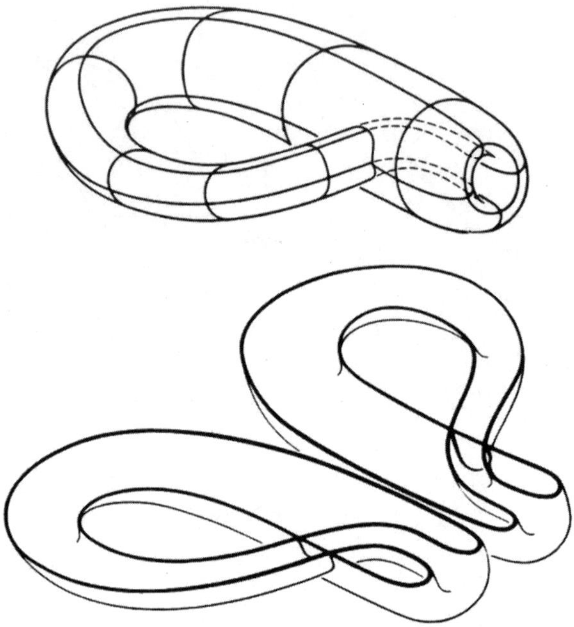

[그림 5.6] 클라인 병을 두 개로 자르기

기본적인 다양체 대부분은 약칭을 갖고 있는데, 보통 위첨자를 통해 그것의 차원을 표시합니다. 예를 들면 우리가 공부했던 곡면들은 다음과 같습니다.

E^2	(유클리드) 평면
S^2	구
T^2	토러스
K^2	클라인 병
P^2	사영평면
D^2	원판

이 약칭들은 각각 '이 투(E-two)', '에스 투(S-two)', '티 투(T-two)' 등으로 읽으면 됩니다. 그런데 도넛 표면과 편평 토러스 사이의 위상적인 차이점은 없으므로, 약어 'T^2'는 문맥에 따라 그 둘 중 하나 또는 둘 다를 지시할 수 있습니다. 우리가 살펴본 바 있는 삼차원 다양체는 다음과 같습니다.

E^3	'보통의' 삼차원 (유클리드) 공간
T^3	삼차원 토러스
D^3	속이 찬 공 (즉, 삼차원 '원판')
P^3	사영 삼차원 공간

우리가 탐구했던 그 비가향 삼차원 다양체 역시 이름을 갖고 있습니다. 그 이름은 소위 '곱'이라 불리는 그 다양체의 구조를 나타내는데, 다음 장에서 이에 대해 자세히 설명할 것입니다. 일차원 다양체들도 약어를 갖고 있습니다. 즉,

E^1	직선
S^1	원
I	구간, 즉 양 끝점을 포함하는 선분

연결합 연산은 '#' 기호로 표기합니다. 예를 들면 구멍 두 개짜리 도넛 표면은 $T^2 \# T^2$입니다. 왜냐하면 그것은 위상적으로 토러스 두 개의 연결합이기 때문입니다. ($T^2 \# T^2$는 '토러스 두 개의 연결합' 또는 '티 투 연결합 티 투'로 읽습니다.) 비슷하게, 구멍 세 개짜리 도넛 표면은 $T^2 \# T^2 \# T^2$입니다. 플랫랜드의 위상은 $T^2 \# P^2$로 간단히 쓸 수 있습니다. 이 표기법으로 등식도 표현할 수 있습니다. 예를 들면 우리는 연습문제 5.4에서 $P^2 \# P^2 = K^2$ 임을 알았습니다.

연습문제 5.6 연습문제 5.2의 결과를 위의 표기법으로 나타내세요. ▮

1860년대의 어느 날, 수학자들은 생각할 수 있는 모든 곡면들은 토러스 그리고/또는 사영평면들의 연결합으로 표현 가능하다는 사실을 발견했습니다! (구는 토러스 영 개와 사영평면 영 개의 연결합으로 간주합니다. 얼핏 보면 억지스럽게 여겨질 수도 있지만, 이 방법은 편리할 뿐만 아니라 연습문제 5.2에 비추어 보면 합리적인 선택이라 할 수 있습니다.) 이는 아래의 표에, 존재할 수 있는 모든 곡면들의 전체 목록이 들어 있다는 말과 같습니다. 여러분이 어떤 곡면을 제시하더라도 그것과 위상적으로 같은 어떤 곡면을 이 표에서 찾을 수 있습니다. 예를 들면 클라인 병은 $P^2 \# P^2$와 같은데, 이것은 표에서 첫 번째 행의 세 번째 열에 있습니다.

토러스의 개수 \ 사영평면의 개수	0	1	2	3	…
0	S^2	P^2	$P^2 \# P^2$	$P^2 \# P^2 \# P^2$	…
1	T^2	$T^2 \# P^2$	$T^2 \# P^2 \# P^2$	$T^2 \# P^2 \# P^2 \# P^2$	…
2	$T^2 \# T^2$	$T^2 \# T^2 \# P^2$	$T^2 \# T^2 \# P^2 \# P^2$	⋮	
3	$T^2 \# T^2 \# T^2$	$T^2 \# T^2 \# T^2 \# P^2$	⋮		
⋮	⋮	⋮			

연습문제 5.7 위의 표에서 (a) $K^2 \# P^2$ (b) $K^2 \# T^2$ (c) $K^2 \# K^2$와 위상적으로 같은 곡면을 각각 찾으세요. ▮

이 목록에서 중복된 것은 없을까요? 예를 들면 $T^2 \# P^2$는 사실 어떤 곡면, 예컨대 $P^2 \# P^2 \# P^2$과 같은 곡면이 아닐까요? 놀랍게도 이 목록에는 정말 중복된 것들이 있으며 $T^2 \# P^2 = P^2 \# P^2 \# P^2$ 임은 사실입니다!

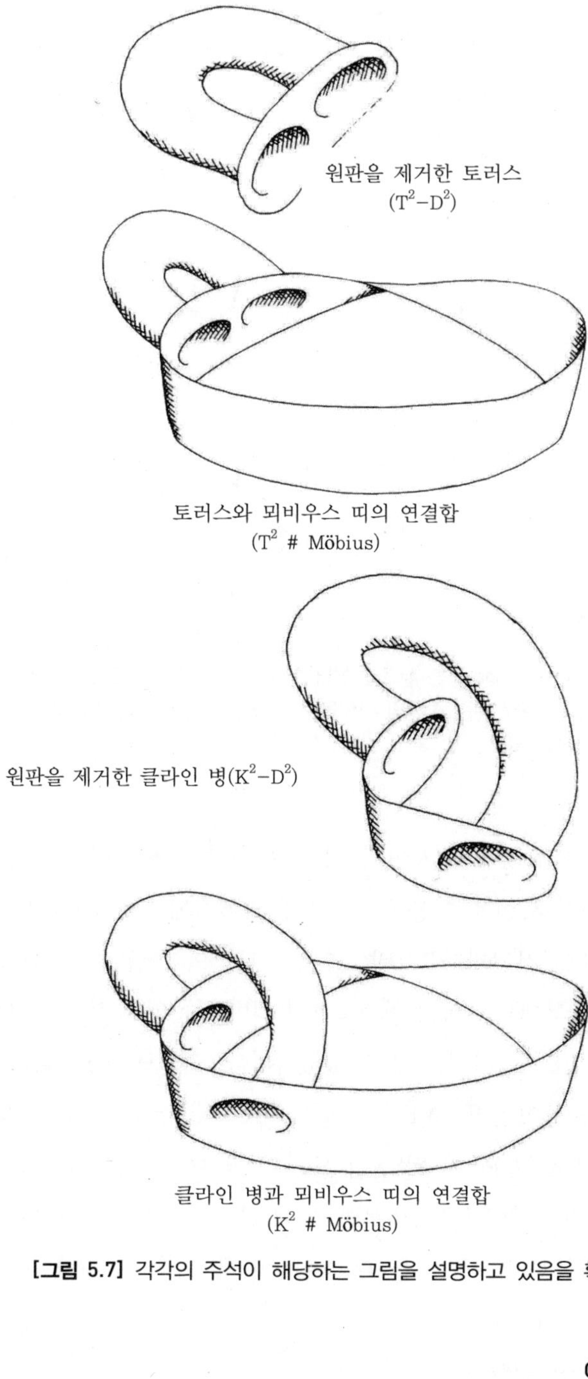

[그림 5.7] 각각의 주석이 해당하는 그림을 설명하고 있음을 확인하라.

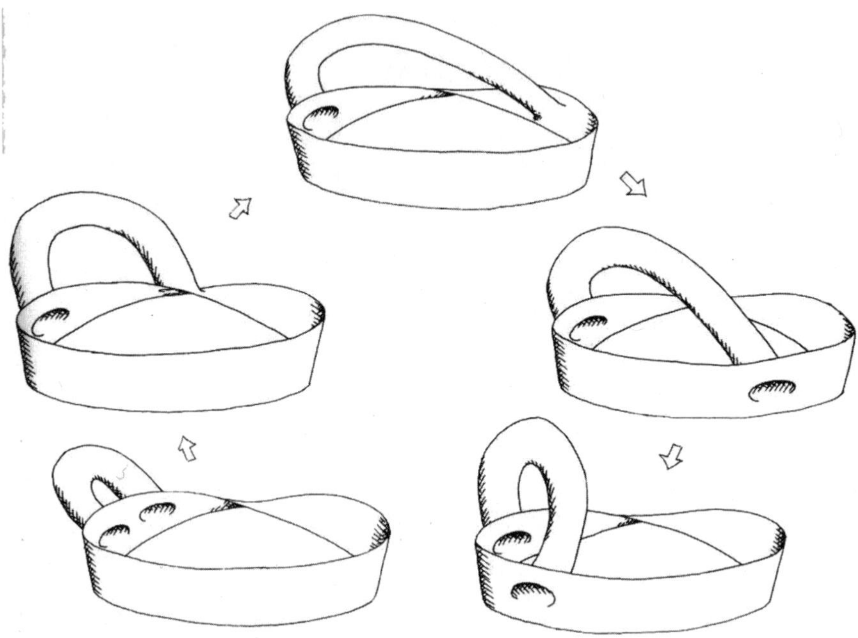

[그림 5.8] T^2 # Möbius와 K^2 # Möbius는 서로 변형될 수 있다. 그러므로 그것들은 위상적으로 같다. 물론 여러분이 실제 고무에 대해 이런 종류의 변형을 시킨다면 아마 찢어질 것이다. 그러나 위상을 다룰 때 그런 문제를 걱정할 필요는 없다.

연습문제 5.8 이 연습문제에서 여러분은 $T^2 \# P^2 = K^2 \# P^2$ 임을 알게 될 것입니다. 그리고 이 사실을 이용하여 연습문제 5.9에서는 $T^2 \# P^2 = P^2 \# P^2 \# P^2$임을 유도할 것입니다. 그림 5.7에서 각각의 그림을 그 밑에 붙은 주석을 보고 잘 이해해보세요. 연습문제 5.3에서 뫼비우스 띠의 가장자리에 원판을 붙이면 사영평면이 된다는 사실을 알 수 있었습니다. 그러므로 T^2 # M bius의 가장자리에 원판을 붙이면 $T^2 \# P^2$가 될 것이고, K^2 # M bius의 가장자리에 원판을 붙인다면 $K^2 \# P^2$가 될 것입니다. T^2 # M bius와 K^2 # M bius는 위상적으로 같기 때문에(그림 5.8을 통해 왜 그렇게 되는지 이해하세요) $T^2 \# P^2$와 $K^2 \# P^2$도 같아야 합니다. (이상하게 여겨지겠지만, 이것이 T^2

와 K^2가 같음을 의미하지는 않습니다! 수의 합이나 곱에 대해서와 달리, 연결합에 대한 '소거법칙'은 성립하지 않습니다.) ▮

연습문제 5.9 두 단락 앞에서 주장했던, $T^2 \# P^2 = P^2 \# P^2 \# P^2$ 라는 사실을 증명하세요.
(힌트: 쉽습니다! 연습문제 5.4와 5.8을 함께 이용해보세요.) ▮

연습문제 5.10 모든 곡면은 토러스 그리고/또는 사영평면들의 연결합임을 가정하고, 모든 곡면은 오직 토러스만의 연결합 또는 오직 사영평면만의 연결합으로 표현됨을 보이세요. 즉, 모든 곡면은 두 열로 정리된 다음 목록의 어떤 곡면과 위상적으로 같습니다.

S^2

T^2	P^2
$T^2 \# T^2$	$P^2 \# P^2$
$T^2 \# T^2 \# T^2$	$P^2 \# P^2 \# P^2$
$T^2 \# T^2 \# T^2 \# T^2$	$P^2 \# P^2 \# P^2 \# P^2$
등등	등등

이 목록의 어디에 $T^2 \# P^2$(플랫랜드 이야기에서의 곡면)가 있습니까?
$T^2 \# K^2$는 어디에 있습니까? $P^2 \# S^2$는? $S^2 \# S^2$는? 이 목록에서 어떤 곡면들이 가향적입니까?
12장에서, 우리는 이 새로운 목록에 있는 모든 곡면들은 실제로 서로 다르다는 사실을 알게 될 것입니다. ▮

연습문제 5.11 A열의 곡면 각각에 대해, 위상적으로 같은 곡면을 열 B에서 찾아 연결하세요.

A열	B열
$T^2 \# S^2$	$P^2 \# P^2$
K^2	$K^2 \# P^2$
$S^2 \# S^2 \# S^2$	$S^2 \# S^2$
$P^2 \# K^2$	$P^2 \# P^2 \# P^2 \# K^2$
$K^2 \# T^2 \# P^2$	T^2

우리는 삼차원 다양체 두 개의 연결합에 대해서도 말할 수 있습니다(삼차원 다양체 각각에서 속이 찬 공 하나를 제거하고, 그 나머지 부분들을 구 모양의 경계를 따라서 맞붙이면 됩니다).

CHAPTER 06

곱

원기둥은 원과 구간의 곱입니다. 여기서 곱이라는 용어를 쓸 만한 이유가 있습니다. 그림 6.1에서 보듯이 원기둥은 다음의 두 가지 모두로 간주할 수 있습니다.

1. 한 묶음의 구간들이 원을 따라 줄지어 있는 것.
2. 한 묶음의 원이 구간을 따라 줄지어 있는(쌓아올려져 있는) 것

좀더 간략하게 말하자면, 원기둥은 (1) 구간들의 원이면서 (2) 원들의 구간이기 때문에 원과 구간의 곱이라 합니다. 이런 이유로 원기둥을 기호로 $S^1 \times I$로 나타냅니다(이것을 '원 곱 구간' 또는 '에스원 곱 아이'로 읽습니다).

곱의 두 번째 예로 토러스를 들 수 있습니다. 토러스는 한 원(그림 6.2에서 짙은 선으로 그려진 것)과 또 하나의 원(옅은 선으로 그려진 것)의 곱입니다. 그것은 토러스가 두 개의 서로 다른 방법으로 (즉 옅은 원들의 짙은 원으로서, 또한 짙은 원들의 옅은 원으로서) 원의 원이 되기 때문입니다. 이 사실을 등식 $T^2 = S^1 \times S^1$으로 나타냅니다(이것을 '토러스는 원 곱 원이다' 또는 단순히 '티 투는 에스 원 곱 에스 원이다'라고 읽습니다). 그림 6.2에서의 토러스는 도넛 표면으로 그려졌는데, 지금 우리는 오직 그것의 위상에만 관심이 있기 때

문에 상관없습니다.

[참고로 토러스는 (가장자리가 없는) 닫힌 곡면 중 곱으로 표현할 수 있는 유일한 것입니다. 그 이유는 이차원 곱은 두 개의 일차원 대상들의 곱이어야 하는데, (선분과 달리) 끝점을 가지지 않으면서 (직선과 달리) 길이가 유한한 유일한 일차원 대상이 원이기 때문입니다. 그러므로 $S^1 \times S^1$ 은 가장자리도 무한한 넓이도 갖지 않는 유일한 이차원 곱입니다.]

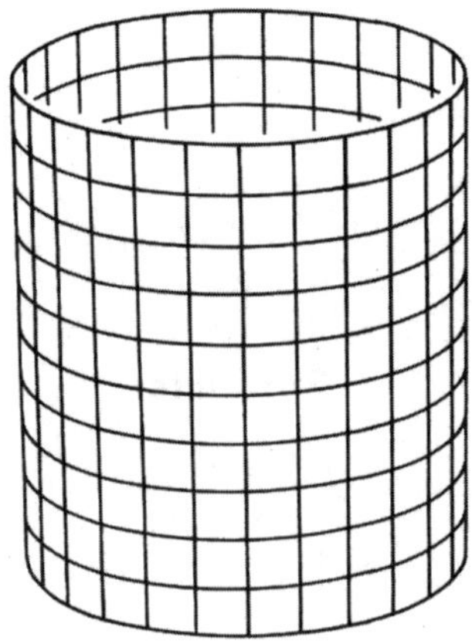

[그림 6.1] 원기둥은 원과 구간의 곱이다. ('구간'은 양 끝점을 포함하는 선분임을 상기할 것)

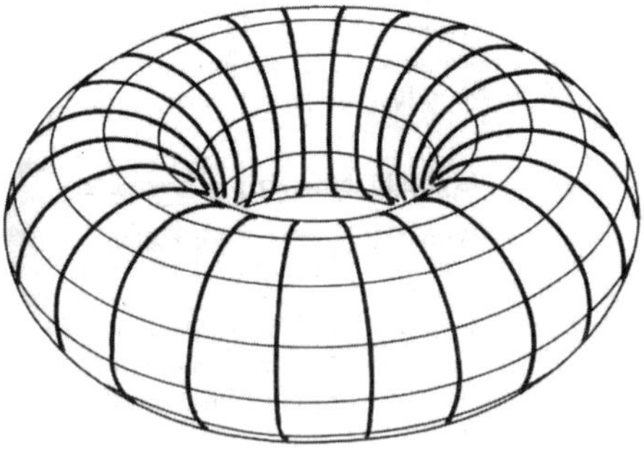

[그림 6.2] 토러스는 원 곱 원이다.

연습문제 6.1 다음과 같은 곱 각각을 우리는 보통 무엇이라 부릅니까?

1. $I \times I$
2. $E^1 \times E^1$
3. $S^1 \times E^1$
4. $E^1 \times I$ ▮

연습문제 6.2 뫼비우스 띠는 곱이라 할 수 있습니까? ▮

연습문제 6.3 위상적으로 $D^2 \times S^1$은 결국 무엇입니까? ▮

다양체의 곱과 수의 곱 사이에는 연관이 있습니다. 예를 들면, 15는 3과 5의 곱입니다. 그림 6.3의 15마리 양은 5마리의 행 3개로도, 3마리의 열 5개로도 생각할 수 있습니다.

우리의 첫 번째 예인 원기둥은 위상적인 의미에서뿐 아니라 기하적인 의미에서도 하나의 곱이라 할 수 있습니다. 그 이유를 정확히 말하자면 원기둥은 다음의 세 조건을 만족하기 때문입니다.

[그림 6.3] 15는 3과 5의 곱이다.

1. 모든 원의 크기가 같다.
2. 모든 구간의 크기가 같다.
3. 각각의 원은 각각의 구간과 수직이다.

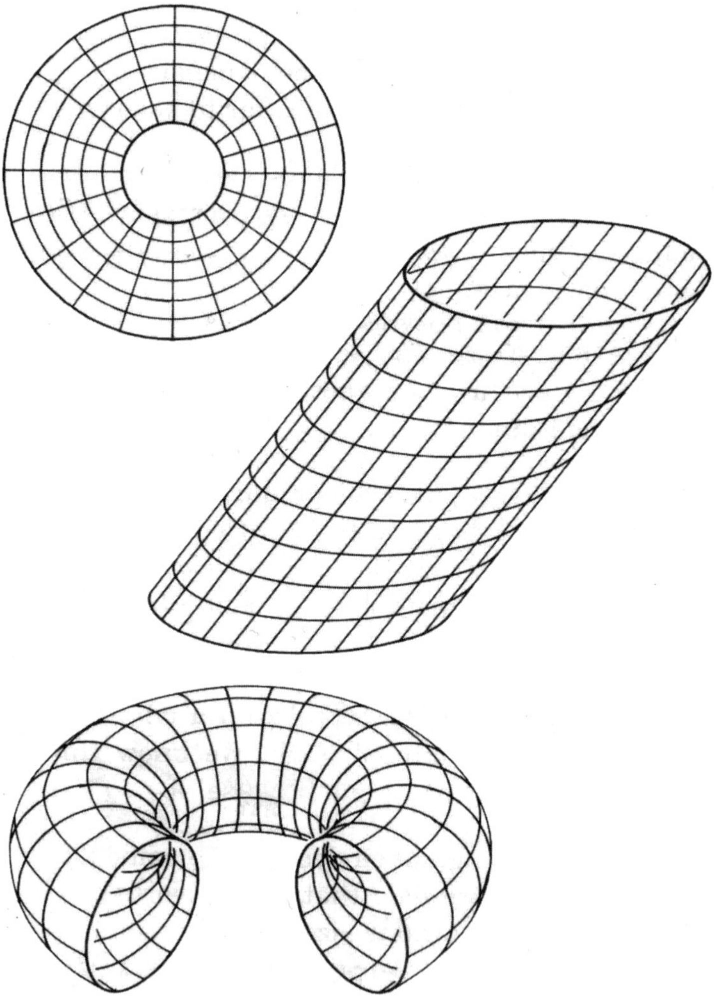

[그림 6.4] 위상적 곱으로서의—기하적으로는 아니지만—$S^1 \times I$에 대한 세 가지 예

연습문제 6.4 그림 6.4는 위상적 곱인—기하적으로는 아니지만—$S^1 \times I$에 대한 세 가지 해석을 보여줍니다. 각각의 경우에서, 위의 세 가지 조건 중 위반된 것은 무엇입니까? ▮

연습문제 6.5 $I \times I$를 기하적 곱으로서 하나, 또한 단지 위상적 곱으로서 하나를 그리세요. ▮

그림 6.2의 도넛 표면은 기하적 곱이 아닙니다. 옅은 색의 원들이 모두 같은 크기를 갖는 것은 아니기 때문입니다. 사실 우리는 기하적인 $S^1 \times S^1$을 삼차원 공간 안에서는 그릴 수 없습니다. 우리가 할 수 있는 최선의 방법은 그림 6.1처럼 원기둥을 그린 다음, 꼭대기와 바닥이 맞붙어 있다고 상상하는 것입니다. 이러한 맞붙이기를 통해 각각의 수직 구간은 원으로 변하고, 이러면 $S^1 \times I$는 $S^1 \times S^1$으로 변합니다. 우리는 이 새로운 곱이 기하적 곱임을 알고 있습니다. 이것이 다음의 성질들을 만족하기 때문입니다.

1. 원래의 모든 원들이 같은 크기이다.
2. 원으로 변하는 모든 구간들이 같은 크기이다.
3. 각각의 원이 각각의 구간과 수직이다.

하지만 우리는 양 끝이 맞붙은 이 원기둥이 편평 토러스라는 사실도 알고 있습니다. 그러므로 기하적 $S^1 \times S^1$는 편평 토러스입니다!

우리가 곱을 공부하는 주된 이유는 삼차원 다양체를 더 잘 이해하기 위해서입니다. 삼차원 다양체의 대부분은 곱이 아니지만, 가장 단순하고 흥미로운 것 중 많은 것들은 곱입니다. 예를 들면, 삼차원 토러스는 이차원 토러스와 원의 곱입니다(기호로 $T^3 = T^2 \times S^1$). 다음과 같이 하면 이것을 알 수 있습니다. 삼차원 토러스는 마주보는 면들이 붙은 정육면체라는 사실을 상기하세요. 이 정육면체가 그림 6.5에서 보이는 것처럼 얇은 층들이 수평으로 쌓여 만들어진 것이라 상상합시다.

정육면체의 옆면들을 맞붙이면, 각각의 수평 층들은 토러스로—사실은 편평 토러스로—변합니다. 이 단계에서 우리는 편평 토러스들의 더미를 얻게 됩니다. 이 정육면체의 천장을 바닥에 붙이면, 이 토러스 더미는 토러스들의 원으로 변합니다. 또한, 우리는 T^3가 원들의 토러스이기도 하다는 것을 알아야 합니다. 이를 위해, 수평인 얇은 층들로 정육면체가 채워져 있는 것이 아니라, 표면에 보이는 수많은 스파게티와 같은, 수직방향의 구간들로 정육면체가 채워져 있다고 상상해 보세요(그림 6.6). 이 정육면체의 옆면들을 맞붙이면, 구간들의 정사각형은 구간들의 토러스가 되고, 천장과 바닥을 맞붙이면, 그것은 우리가 원했던 원들의 토러스가 됩니다. 그러므로 삼차원 토러스는 토러스들의 원도 되고, 원들의 토러스도 됩니다. 그래서 삼차원 토러스는 토러스와 원의 곱입니다.

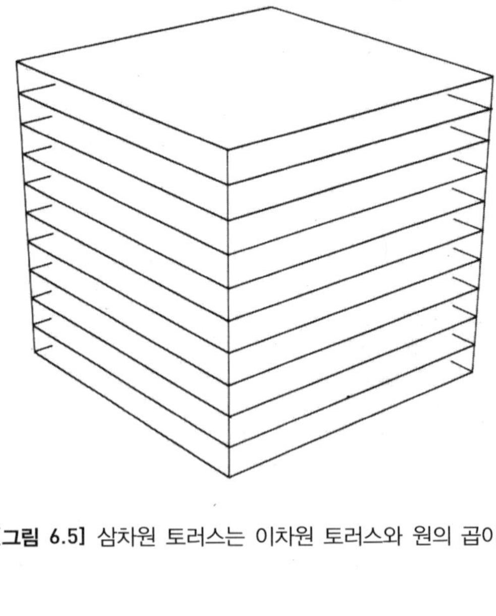

[그림 6.5] 삼차원 토러스는 이차원 토러스와 원의 곱이다.

사실, 삼차원 토러스는 기하적인 곱이기도 합니다. 왜냐하면

1. 모든 수평으로 놓인 토러스가 같은 크기이고(그림 6.5)
2. 모든 수직으로 놓인 원들이 같은 크기이며(그림 6.6)
3. 각각의 토러스는 각각의 원들과 수직

이기 때문입니다.

연습문제 6.6 4장에서, 우리는 방의 앞쪽 벽과 뒤쪽 벽을 좌우 뒤집어서 맞붙이고, 바닥과 천장, 왼쪽 벽과 오른쪽 벽을 보통의 방법으로 맞붙여서 비가향인 삼차원 다양체를 만들었습니다. 이 비가향인 삼차원 다양체 역시 하나의 곱입니다. 이것은 무엇과 무엇의 곱입니까?
(힌트: 붙이는 방법만 다를 뿐, 필요한 그림은 그림 6.5, 6.6과 같습니다.) 이것은 기하적 곱입니까? ∎

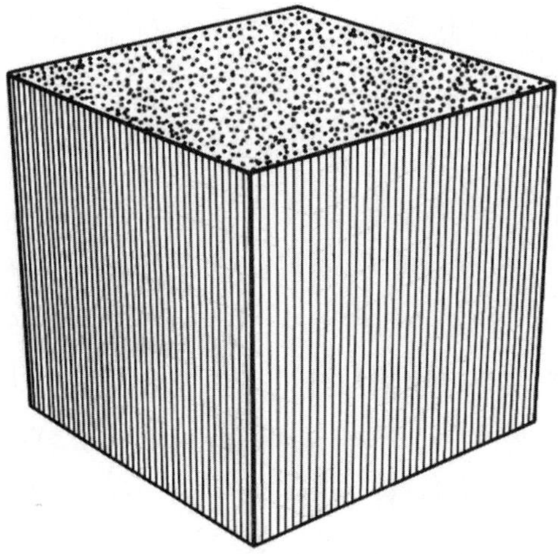

[그림 6.6] T^3가 원의 토러스임을 알기 위해, 똑바로 서 있는 스파게티들로 채워진 정육면체를 상상하라.

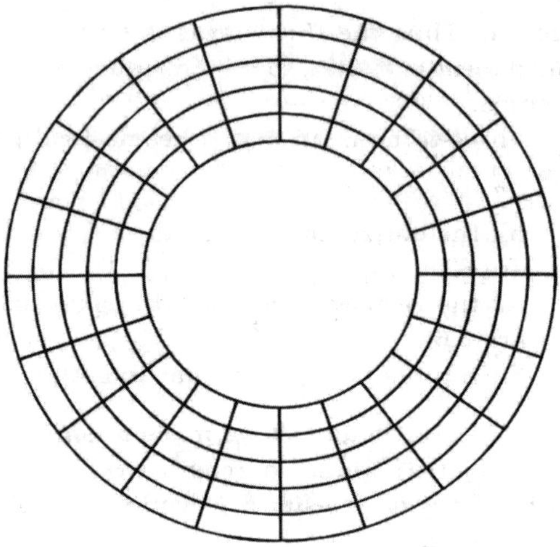

[그림 6.7] 플랫랜드 주민이 상상한 $S^1 \times I$

이제, 새로운 국소적 기하를 갖는 새로운 삼차원 다양체를 소개하겠습니다! 그 다양체는 $S^2 \times S^1$ 인데('구 곱 원' 또는 '에스 투 곱 에스 원'이라고 읽습니다), 이것을 살펴보기 전에, 플랫랜드 주민의 입장에서 $S^1 \times S^1$ 을 어떻게 다룰 수 있을지 잠시 생각해 봅시다.

플랫랜드 주민은 $S^1 \times S^1$ 을 직접 시각화할 수 없기 때문에, 머릿속으로 속임수를 사용합니다. 그는 먼저 그림 6.7에서와 같이 $S^1 \times I$ 를 상상한 다음, 안쪽 (원 모양의) 가장자리가 바깥쪽 (원 모양의) 가장자리에 맞붙어 있다고 상상합니다. 만약 기하적인 곱을 얻고자 한다면, 그는 모든 원들은 크기가 같다는 가정을 추가로 두어야 합니다! 그의 관념 속에서 그 원들은 분명 크기가 같지 않으므로 그렇게 가정하기는 처음에는 어려웠습니다. 하지만 이 방법은 그가 $S^1 \times S^1$ 를 이해하도록 확실하게 도와주므로, 그는 모순을 견뎌냈으며, 결국 $S^1 \times S^1$ 이 정말로 어떻게 생겼는지에 대한 직관적인 느낌을 가지게 되었습니다.

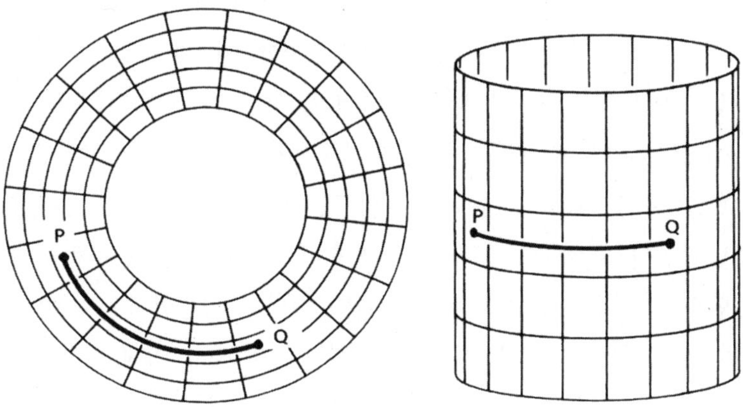

[그림 6.8] P와 Q 사이에 팽팽하게 당겨진 실은 여기에 보이는 것과 같은 경로를 따른다.

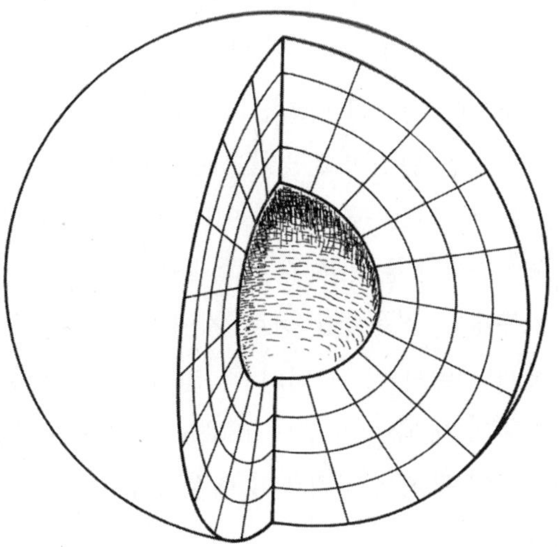

[그림 6.9] 가운데 부분이 비어 있는 공으로서 $S^2 \times S^1$ 를 시각화하라.

사실, 플랫랜드 주민의 입장에서 가장 받아들이기 힘든 것은 그림 6.8에서 보이는 점들 사이에 팽팽하게 당겨진 실은 외관상 굽어보이는 하나의 원호를 따라간다는 점입니다. 스페이스랜드 주민의 보다 세련된 그림에서(그림 6.8의 오른쪽 그림), 그 실이 원을 따라갈 것임은 분명합니다. 하지만 플랫랜드 주민에게는 실이 아무래도 '가운데를 질러가려고' 할 것처럼 여겨집니다.

우리 스페이스랜드 주민들은 플랫랜드 주민이 $S^1 \times S^1$을 그린 것과 같은 방식으로 $S^2 \times S^1$를 그릴 수 있습니다. 먼저 구 모양의 두꺼운 껍질(그림 6.9)로서 $S^1 \times I$를 시각화 합니다. 이 껍질이 $S^2 \times S^1$로 변하게 하기 위해, 껍질의 안쪽 경계가 바깥쪽 경계에 맞붙어 있다고 상상합니다. 만약 우리가 기하적인 곱을 원한다면 일은 좀 더 어려워질 것입니다. 이때 우리는 구 모양의 껍질을 이루는 구 모양의 각 층들이 모두 같은 크기라고 가정해야 합니다! (사차원의 생물에게는 실제로 같은 크기로 각 층들을 그리는데 문제가 없지만, 우리 스페이스랜드 주민들에게 이는 어려운 일입니다.)

그림 6.10은 기하적인 $S^2 \times S^1$에 들어 있는 흥미로운 곡면 두 가지를 보여줍니다. 회색으로 칠해진 것은 $S^2 \times S^1$의 구 모양 '단면'입니다. 그 구에 있는 임의의 두 점 사이에 팽팽히 당겨진 실은 구의 굽은 곡면을 따라갑니다! 사차원의 사람에게 이것은 완전히 분명한 사실일 것입니다. 그가 그린 그림에서는 실이 구의 한쪽이나 다른 쪽으로 휠 이유가 없습니다(그림 6.8의 오른쪽 그림과 비교하세요). 하지만 순진한 우리 스페이스랜드 주민에게는 (실제로는 아니지만!) 실이 아무래도 '가운데를 질러' 가야 할 것처럼 보입니다. 만약 가우스가 $S^2 \times S^1$에서 살면서 이 구 위의 세 점으로 만들어진 삼각형을 조사했다면, 그는 그 삼각형의 세 내각의 합이 180°보다 크다는 사실을 확인하게 되었을 것입니다. (임의의 구에서 삼각형의 내각의 합은 180°보다 큽니다. 그림 3.7을 상기하세요).

그림 6.10에서 흰색 곡면은 편평 토러스입니다. 그것은 그림 6.7에 기반한, 편평 토러스에 대한 플랫랜드 주민의 개념과 똑같아 보입니다. 만약 가우스가 이 곡면에서 삼각형을 측정했다면 그는 그 삼각형의 세 내각의 합이 180°라는 사실을 확인하게 되었을 것입니다.

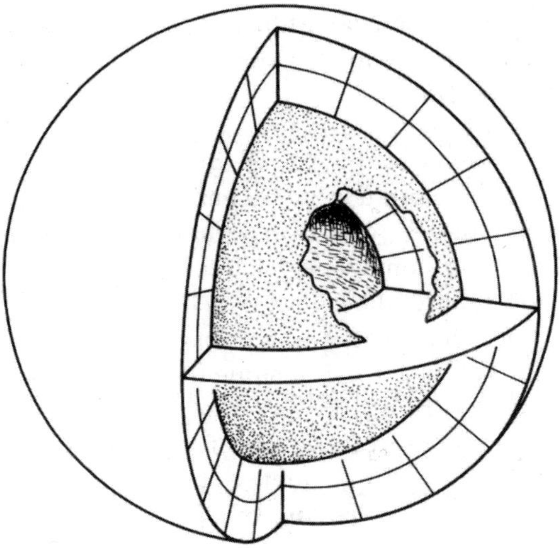

[그림 6.10] 구와 원의 곱은 $S^2 \times I$의 안쪽 곡면이 바깥 곡면에 맞붙어 있다고 상상하면 얻을 수 있다. 이 붙이기를 통해 수평으로 놓인 고리 모양의 면은 토러스로 변한다. 물론 회색 구는 이 붙이기의 영향을 받지 않는다.

우리는 $S^2 \times S^1$에서 삼각형이 어떻게 놓여 있는가에 따라 그 내각의 합이 달라진다는 사실을 알았습니다. 따라서 $S^2 \times S^1$는 균질하지만 등방적이지 않은 삼차원 다양체의 예가 됩니다. **균질**homogeneous 다양체는 그것의 국소적 기하가 어디에서나 같습니다. **등방**isotropic 다양체는 국소적 기하가 모든 방향에서 같습니다. $S^2 \times S^1$는 등방이 아닙니다. 우리가 앞의 두 문단에서 발견한 것처럼, 그것에 포함된 어떤 곡면은 구와 국소적 기하가 같은 반면 다른 어떤 곡면은 평면과 국소적 기하가 같기 때문입니다. (대부분의 스페이스랜드 사람에게 균질인 다양체와 등방인 다양체 사이의 차이는 명백하게 보이지 않습니다. 균질하지만 등방이 아닌 곡면은 없다는 곡면 특유의 사실 때문입니다.)

연습문제 6.7 곱이면서 $S^2 \times S^1$과 같은 국소적 기하를 갖는 비가향 삼차

원 다양체를 찾아봅시다. 힌트: 그 다양체는 어떤 것들의 곱이 됩니까? ▮

우리는 이제 삼차원 다양체를 무한히 많이 만들 수 있습니다! 특히 우리는 연습문제 5.10의 목록에 있는 각각의 곡면들에 대해 그 곡면과 원의 곱을 만들 수 있습니다. 예를 들면 우리는 구멍 5개짜리 도넛 표면과 원의 곱을 만들 수 있습니다. 우리가 구와 원의 곱($S^2 \times S^1$)을 안쪽과 바깥쪽이 붙은 두꺼운 구로서 그린 것과 같이, 위상적으로 이 다양체는 두꺼운 구멍 다섯 개짜리 도넛 표면의 안쪽 면과 바깥쪽 면이 붙어 있는 것으로 그릴 수 있습니다. 우리는 곡면들의 기하를 탐구한 다음에야(10, 11, 18장), 비로소 곱으로 표현된 삼차원 다양체들의 기하를 이해할 수 있습니다.

CHAPTER 07

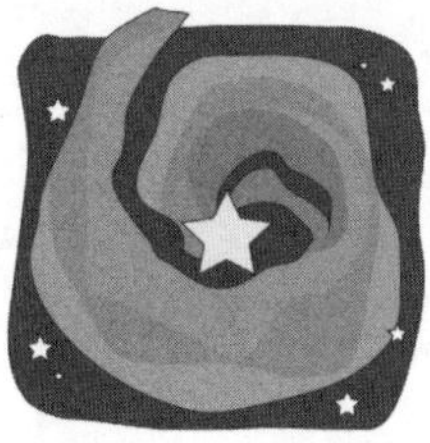

편평 다양체

여러분이 닫힌 삼차원 다양체 안에서 산다고 할 때, 여러분은 어떤 광경을 보게 될까요? 이 장은 '보통의' 삼차원 공간(즉, 편평한 삼차원 다양체, 예컨대 삼차원 토러스)과 국소적 기하가 같은 삼차원 다양체에 대하여 이 질문에 답합니다.

먼저 이차원 비행기 조종사가 3장에서 보았던 편평 토러스 하늘을 날아다니면서 보게 되는 광경을 생각합시다. 그녀가 '화면의 가장자리' 쪽을 본다면, 그녀는 자기가 자신을 뒤에서 보고 있음을 알게 될 것입니다! (그림 7.1.) 그녀는 그림 7.2에 묘사된 것처럼 대각선 쪽으로 보아도 자신을 볼 수 있습니다. 사실 그녀는 무한히 많은 방향에서 자신을 볼 수 있습니다. 그녀에게 편평 토러스 하늘은 그녀의 무수히 많은 복사본을 포함하는 평면처럼 보일 것입니다(그림 7.3). 물론, 만약 적기가 그녀를 추격하고 있다면 그녀는 적기의 무한히 많은 복사본 또한 보게 될 것입니다. 이 그림은 우리가 4장에서 클라인 병 틱택토 게임을 분석하기 위해 사용된 그림과 비슷합니다(그림 4.6).

연습문제 7.1 클라인 병에서 날고 있는 비행기 조종사에게 하늘이 어떻게 보일지 (그림 7.3과 비슷하게) 그려 보세요. ▮

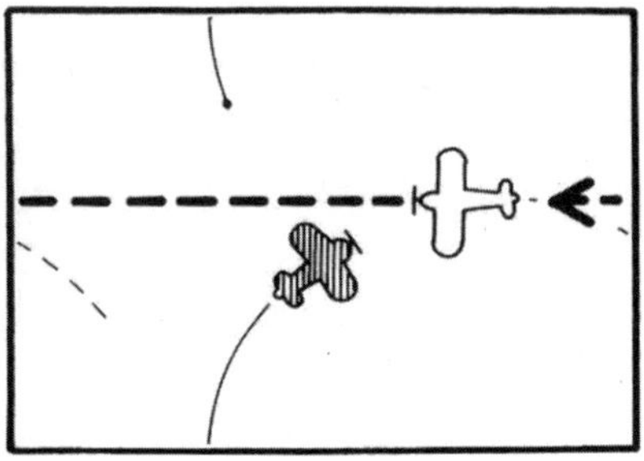

조종사는 자기 자신을 볼 수 있다.

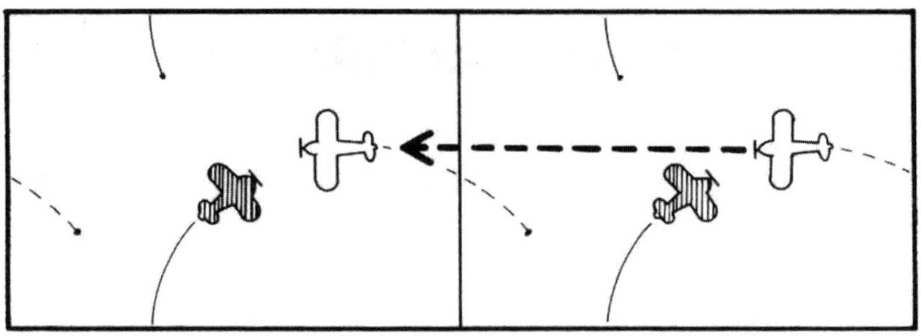

조종사에게 보이는 상황

[그림 7.1] 편평 토러스 안의 비행기

연습문제 7.2 그림 4.6의 방법을 사용해서 연습문제 2.2의 토러스 틱택토 게임을 분석하세요. ▮

이제 삼차원 다양체에 대해 비슷한 그림을 그려봅시다. 그림 7.4는 2장에서 설명한 삼차원 토러스 안에서 보이는 광경입니다. 이 삼차원 토러스는 그것의 오른쪽 벽과 왼쪽 벽, 뒤쪽 벽과 앞쪽 벽, 천장과 바닥이 맞붙은 하나의 응접실로 구성되어 있습니다.

그림 7.5는 또 다른 삼차원 토러스 안에서의 광경입니다. 이것은 각 면이 색칠되어 있는 작은 정육면체를 포함하는 하나의 정육면체로 만들어진 것입니다.

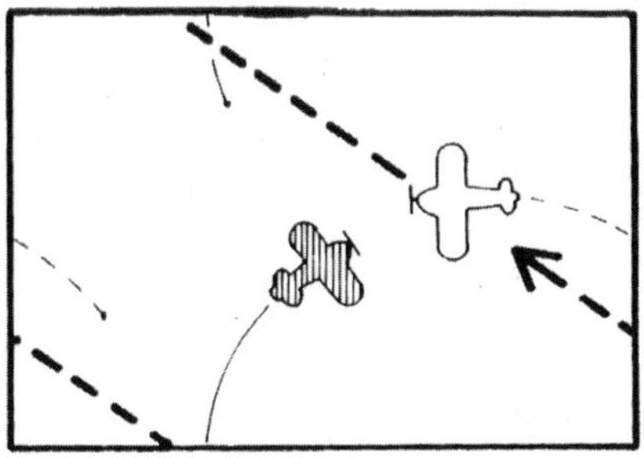

조종사는 대각선 방향에서 자기 자신을 본다.

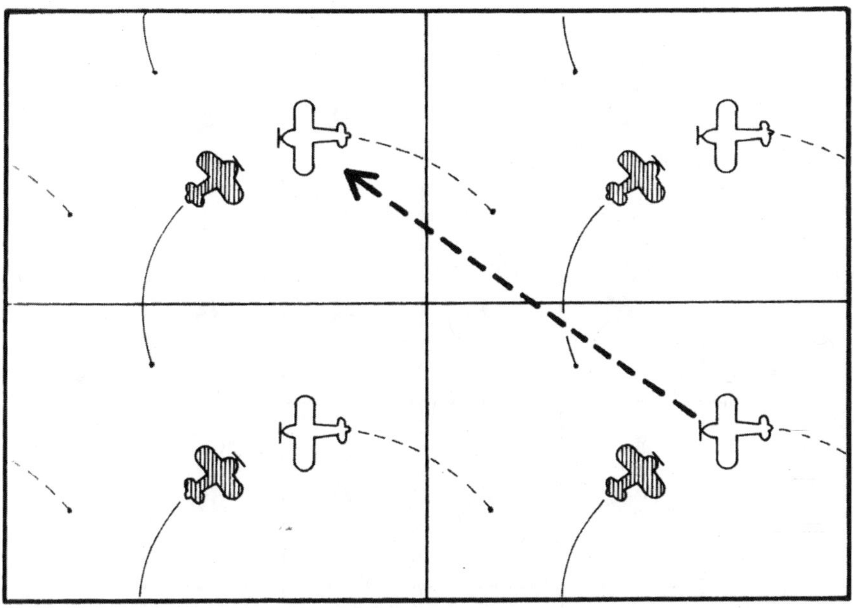

조종사에게 보이는 상황

[그림 7.2] 비행기 조종사는 그녀 자신을 다른 방향에서 보게 된다.

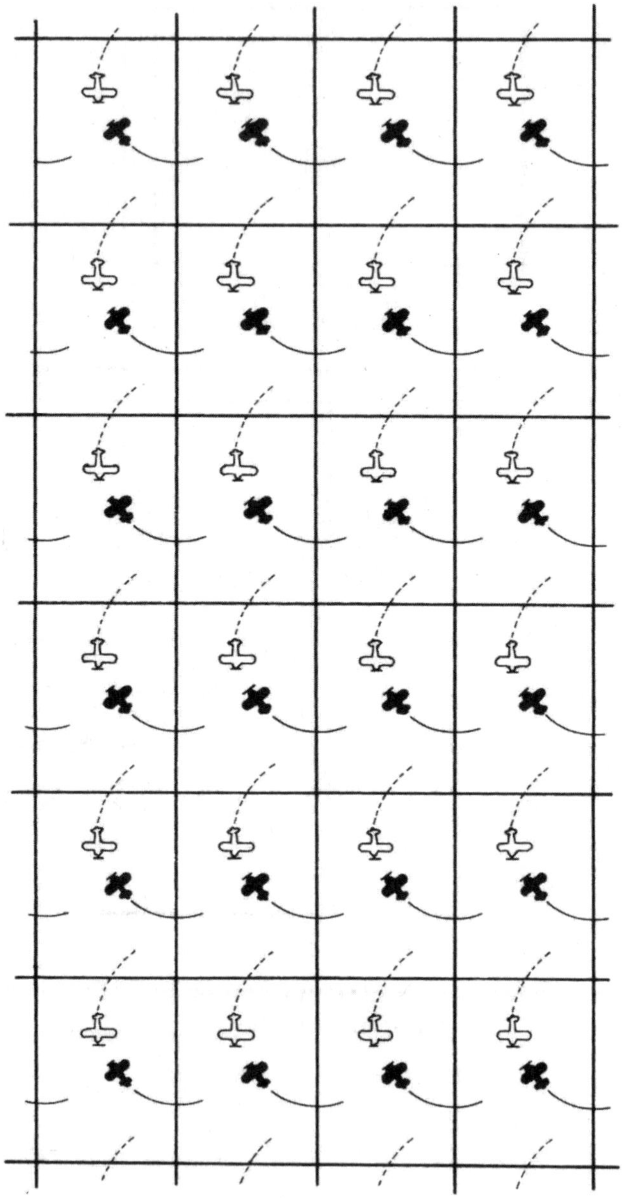

[그림 7.3] 비행기 조종사가 바라보는 자신의 세계

[그림 7.4] 방의 마주보는 면끼리 '붙이면' 삼차원 토러스가 된다.
그 안에서 보는 광경은 이 그림과 같다.

> **직접 색칠하기**
> 색연필을 들고 그림 7.5, 7.6에 보이는 작은 정육면체에, 각 면에 붙은 기호를 따라 색칠하세요. 기호별로 나타내는 색은 다음과 같습니다: R=빨강, O=오렌지, Y=노랑, G=초록, B=파랑, V=보라. 여러분이 최종적으로 해야 할 일은, 그림 7.7, 7.10, 7.11, 7.12 및 연습문제 7.3에 대한 그림에 기호를 따라 색칠하는 것입니다.

그림 7.6의 (큰) 정육면체를 가지고 만든 다른 삼차원 다양체 내부의 광경을 상상하는 일은 재미있습니다. 예를 들어, 이 정육면체로 $K^2 \times S^1$을 만들었다고 생각해 봅시다. ($K^2 \times S^1$는 4장에서 설명한 바 있는 비가향적 삼차원

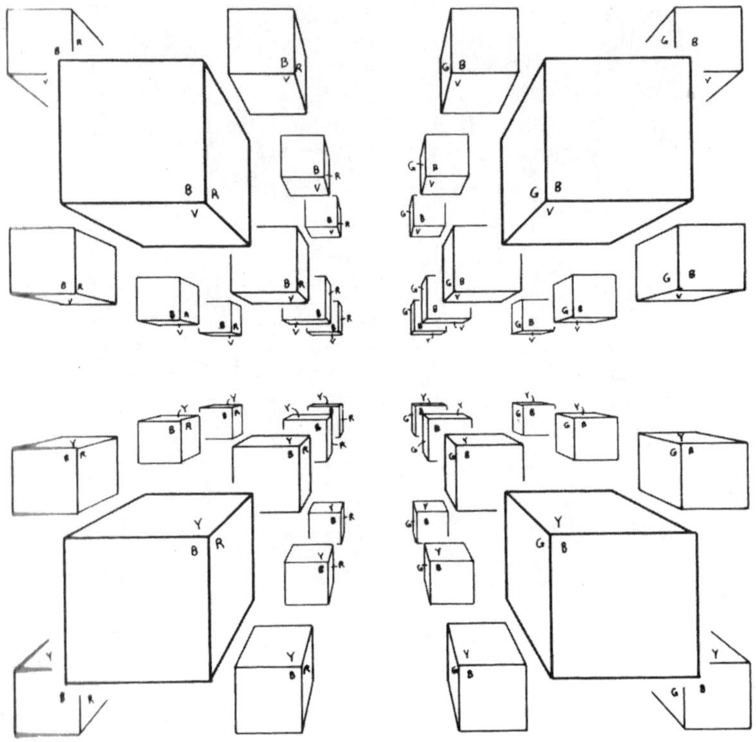

[그림 7.5] 작은 정육면체를 포함하고 있는 삼차원 토러스 안에서 보는 광경

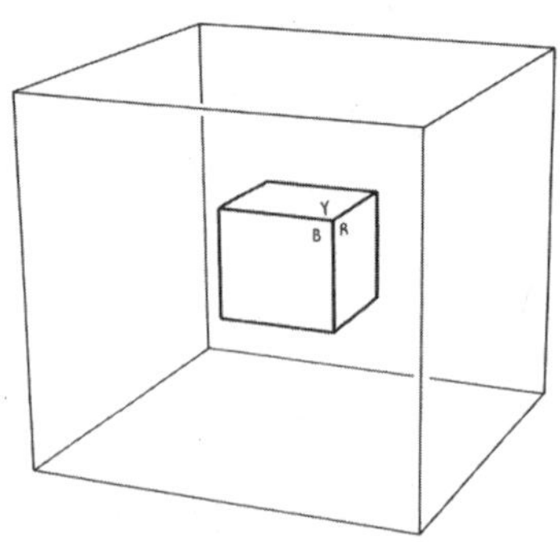

[그림 7.6] 큰 정육면체의 마주보는 변들을 맞붙인다면, 그 결과로 만들어지는 삼차원 토러스의 내부 광경은 그림 7.5와 같을 것이다.

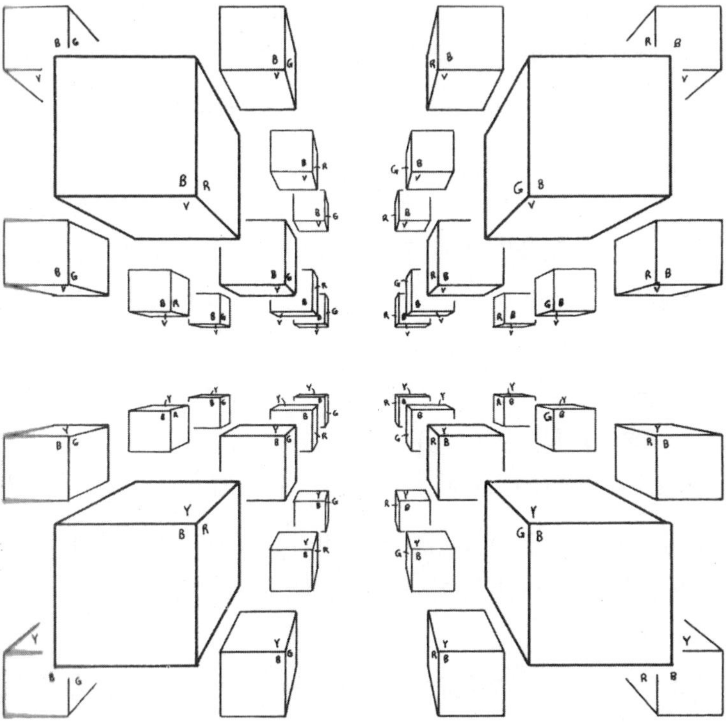

[그림 7.7] $K^2 \times S^1$ 안에서의 광경

다양체입니다—그것은 정육면체의 천장과 바닥, 그리고 왼쪽 면과 오른쪽 면을 보통의 방법으로 붙이고, 앞쪽 면과 뒤쪽 면을 좌우 뒤집어 붙여 만듭니다.) $K^2 \times S^1$ 내부의 광경을 보기 위해, 그림 7.7을 기호대로 색칠합니다. 유의사항: 작은 정육면체에서 반대의 면들은 서로 보색입니다: 빨강은 초록의 보색, 파랑은 오렌지의 보색, 노랑은 보라의 보색입니다. 이제 여러분이 그림 7.7의 정육면체 중 어떤 것 위에 앉아 있다고 상상합시다. 여러분이 위, 아래, 왼쪽, 오른쪽을 본다면, 그림 7.5와 똑같이 배열된 정육면체들을 보게 될 것입니다. 그러나 여러분 바로 앞과 바로 뒤에 있는 정육면체는 좌우 거울 반전된 (따라서 빨강 면과 초록 면이 서로 바뀐) 것처럼 보입니다. 이것은 큰 정육면체의 앞면과 뒷면

이 좌우 뒤집혀서 붙어졌기 때문입니다. $K^2 \times S^1$ 안에서의 광경은 여러분이 연습문제 7.1에서 만들었던 클라인 병 하늘의 그림과 비슷합니다. 지금 잠시 멈추고 이 상황을 완전히 파악하고 넘어가는 것도 좋겠습니다.

연습문제 7.3 여기서 새로운 삼차원 다양체인 '1/4 회전 다양체'를 소개합니다. 그림 7.6과 같은 정육면체를 가지고 시작합니다. 이것의 앞, 뒤, 왼쪽, 오른쪽 면은 삼차원 토러스를 만들 때와 같이 맞붙입니다. 그러나 이것의 천장과 바닥은 그림 7.8과 같이 1/4바퀴만큼 돌려서 맞붙입니다. 이제 손으로 그리거나 복사기를 이용하여 그림 7.9의 사본을 만들고, 이 다양체 내부의 광경을 볼 수 있도록 그것을 색칠합시다.
여러분은 또한 '1/2 회전 다양체'와 '3/4 회전 다양체'를 그리고 싶어졌을 것입니다. 3/4 회전 다양체 안에서의 광경과 원래의 1/4 회전 다양체 안에서의 광경을 비교해보세요. 여러분은 이 둘을 내적으로 구별할 수 있습니까? ▮

앞의 연습문제에서 여러분은 정육면체의 면들이 어떻게 맞붙어 1/4 회전 다양체를 만드는지 알고 나서 그 내부 광경을 색칠로 묘사했습니다. 여러분은 이 과정을 거꾸로 밟을 수도 있습니다. 즉, 여러분은 어떤 다양체 내부의 광경을 묘사한 색칠된 그림을 보고, 어떤 맞붙이기가 그 다양체를 만들어 내는지 알아낼 수 있습니다. 예를 들면, 그림 7.7에서

1. 각각의 작은 정육면체는 그것 바로 뒤에 있는 정육면체의 거울상—좌우 반전에 의한—입니다. 이것을 통해 큰 정육면체의 앞면과 뒷면이 좌우 뒤집혀 붙어 있음을 알 수 있습니다.
2. 각각의 작은 정육면체는 그것 바로 위의 정육면체와 동일합니다. 이것을 통해 큰 정육면체의 천장과 바닥이 정상적으로 붙어 있음을 알 수 있습니다.

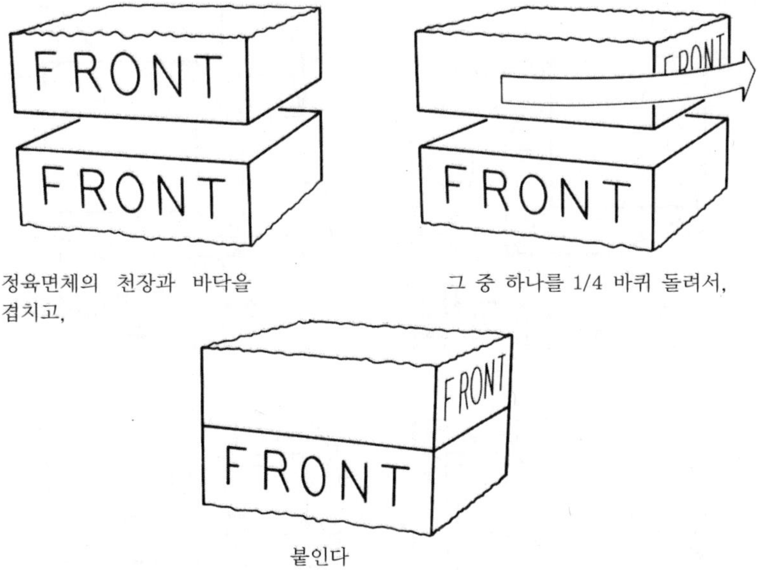

[그림 7.8] 천장과 바닥에 1/4 회전을 주어 맞붙이는 방법 (국소적이며 내적인 그림)

3. 비슷하게, 각각의 작은 정육면체는 그것의 바로 왼쪽에 있는 정육면체와 동일합니다. 이것을 통해 왼쪽 면과 오른쪽 면이 정상적으로 붙어 있음을 알 수 있습니다.

만약 이와 같은 추론을 여러분이 색칠을 통해 묘사했던, 1/4 회전 다양체 내부의 광경에 적용한다면, 여러분은 정육면체의 천장과 바닥이 1/4 바퀴만큼 회전하여 붙어 있음을 '재발견'할 수 있습니다.

연습문제 7.4 주어진 기호를 보고 그림 7.10을 색칠해봅시다. 이 광경을 만들어내려면 그림 7.6의 (큰) 정육면체를 어떻게 붙여야 합니까? 연습을 좀 더 해 봅시다. 그림 7.11과 7.12를 색칠하고, 어떻게 붙이면 이런 광경이 만들어지는지 말해보세요. ▮

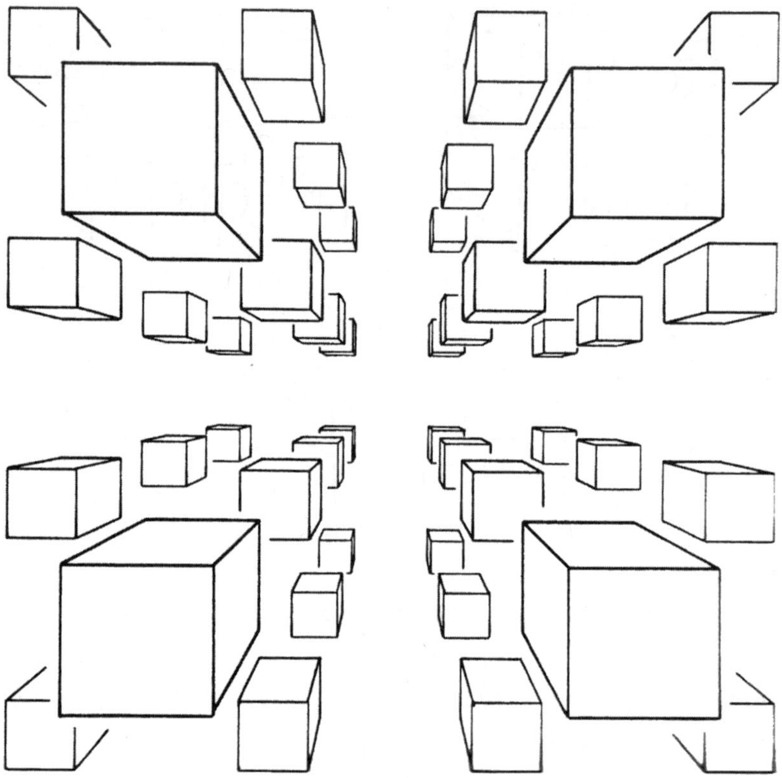

[그림 7.9] 이 그림을 여러 장 복사하고 색칠하면 연습문제 7.3에 언급한 다양체들의 내부 광경을 묘사할 수 있다.

연습문제 7.5 연습문제 7.3과 7.4의 다양체 중 어떤 것이 가향적이고 어떤 것이 비가향적입니까? (가향성을 결정하기 위해서는 여러분이 그 정육면체의 한 면을 통과하여 나아갈 때 거울상이 되어 맞은편 면으로부터 돌아오게 되는지 확인해야 했다는 사실을 상기하세요.) ▮

정육면체들로부터 만들어진 이 삼차원 다양체들에 대해 두 가지 언급할 사항 있습니다. 첫째, 이 다양체들 각각은 보통의 삼차원 유클리드 공간과 같

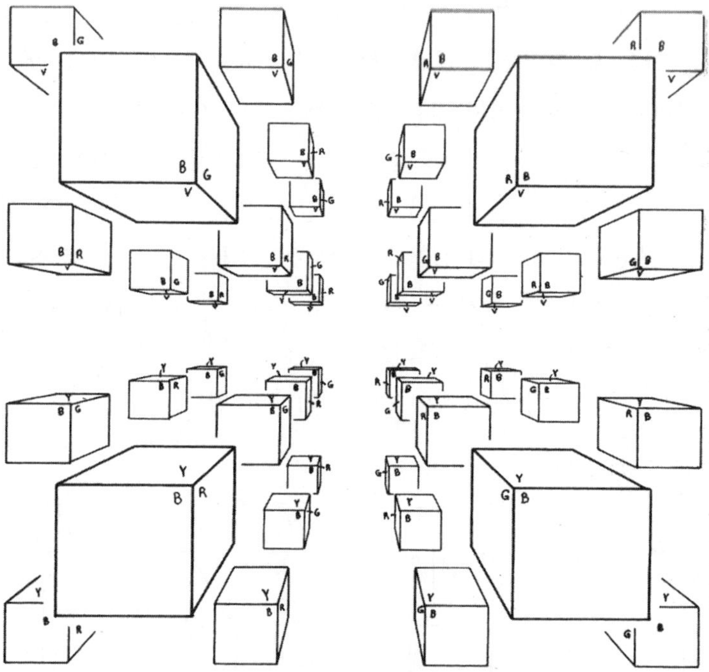

[그림 7.10] 큰 정육면체에 대한 어떤 붙이기가 이 광경을 만들어내는가?

은 국소적 기하를 가집니다. 즉, 각각은 편평합니다. 둘째, 여러분 자신이 이런 다양체 중 어느 하나의 안에 들어 있다는 것을 갑자기 인식하게 되었다고, 단 그것이 어떤 것인지는 알지 못한다고 가정합시다. 여러분은 단지 오른쪽 손을 드는 것만으로 그 다양체가 가향적인지 여부를 알 수 있습니다. 자신의 복사본 모두가 오른손을 들었다면, 그 다양체는 가향적입니다. 만약 그것들 중에서 왼손을 든 것이 있다면 그 다양체는 비가향적입니다. 더 자세히 관찰하면 여러분은 그 다양체의 성질을 정확하게 결정할 수 있습니다. (연습문제 7.4에서와 같이 하면 됩니다. 다만 지금은 그 색칠된 정육면체의 자리를 여러분 자신이 차지한다고 생각합니다.)

모든 삼차원 다양체가 정육면체로부터 만들어지는 것은 아니며, 모든 평면이 정사각형으로부터 만들어지는 것도 아닙니다. 예를 들면, 마주보는 가장자리가 추상적으로 맞붙어 있는 정육각형을 생각해봅시다. 만약 여러분이 그 육각형이 변형되는 것을 개의치 않는다면, 여러분은 이 맞붙이기를 삼차원에서 물리적으로 실행할 수 있습니다(그림 7.13). 여러분은 이 곡면이 토러스와 같은 전역적 위상을 가진다는 사실을 알 수 있을 것입니다. 이 곡면은 육각형으로부터 만들어졌고, 토러스와 같은 위상을 갖기 때문에, **육각 토러스**라 불립니다. 원래의 육각형이 편평하기 때문에 육각 토러스의 국소적 기하는 편평합니다(기하적으로, 여러분은 육각 토러스를 도넛 표면처럼 생각하기보다는 가장자리가 추상적으로 맞붙은 육각형으로 생각해야 합니다.)

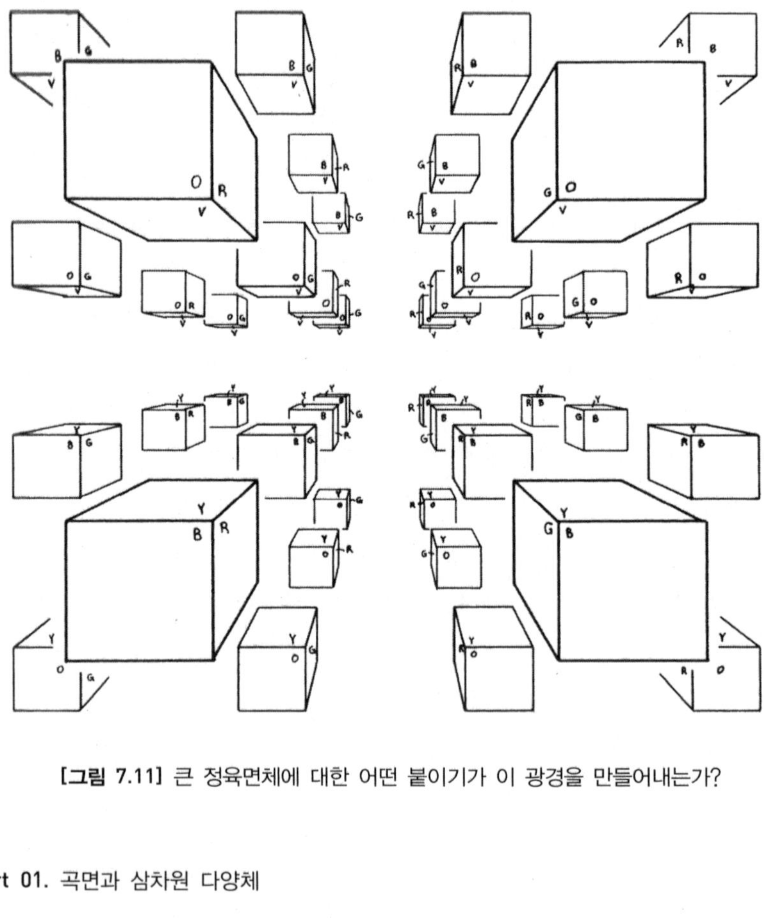

[그림 7.11] 큰 정육면체에 대한 어떤 붙이기가 이 광경을 만들어내는가?

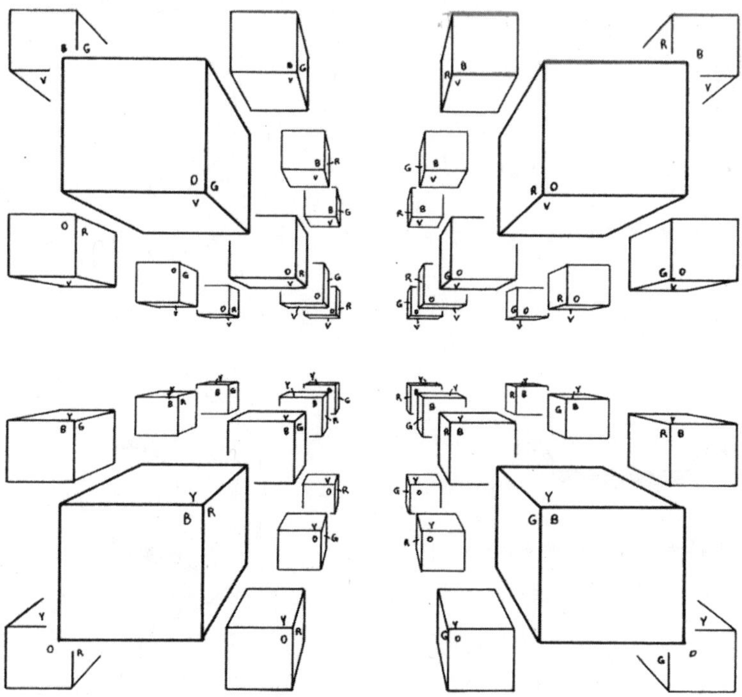

[그림 7.12] 큰 정육면체에 대한 어떤 붙이기가 이 광경을 만들어내는가?

연습문제 7.6 육각 토러스 안을 날아다니는 비행기 조종사를 상상해봅시다. 그림 7.3과 비슷한 그림을 통해 육각 토러스가 비행사에게 어떻게 보일지를 묘사해보세요. 만약 또 한 대의 비행기가 그녀의 주위를 날고 있다면 어떻게 보일까요? ∎

대부분의 측면에서 육각 토러스는 보통의 편평 토러스와 매우 비슷합니다. 한 가지 다른 점은 육각형의 경우 여섯 개의 모퉁이 모두가 하나의 점에서 맞붙여지지는 않는다는 것입니다. 그림 7.13과 그림 3.3을 비교해 봅시다. 그림 3.3의 정사각형에서 네 개의 모퉁이는 곡면의 한 점에서 모두 만납니다. 반면, 그림 7.13에서 육각형의 여섯 모퉁이는 각각 세 개씩 두 묶음에서 만납니다.

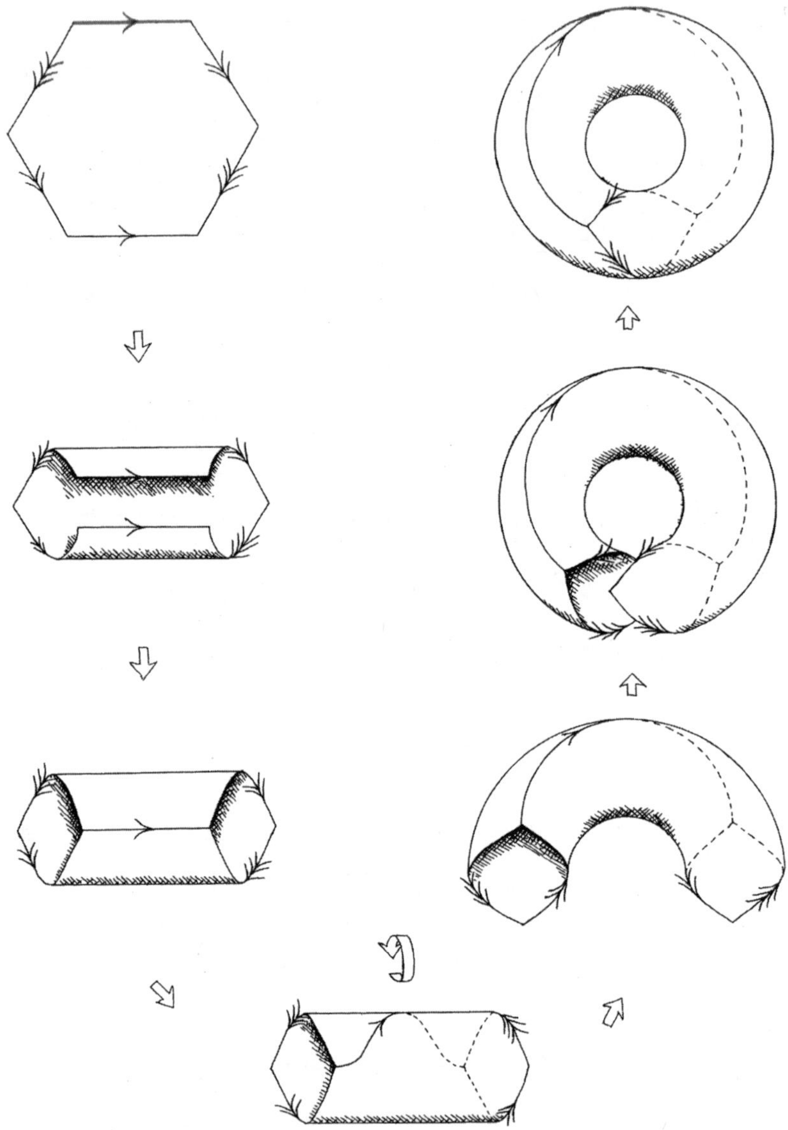

[그림 7.13] 육각형의 마주보는 변끼리 물리적으로 맞붙이기 위해서는 그 육각형을 도넛 표면 모양으로 변형해야 한다. 결국, 추상적으로 붙어 있는 변들을 가진 육각형은 토러스와 같은 전역적 위상을 가진다.

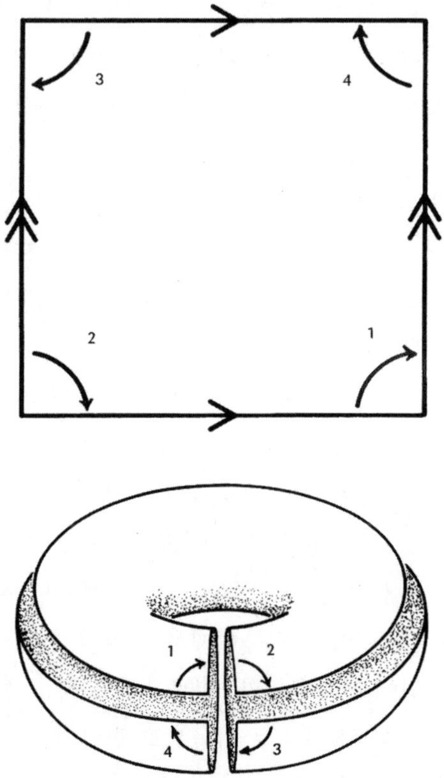

[그림 7.14] 작은 원 안을 걷는 플랫랜드 사람은 네 개의 모퉁이 모두를 지날 수 있다.

다각형의 모퉁이들이 어떻게 만나는지 아는 것은 나중에 중요해지는데, 많은 경우에 우리는 물리적인 맞붙이기를 삼차원 공간에서 수행할 수는 없습니다. 다행히 우리는 단순히 그 다각형 자체를 연구함으로써, 모퉁이들이 어떻게 맞추어지는지 알 수 있습니다. 예를 들어, 일반적인 편평 토러스에서 어떤 플랫랜드 사람이 그 정사각형의 네 모퉁이가 만나는 점 주변을 산책하기로 했다고 상상해봅시다. (내적으로, 그는 결코 그런 한 점을 찾을 수 없지만, 논의를 위해 그가 바로 그 점 주변을 산책하고 있다고 가정합시다.) 그림 7.14의 아래 그림은 무시하고, 위의 그림에서 그가 어떻게 나아가는지 따라가 보세요. 그는 정사각형의 오른쪽 아래 모퉁이에서 출발하여 정사각형의 오른쪽 가장자리를 지나 아래 왼쪽 모퉁이로 나옵니다. 거기에서 그는 아래쪽 가장자리를 지나 왼쪽 위 모퉁이로 나옵니다. 그 다음, 왼쪽 가장자리를 지나 오른쪽 위 모퉁이로 나오고, 마지막으로 위쪽 가장자리를 지나 집에 돌아옵니다. 이 과정을 따라감으로써, 우리는 이 정사각형에서 네 개의 모퉁이 모두가 한 점에서 만난다는 사실을 알게 됩니다. 이와는 달리, 육각 토러스를 산책하는 플랫랜드 사람은 집에 되돌아오기까지 오직 세 개의 모퉁이만을 지나갑니다. 즉, 출발지점에 따라 모퉁이 1, 2, 3 또는 모퉁이 a, b, c 만을 지나갑니다(그림 7.15). 앞으로 이와 같은 '모퉁이 따라 돌기' 기술을 사용하여 새로운 곡면을 연구할 것입니다. 가장자리가 그림 7.16에서 화살표로 지시된 것처럼 맞붙은 정사각형을 생각합시다. (주의: 가장자리 **두 쌍 모두** 뒤집혀 맞붙어 있습니다.) 오른쪽 아래 모퉁이에서 출발한 플랫랜드 사람은 오른쪽 가장자리를 지나 왼쪽 위 모퉁이로 나옵니다. 그 다음에 그는 위쪽 가장자리를 지나 집에 돌아옵니다. 비슷하게, 왼쪽 아래 모퉁이에서 출발한 플랫랜드 사람은 오른쪽 위 모퉁이로 간 다음 집에 돌아옵니다. 이로부터 우리는 정사각형의 모퉁이들이 각각 두 개의 모퉁이를 가지는 두 묶음으로 만난다는 사실을 알 수 있습니다. 이는 다음과 같이 생각해 보면 이상한 일입니다. 모퉁이 두 개로는 제대로 맞추어지지 않습니다! 그림 7.17은 두 개의 90°짜리 모퉁이가 모이면 '뾰족한 점'이 얻어짐을 보여줍니다. 일반적으로 한 점에 모인 각들의 합이 360°보다 작으면 언제나 뾰족한 점이 얻어집니다.

연습문제 7.7 그림 7.18은 세 개의 곡면을 보여주는데, 그 각각은 육각형이며 화살표로 표시된 바와 같이 가장자리가 맞붙어 있습니다. 각 육각형의 모퉁이가 어떻게 짜 맞추어져 있는지 알기 위해, 위에서 설명한 '모퉁이 따라 돌기' 방법을 사용합시다. 이 곡면들 중 뾰족한 점을 갖는 것은 어느 것입니까? ▮

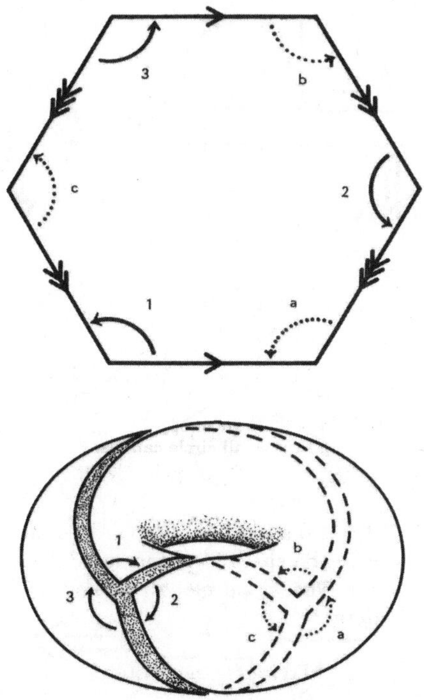

[그림 7.15] 작은 원 안을 걷는 플랫랜드 사람은 세 개의 모퉁이로 구성된 한 묶음을 지난다.

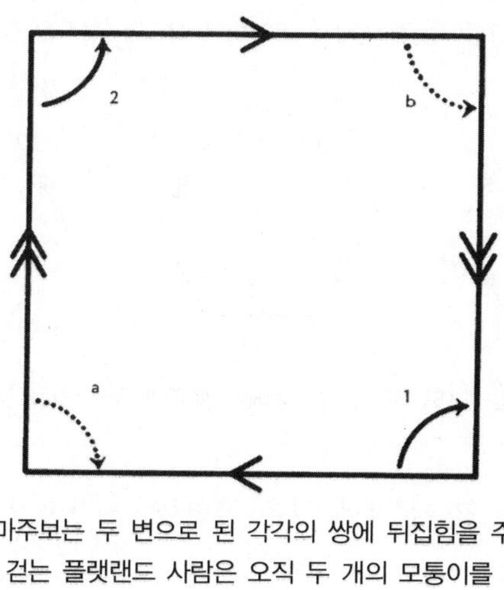

[그림 7.16] 마주보는 두 변으로 된 각각의 쌍에 뒤집힘을 주어 맞붙이기.
작은 원 안을 걷는 플랫랜드 사람은 오직 두 개의 모퉁이를 지날 수 있다.

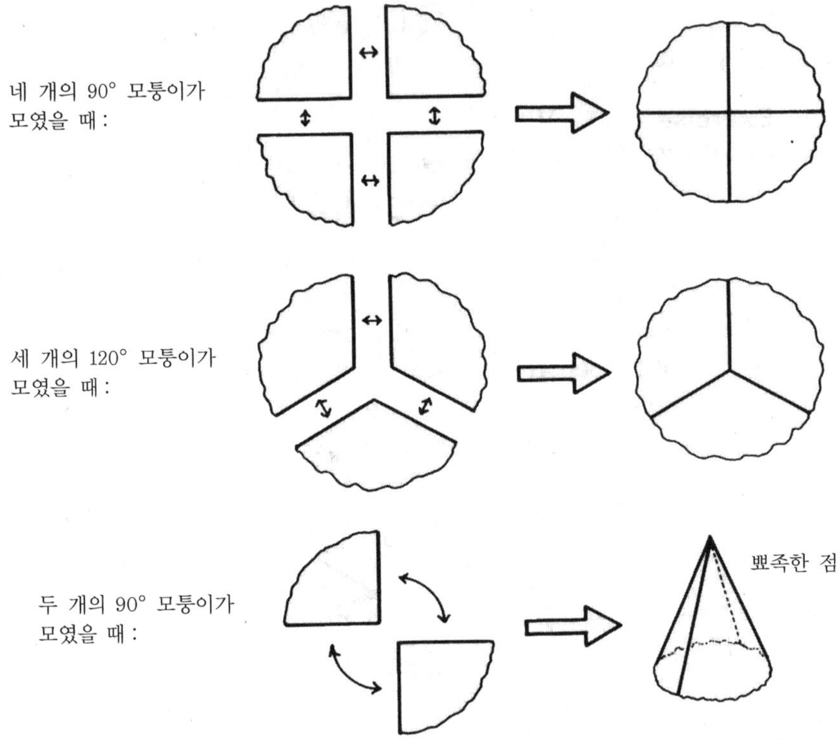

[그림 7.17] 모퉁이들을 더해서 360°보다 작으면 '뾰족한 점'이 얻어진다.

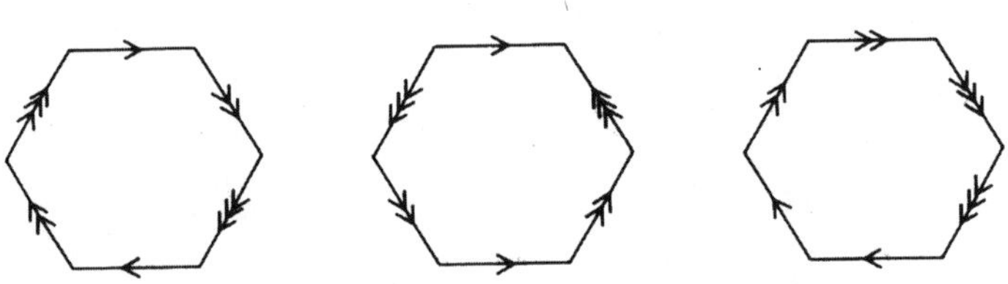

[그림 7.18] 이 곡면들 중에서 뾰족한 점을 갖는 것은?

연습문제 7.8 앞의 연습문제에 나온 곡면들 중 가향적인 것은 어느 것입니까? ▮

연습문제 7.9 그림 7.3과 비슷하게, 그림 7.18의 두 번째 곡면에 대한 비행기 조종사의 시야를 보여주는 그림을 그리세요. ▮

연습문제 7.10 육각 토러스와 보통의 편평 토러스는 같은 국소적 위상을 가집니까? 같은 국소적 기하를 가집니까? 같은 전역적 위상을 가집니까? 같은 전역적 기하를 가집니까? ▮

여기서 용어의 정의를 더욱 분명하게 해둡시다. 우리가 곡면이 편평 기하를 갖는다고 말할 때, 이는 그것의 국소적 기하가 모든 점에서 편평함(즉, 유클리드적임)을 의미합니다. 뾰족한 점은 허용되지 않습니다. 예를 들면, 그림 7.16에서 정의된 곡면은 단지 두 점을 제외하면 모든 점에서 편평한 국소적 기하를 가짐에도 불구하고 편평하다고 간주하지 않습니다. 반면, 육각 토러스는 편평하다고 간주합니다. 그것은 예외 없이 모든 점에서 편평한 국소적 기하를 갖기 때문입니다.

연습문제 7.11 연습문제 7.7의 곡면들 중에서 편평한 것은 어느 것입니까? ▮

이 장의 나머지 삼차원 다양체들은 그림 7.19 (a)에 보이는 것과 같은 육각기둥으로부터 만들어질 것입니다. 마주보는 옆면끼리 맞붙이면 이 기둥의 각각의 수평 층(그림 7.19 (b))이 육각 토러스가 되므로 결국 육각 토러스와 구간의 곱이 얻어집니다. 그 다음, 기둥의 바닥과 천장을 붙이면 우리는 결국 육각 토러스와 원의 곱을 얻게 됩니다. 이것은 삼차원 토러스의 새로운 표현법입니다. 이것을 **육각 삼차원 토러스**라 부릅니다.

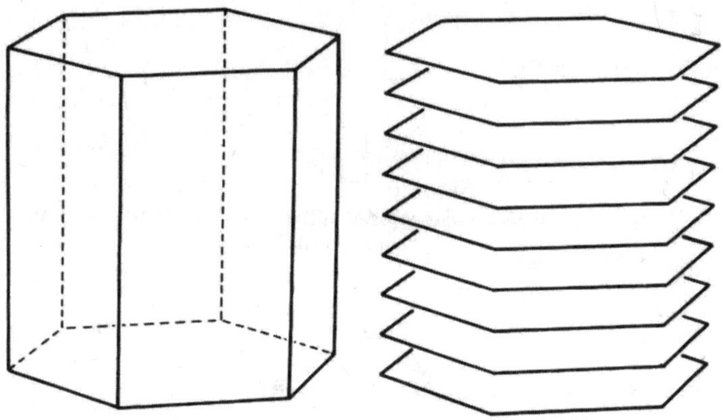

(a) 기본 육각 기둥 (b) 육각형과 구간의 곱으로 생각한 각기둥

[그림 7.19] 육각기둥은 삼차원 다양체를 만드는데 유용하다.

연습문제 7.12 육각 삼차원 토러스와 보통의 삼차원 토러스는 같은 국소적 기하를 가집니까? 같은 전역적 위상을 가집니까? 같은 전역적 기하를 가집니까?
여러분이 육각 삼차원 토러스 내부에 있다고 상상하세요. 여러분은 자신의 복사본들을 보게 됩니다. 그것들은 어떻게 배열되어 있습니까? ▮

연습문제 7.13 육각기둥을 사용하여 연습문제 7.3의 1/4 회전 다양체와 비슷한 '1/3 회전 다양체'와 '1/6 회전 다양체'를 만들어 보세요. 여러분이 이런 다양체 중 하나의 안에 있다면, 여러분 자신의 복사본들은 어떻게 배열됩니까? ▮

육각 삼차원 토러스와 보통의 삼차원 토러스가 위상적으로 같다(즉, 같은 전역적 위상을 갖는다)는 사실은 얼핏 보기에는 전혀 명백하지 않습니다. 비슷하게, 5장에서 $P^2 \# P^2 \# P^2$와 $T^2 \# P^2$가 같다는 사실을 이해하는 것은 어려운 문제였습니다. 이 사실은 겉으로 보기에 서로 다른 다양체들이 위상적으로는 같을 수도 있을 것이라는 의심을 갖게 합니다. 19세기 초에 수학자들은 이런 문제를 다루기 위한 다양한 도구들을 발명했습니다. 예를 들면, 오일러 수(12장)는 두 곡면이 위상적으로 서로 같은지 다른지를 정확히 결정합니다. 삼차원 다양체에 대해서는 '호몰로지군homology group'이나 '기본군fundamental group'과 같은 더욱 복잡한 도구가 필요합니다(암스트롱Armstrong의 《기초 위상수학(Basic Topology)》의 5장과 8장, 혹은 대수적 위상수학에 관한 책들을 참고하세요). 다행히, 겉보기에 다르게 보이는 다양체들은 실제로도 다른 경우가 많습니다.

> 이 장에 소개된 삼차원 다양체들을 탐험할 수 있는 상호작용적인 삼차원 그래픽 소프트웨어를 다음 인터넷 주소에서 무료로 얻을 수 있습니다.
> http://www.geometrygames.org/SoS/

CHAPTER 08

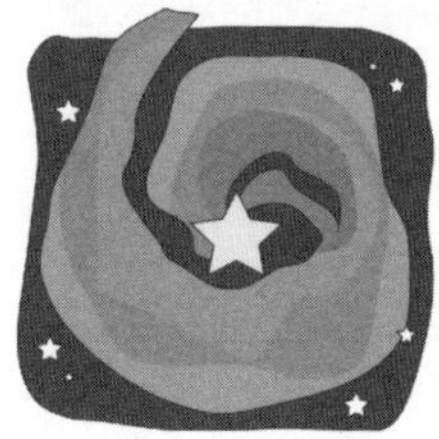

가향성 대 양면성*

뫼비우스 띠는 비가향적입니다. 더욱이, 그림 8.1에서 에셔M.C.Escher의 개미가 보여주는 것처럼 뫼비우스 띠는 오직 하나의 면만 가지고 있습니다. 일반적으로 삼차원 다양체 속에 놓여 있는 곡면에 대해서, 산책을 나간 (삼차원의!) 개미가 출발했던 곳과 곡면상의 반대쪽 면에서 되돌아올 수 있을 때 그 곡면은 **단면적**이라고 합니다. 종종 비가향성과 단면성은 하나의 성질에 대한 두 가지 측면일 뿐이라고 생각되지만, 여러분이 연습문제 8.1의 예에서 볼 수 있는 바와 같이 이것은 사실이 아닙니다.

(삼차원 다양체 속에 놓여 있고) 단면적이지 않은 곡면은 **양면적**이라고 합니다. 왜냐하면 이 경우에 곡면은 두 개의 분리된 면을 가지며, (삼차원의) 개미가 곡면에 붙어서 걸을 때 결코 한쪽 면에서 다른 쪽으로 옮겨가지 못하기 때문입니다.

---

* 이 장은 양면적인 뫼비우스 띠를 나에게 처음 보여준 밥 메서Bob Messer에게 헌정합니다. 나는 그때까지 그러한 것이 실제로 존재할 수 있을 것이라고는 꿈에도 생각하지 못했습니다.

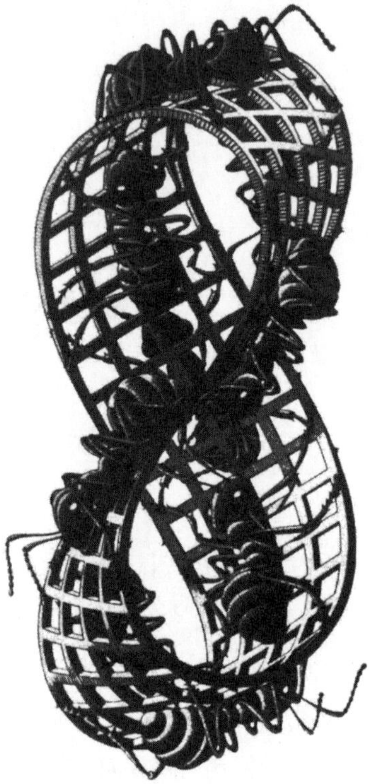

[그림 8.1] 에서 그림의 개미들은 이 뫼비우스 띠가 오직 하나의 면을 가짐을 보여준다.
(M bius Strip II by M. C. Escher, copyright ⓒ Beeldrecht, Amsterdam/VAGA, New York. Collection Haags Gemeentemuseum-The Hague, 1985)

연습문제 8.1 그림 8.2는 정육면체의 마주보는 면들을 붙여서 삼차원 다양체를 만드는 네 가지 방법을 보여주고 있습니다. 각각의 정육면체는 그것으로부터 만들어진 삼차원 다양체 안에서 붙이기를 통해 곡면으로 전환되는 어떤 정사각형을 포함하고 있습니다. 각 경우에 대해서 그 곡면이 무엇인지 확인하고, 그것이 가향적인지 비가향적인지, 단면적인지 양면적인지를 밝혀 봅시다. 가향적인지의 여부를 결정하려면, 여러분은 (이차원의) 플랫랜드 주민이 그 곡면 안에서 산책을 나갔을 때 거울상이 되어 출발점에 되돌아올 수 있는지

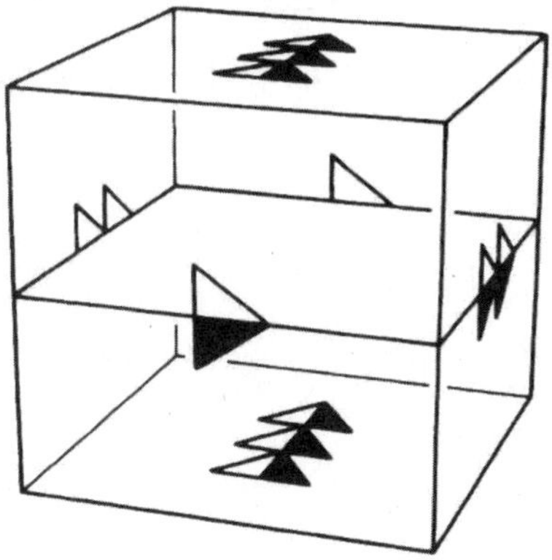

(1) 마주보는 면끼리 보통의 방법으로 맞붙이면 3차원 토러스가 된다.

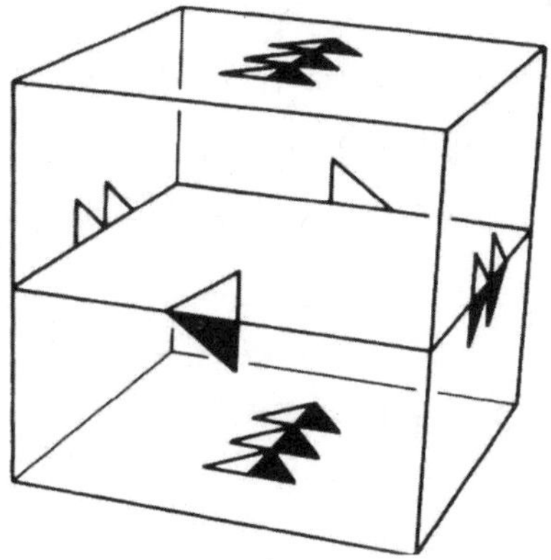

(2) 천장을 바닥에, 왼쪽 면을 오른쪽 면에 보통의 방법으로 맞붙이되, 앞면은 뒷면에 좌우 뒤집어서 맞붙인다. 이 3차원 다양체는 $K^2 \times S^1$이다.

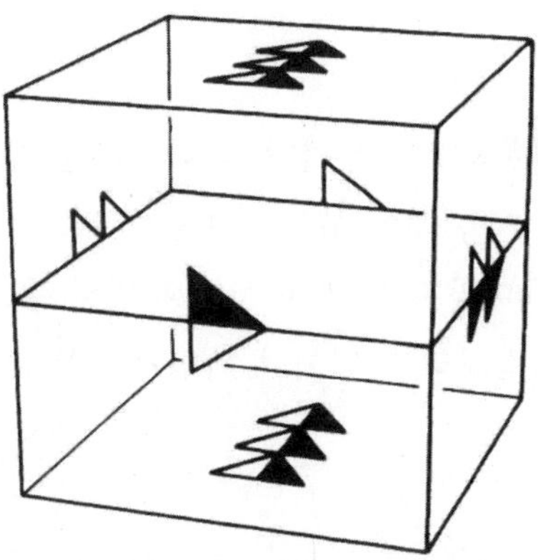

(3) 천장을 바닥에, 왼쪽 면을 오른쪽 면에 보통의 방법으로 맞붙이되, 앞면은 뒷면에 위아래 뒤집어서 맞붙인다. 이 3차원 다양체도 역시 $K^2 \times S^1$이다.

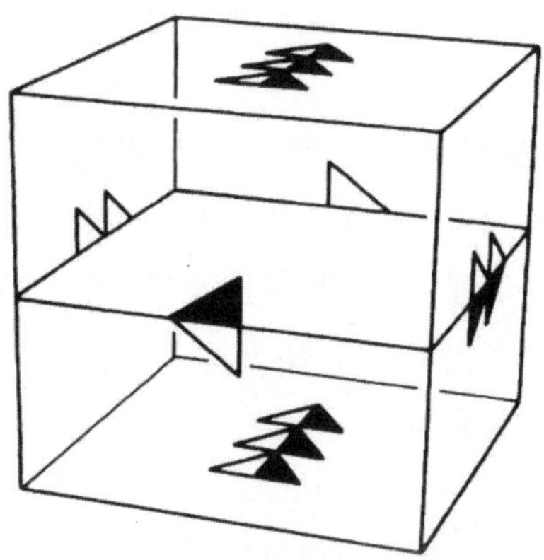

(4) 천장을 바닥에, 왼쪽 면을 오른쪽 면에 보통의 방법으로 맞붙이되, 앞면은 뒷면에 좌우 뒤집힘과 위아래 뒤집힘 모두를 주어 맞붙인다. 이 두 개의 뒤집힘이 합쳐진 결과는 180° 회전과 같고, 결국 이렇게 만들어진 다양체는 연습문제 7.3에서 살펴본 1/2회전 다양체이다.

[그림 8.2] 삼차원 다양체 네 가지. 이 각각은 어떤 곡면을 포함하고 있다.

조사해야 합니다. 단면적인지 여부를 결정하려면, 여러분은 (삼차원) 개미가 그 곡면에 붙어서 산책을 나갔을 때 출발점과 반대쪽 면에서 되돌아올 수 있는지 조사해야 합니다.
이 네 가지 예를 다음 표에 배치해 봅시다.

	가향적	비가향적
단면적		
양면적		

▮

연습문제 8.2 단면성은 곡면에 대한 내적인 성질입니까, 외적인 성질입니까? 가향성은 어떻습니까? 모든 클라인 병은 비가향적입니까? 그것들은 모두 단면적입니까? ▮

연습문제 8.3 양면적인 뫼비우스 띠를 포함하고 있는 삼차원 다양체를 만들어 봅시다. 단지 재미삼아, 뫼비우스 띠의 한쪽 면에 붉은 개미를 그리고, 반대쪽 면에 검은 개미를 그려봅시다. 붉은 개미와 검은 개미는 절대 만날 수 없음에 주목합시다(적어도 뫼비우스 띠의 가장자리를 넘어서 기어가지 않는다면 그렇습니다!). ▮

비가향성과 단면성이 단지 하나의 성질에 대한 서로 다른 측면이라는 우리의 처음 생각이 완전히 근거 없는 것은 아닙니다. **가향적인 삼차원 다양체**에서 모든 양면적인 곡면은 가향적이고 모든 단면적인 곡면은 비가향적입니다. 왜 그런지 알아보기 위해서, 여러분이 친구와 함께 가향적인 삼차원 다양체 안에서 있다고 생각해 봅시다. 친구는 산책을 나가기로 합니다. 여러분이 있는 곳은 가향적인 삼차원 다양체 안이기 때문에, 친구가 거울상이 되어 돌아올 일은 절대 없음을 여러분은 알고 있습니다. 잠시 여러분이 서 있는 곡면이 단면적이고, 여러분의 친구가 여러분이 서 있는 반대쪽 면에서 되돌아왔다고 가정합시다. 또 그 곡면이 투명해서 여러분이 그의 발바닥을 볼 수 있다고 가정합시다. (이 다양체에서, 중력은 곡면을 향한 방향을 가리키기 때문에 누구도 곡면에서 떨어지지 않습니다!) 여러분의 친구가 곡면의 반대 면에 있기 때문에, 그의 발자국은 거울상이 된 것처럼 보입니다(그림 8.3). 만약 여러분이 (그의 삼차원 몸은 무시하고) 그의 발자국들만 조사한다면, 여러분은 그것이 곡면 위에서 어떤 방향 뒤집힘 경로를 따라간다는 것을 알게 될 것입니다. 그러므로 이 단면적인 곡면은 비가향적입니다.

다른 한편으로, 그 곡면이 양면적이라면 여러분의 친구는 출발했던 면과 같은 쪽 면에서 돌아올 것입니다. 그 삼차원 다양체가 가향적이기 때문에, 그는 거울상이 아닌, 그의 정상적인 모습 그대로입니다. 특히, 그의 발자국들은 거울상이 되지 않았습니다. 이것은 그가 곡면상의 어디를 걷든지 그의 발자국들이 결코 방향 뒤집기 경로를 그리지 않음을 말해줍니다. 다시 말하면, 이 양면적인 곡면은 가향적입니다.

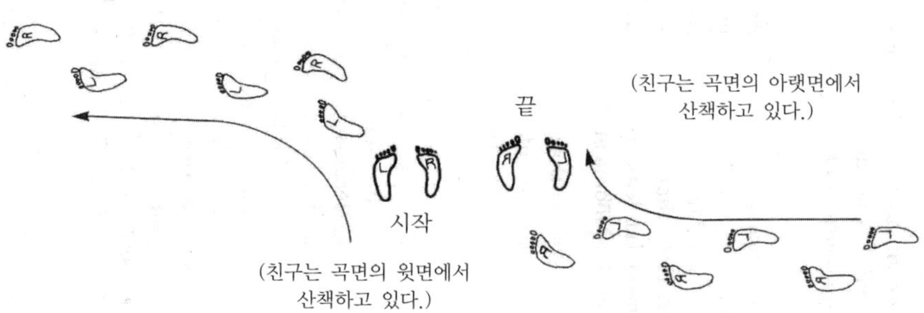

[그림 8.3] 가향적인 삼차원 다양체에서 단면적인 곡면 위를 산책하기. 산책을 마친 후에 당신의 친구는 거울상이 되지 *않았다.* 그렇지만 그는 지금 곡면의 반대쪽 면에 붙어 서 있기 때문에, 그의 발자국은 당신에게 거울상으로 보인다.

part 02

곡면의 기하

CHAPTER 09

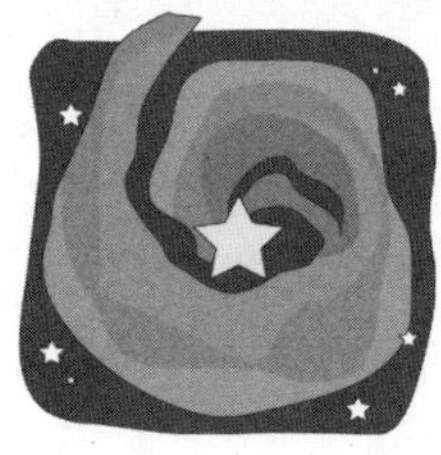

구

플랫랜드의 어떤 속편에서, 펀토Puncto라는 이름의 팔각형은 몇 개의 커다란 삼각형을 측량했는데, 그 결과는 삼각형 각각 내각의 합이 180°보다 약간씩 크다는 것이었습니다. 펀토 씨는 매우 흥분했으며, 수집된 자료를 이중으로 검토한 다음 이 발견을 발표했습니다. 하지만, 유감스럽게도 행정 당국자들과 과학자들은 그와 흥분을 함께 하지 않았습니다. 그들은 펀토 씨가 측량에서 발생한 오차에 대한 변명거리를 만들어 냈을 뿐이라고 의심했으며, 직장에서 펀토 씨를 해고했습니다. 진실은 다음과 같습니다. 플랫랜드 사람들이 살고 있는 곳은 평면이 아니라 구였고, 곧 확인해볼 것이지만 구에서는 삼각형의 내각이 180°보다 큽니다. 이 사건을 비롯한 많은 이야기들이 디오니 버거Dionys Burger의 책 **《구면나라Sphereland》**에 소개되어 있습니다. 나는 여러분에게 **《구면나라》**를 진심으로 추천합니다(책의 시작 부분에 나오는, **플랫랜드**에 대한 지루한 요약문만 보고 읽기를 미루지 마세요).

구에 그려진 삼각형을 **구면삼각형**이라고 부릅니다. 구면삼각형의 변들은 측지선이어야 합니다. 즉, 그것은 내적으로 곧바르게 뻗어 있어야 합니다. 여기서 '내적으로 곧바르게'란 말은 구에 살고 있는 플랫랜드 사람들이 보기에 그 직선이 왼쪽으로도, 오른쪽으로도 굽어 있지 않다는 것입니다. 따라서 구면

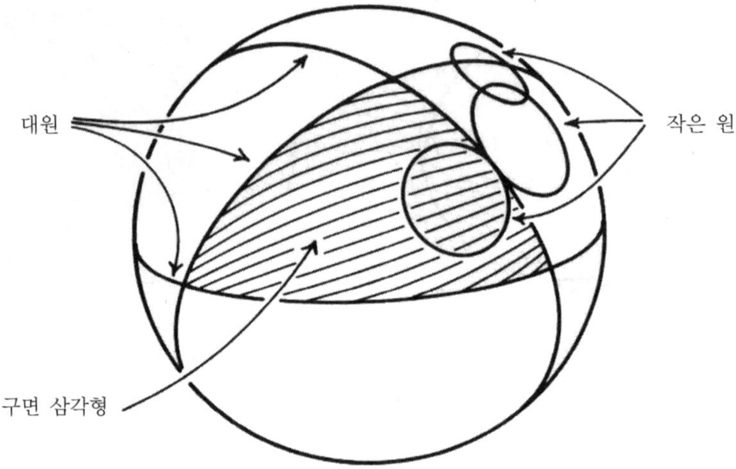

[그림 9.1] 구에서 가장 큰 원을 '대원'이라 한다. 구에 사는 플랫랜드 사람들에게 대원은 곧바르게 뻗어 있는 것으로 보인다. 반면, 더 작은 원은 어느 한쪽으로 굽어 있는 것으로 보인다.

삼각형의 각 변은 일반적으로 대원이라 불리는 것의 호입니다(그림 9.1).

지금부터는 모든 각을 라디안 단위로 측정할 것인데, 이것은 각과 넓이의 비교를 더 쉽게 하기 위해서입니다(어떻게 할 것인지, 그리고 왜 이렇게 하려는지 곧 알게 될 것입니다). π라디안=180˚, $\pi/2$ 라디안=90˚ 등등의 사실을 상기하세요. 앞으로 특별히 언급하는 경우가 아니면 모든 구는 단위구, 즉 반지름이 1인 구라고 가정합니다.

연습문제 9.1 그림 9.2에 있는 각각의 삼각형에 대해 다음을 계산하세요.

(1) 세 내각의 합(라디안 단위).

(2) 넓이. 넓이를 구할 때, 단위구의 넓이가 4π라는 것을 이용하세요. 예를 들어, 처음의 삼각형은 구의 1/8을 차지하며, 따라서 그 넓이는 $(4\pi)/8=\pi/2$ 입니다. ▮

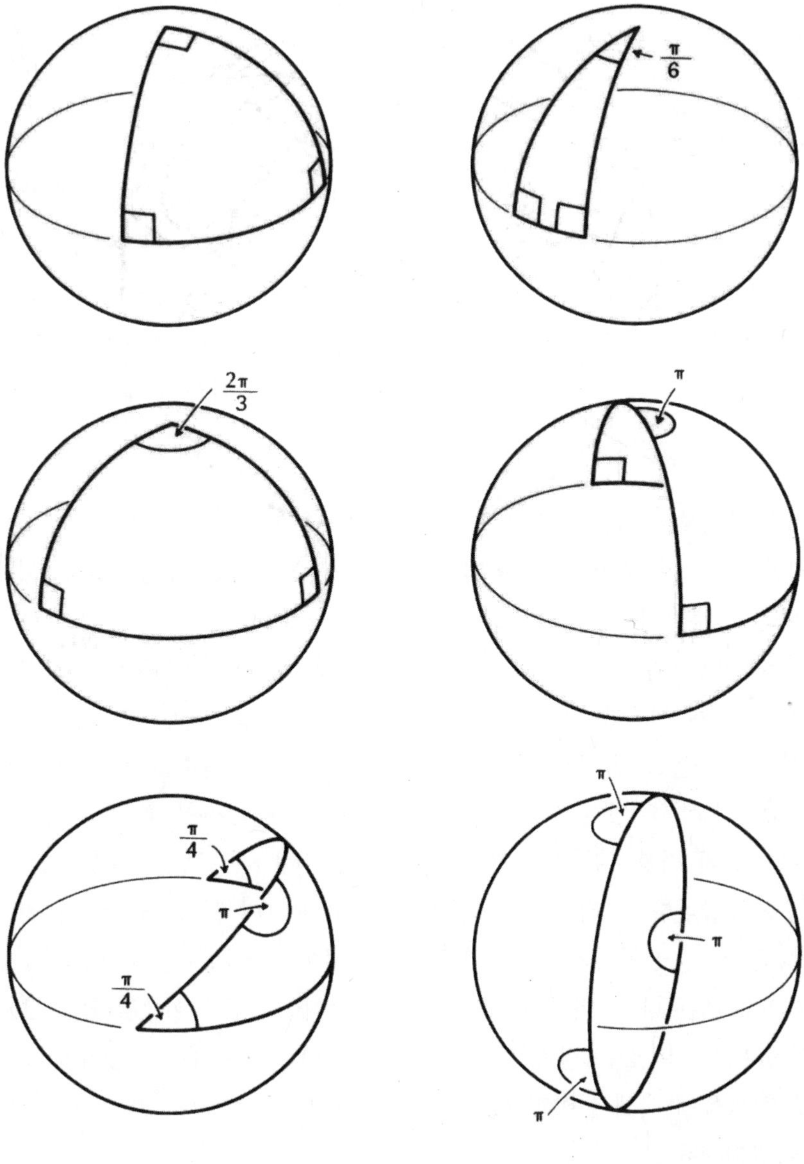

[그림 9.2] 몇 가지 특별한 구면삼각형들. 이 중 세 개는 하나 이상의 각이 π와 같다는 뜻에서 '퇴화한' 것이다. 마지막 삼각형은 완전한 반구를 차지하며, 그 세 변은 하나의 대원에 놓여 있다.

구면삼각형의 내각의 합과 그 넓이를 연결시키는 공식을 찾아보세요. 이 공식은 1629년에 발간된 지라르Albert Girard의 책 《Invention nouvelle en L'albebre》의 'De la mesure de la superfice des triangles et polygones sphericques, nouvellement inventee Par Albert Girard' 섹션에 들어 있습니다.

더 읽어 나가기 전에 스스로 공식을 찾아보세요. 바로 다음 단락에서 그 공식을 공개할 것이니까요.

연습문제 9.2 세 각이 라디안 단위로 각각 $\pi/2$, $\pi/3$, $\pi/4$인 삼각형의 넓이는 얼마입니까? 세 각이 각각 60°, 60°, 63°인 삼각형의 넓이는 얼마입니까? ▮

비록 여러분이 지금 발견한 공식을 반드시 증명하고 넘어가야 하는 것은 아니지만, 나는 여러분에게 그 증명들 중 하나를 꼭 알려주고 싶습니다. 이 증명은 아주 단순하면서도 우아하기 때문입니다. (하지만 이 증명은 스스로 금방 찾을 수 있을 만한 것은 아닙니다. 나 역시 몇 시간이나 이 공식을 전혀 증명하지 못한 채 끙끙댔습니다.)

먼저 '이중활꼴'의 넓이를 구할 수 있어야 합니다. 이중활꼴double lune이란 그림 9.3에서 볼 수 있는 것처럼 두 개의 대원으로 둘러싸인 구 위의 영역을 말합니다. α가 취할 수 있는 가장 큰 값은 π입니다. 이 경우, 이중활꼴은 구 전체를 차지합니다. 그러므로 α가, 예를 들어, $\pi/3$라고 할 때, $\pi/3$는 가능한 가장 큰 각인 π의 1/3이므로 이중활꼴의 넓이는 전체 구의 넓이의 1/3, 즉 $(1/3)(4\pi)$입니다. 마찬가지로 하면 각이 α인 이중활꼴의 넓이는 $(\alpha/\pi)(4\pi)=4\alpha$라는 결과를 얻을 수 있습니다. 여러분은 이 공식을 몇 가지 특별한 경우에 대해서 확인해 보세요. 이를테면, $\alpha=\pi/2$, 혹은 $\alpha=\pi$인 경우를 말이지요.

이제 우리는 α, β, γ를 세 내각으로 가지는 구면삼각형의 넓이를 구하는 공식을 찾을 것입니다. 우선 이 삼각형의 세 변을 각각 연장하여 그림 9.4와 같이 세 개의 대원을 만듭니다. 그러면 원래의 삼각형과 똑같이 생긴 '대척 삼각형'이 그 구의 반대쪽에 생깁니다. 그림 9.5의 세 그림은 이중활꼴들을 칠하는 가능한 방법들을 보여줍니다. 이 이중활꼴들은 각각 α, β, γ의 각을 갖고 있으며, 따라서 그 넓이는 각각 4α, 4β, 4γ입니다.

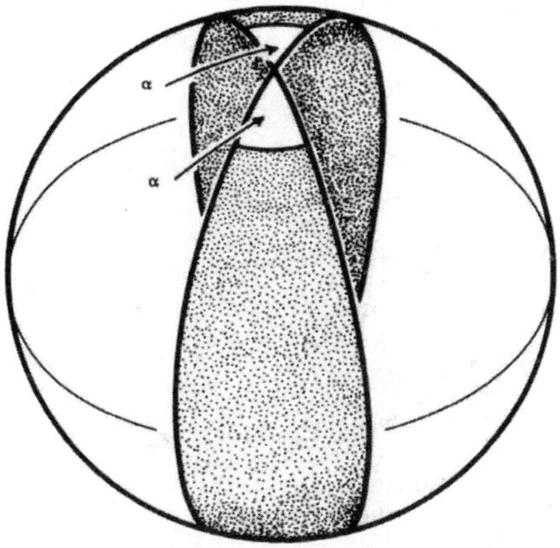

[그림 9.3] 각도 α인 이중활꼴

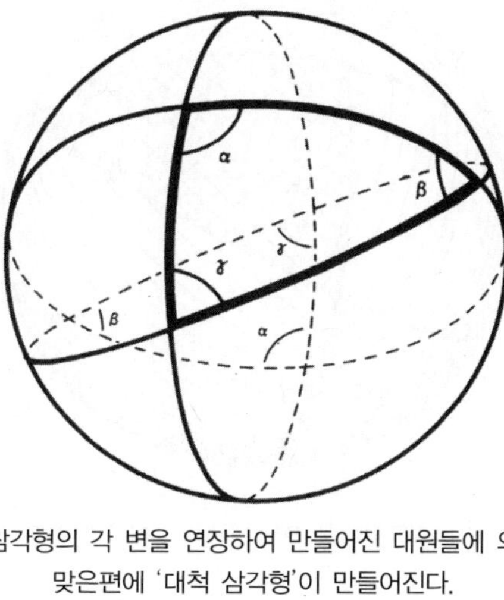

[그림 9.4] 구면삼각형의 각 변을 연장하여 만들어진 대원들에 의해, 그 삼각형의 맞은편에 '대척 삼각형'이 만들어진다.

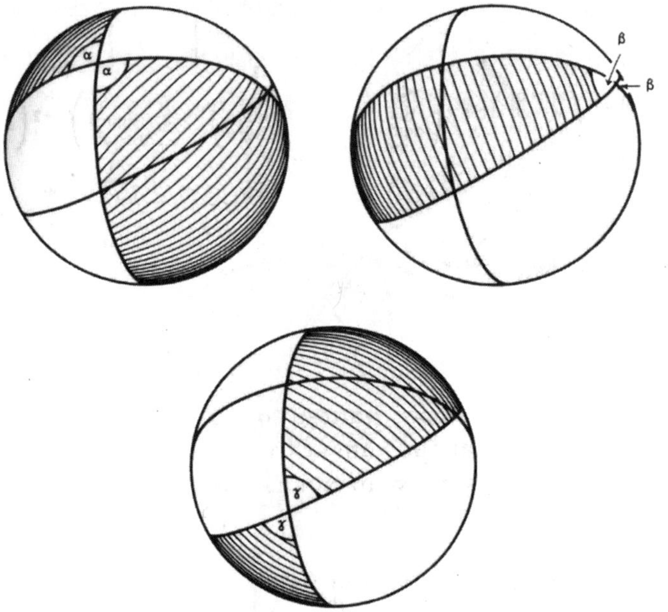

[그림 9.5] 이중활꼴들을 칠하는 세 가지 방법

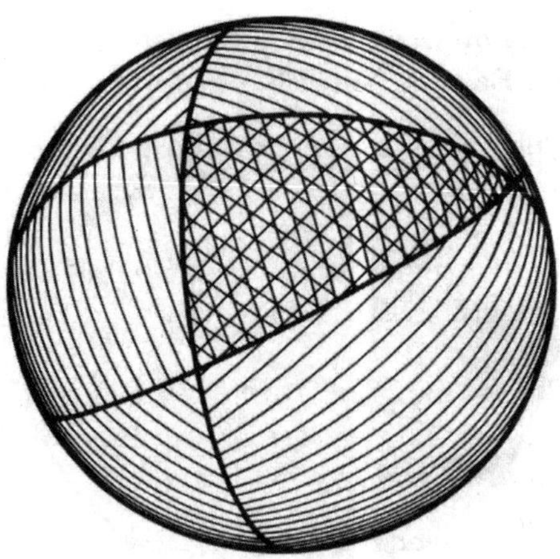

[그림 9.6] 세 개의 이중활꼴을 모두 한 번씩 칠하면 어떻게 되는지 보라.

세 개의 이중활꼴을 모두 칠하면 어떻게 되는지 봅시다(그림 9.6). 구의 모든 부분은 최소한 한 번 칠해지며, 원래의 삼각형과 그 대칭 삼각형은 각각 세 번(각 이중활꼴당 한 번씩) 칠해집니다. 따라서…

$$\begin{bmatrix}\text{모든 부분이}\\\text{한 번씩}\\\text{칠해짐}\end{bmatrix}\downarrow \qquad \begin{bmatrix}\text{두 개의 삼각형은}\\\text{두 번씩 더}\\\text{칠해짐}\end{bmatrix}\swarrow\ \searrow$$

$$\begin{pmatrix}\text{첫번째}\\\text{이중활꼴}\\\text{의 넓이}\end{pmatrix} + \begin{pmatrix}\text{두 번째}\\\text{이중활꼴}\\\text{의 넓이}\end{pmatrix} + \begin{pmatrix}\text{세 번째}\\\text{이중활꼴}\\\text{의 넓이}\end{pmatrix} = \begin{pmatrix}\text{전체}\\\text{구면의}\\\text{넓이}\end{pmatrix} + 2\begin{pmatrix}\text{원래}\\\text{삼각형의}\\\text{넓이}\end{pmatrix} + 2\begin{pmatrix}\text{대칭}\\\text{삼각형의}\\\text{넓이}\end{pmatrix}$$

$$\begin{aligned} 4\alpha + 4\beta + 4\gamma &= 4\pi + 2A + 2A \\ 4(\alpha+\beta+\gamma) &= 4(\pi+A) \\ \alpha+\beta+\gamma &= \pi+A \\ (\alpha+\beta+\gamma)-\pi &= A \end{aligned}$$

이것은 우리가 증명하려고 했던 바로 그 식입니다! 한 마디로, 이 식은 구면삼각형의 세 각의 합은 π보다, 정확히 그 삼각형의 넓이만큼 크다는 것을 말해주고 있습니다.

연습문제 9.3 $(\alpha+\beta+\gamma)-\pi = A$라는 공식은 반지름이 1인 구에만 적용됩니다. 반지름 2인 구면삼각형에 적용하려면 이 공식을 어떻게 변형해야 될까요? 반지름 3인 구에 대해서는? 반지름 r인 구에 대한 일반적인 공식을 만들어 보세요. ▮

연습문제 9.4 한 무리의 플랫랜드 사람들이 반지름이 정확히 1000미터인 구 위에 살고 있습니다. 그 중 어떤 농부는 완전히 곧은 세 변과 43.624°, 85.123°, 51.270°의 크기를 가지는 세 각으로 이루어진 삼각형 모양의 밭을 가지고 있습니다. 이 밭의 넓이는 얼마입니까? 각을 라디안 단위로 바꾸어야 한다는 것을 잊지 마세요. (보너스 문제: 그 밭의 넓이를 얼마나 정확하게 알 수 있습니까? 즉, 더하기 빼기 몇 퍼센트로?) ▮

연습문제 9.5 플랫랜드 사람들이 구 위에 살고 있습니다. 그들은 어떤 삼각형을 신중하게 조사해서 그 세 내각이 각각 60.0013°, 60.0007°, 60.0011°이고 넓이는 5410.52제곱미터임을 알아냈습니다. 구 전체의 넓이는 얼마입니까? ▮

연습문제 9.6 다음 구면삼각형들의 세 각의 합을 어림짐작하세요. 힌트: 먼저 각각의 삼각형으로 둘러싸인 넓이를 대략 구한 다음, 연습문제 9.3에서 얻은 공식을 적용하세요. 지금 삼각형의 넓이는 추정을 통해 구해야 하므로 여러분은 참값이 아니라 근사적인 답을 얻게 될 것입니다. 지구의 반지름은 대략 6400km입니다.

1. 로드아일랜드의 프로비던스, 뉴포트, 웨스터리로 이루어진 삼각형. 이 도시들은 약 50km씩 떨어져 있다.
2. 텍사스의 휴스턴, 엘 파소, 애머릴로로 이루어진 삼각형. 이 도시들은 약 1000km씩 떨어져 있다.
3. 인도의 마드라스, 일본의 도쿄, 러시아의 상트페테르부르크로 이루어지는 삼각형. 이 도시들은 약 7000km씩 떨어져 있다. ▮

우리는 구의 기하와 평면의 기하가 어떤 중요한 차이가 있는지 처음으로 확인했습니다. 즉, 유클리드 평면(편평한 평면)의 삼각형 내각의 합은 정확히 π인 반면(그림 9.7을 참고하여 이것을 증명해 보세요), 구면삼각형 내각의 합은 π를 초과합니다. 그리고 초과하는 양은 그 삼각형의 넓이에 비례합니다.

구의 한 조각을 평면 위에 펼쳐놓으면 찢어져서 갈라지게 됩니다(그림 9.8). 이것은 구에 있는 원은 평면에 있는, 그것과 같은 반지름을 가진 원보다 둘레가 더 짧으며 넓이가 더 작다는 것을 보여줍니다. 물론, 구에서 원의 반지름은 그 구를 따라 측정된 것입니다. 즉, 플랫랜드 사람들이 측정하는 것과 같은 방식으로 측정된 것입니다. 그림 9.9는 구에 있는 원에 대해서는 그 (내적으로 측정한) 반지름이 커질 때 둘레가 줄어들 수도 있다는 것을 보여줍니다.

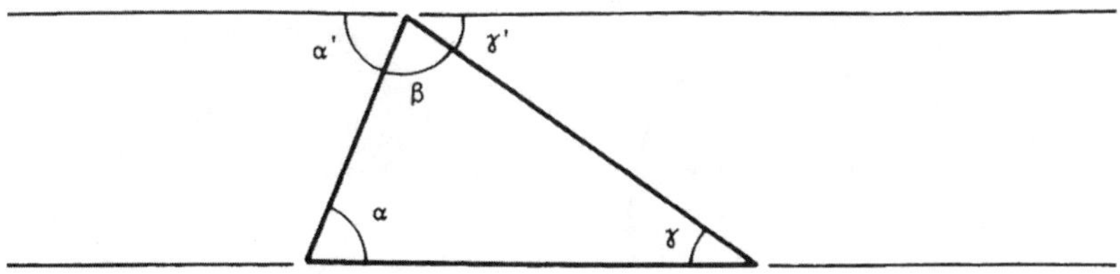

[그림 9.7] 유클리드 삼각형에서 내각의 합은 π 라는 사실의 간략한 증명:
(1) $\alpha' + \beta' + \gamma' = \pi$, (2) $\alpha = \alpha'$ 이고 (3) $\gamma = \gamma'$. 따라서 (4) $\alpha + \beta + \gamma = \pi$

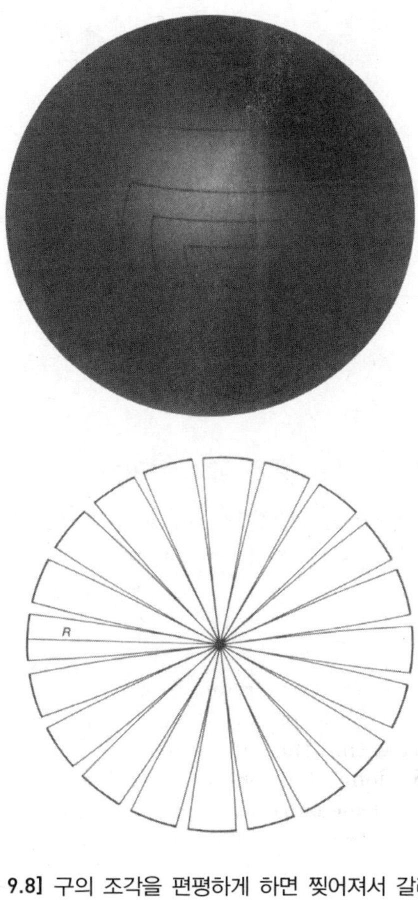

[그림 9.8] 구의 조각을 편평하게 하면 찢어져서 갈라진다.

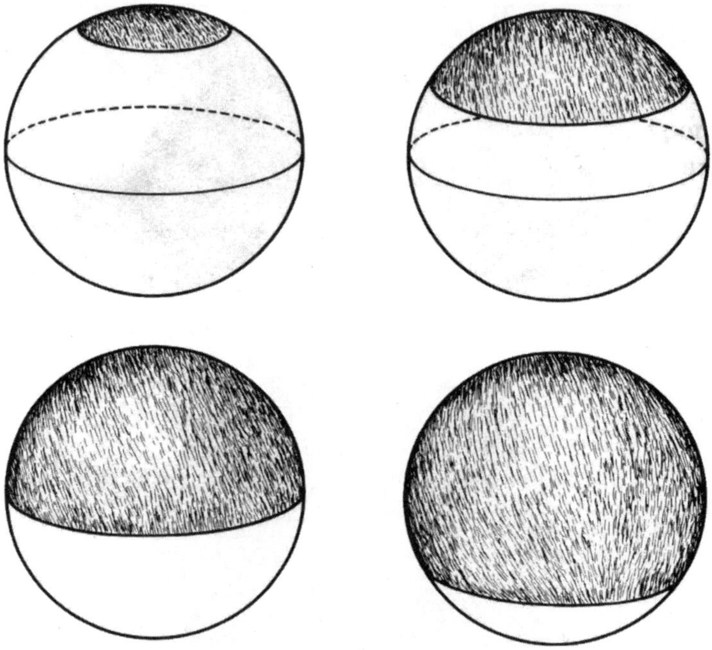

[그림 9.9] 원의 둘레는 점차 커지다가 적도를 통과한 후부터는 줄어든다.

연습문제 9.7 (복습문제) 구와 같은 국소적 기하를 가지는 곡면이 또 있습니까? 있다면, 그 곡면에 사는 플랫랜드 사람들은 자신이 사는 곳이 구가 아니라는 것을 알 수 있을까요? ▮

CHAPTER 10

쌍곡평면

균질한 이차원 기하는 그림 10.1에 나와 있는 세 종류가 있습니다. 그 중 앞의 두 개는 이미 우리에게 친숙한 것입니다. 처음의 것은 구의 기하입니다. 흔히, 우리는 이것을 **타원형 기하**라고 부르며, 이 기하는 **곡률이 양**이라고 말합니다. 두 번째 기하는 유클리드 평면의 기하입니다. 우리는 이것을 **유클리드형 기하**라고 부르며, 이 기하는 **곡률이 0**이라고 말합니다. 세 번째 기하는 대략 말하자면 말안장 모양의 기하입니다. 이것은 타원형 기하나 유클리드형 기하보다 우리에게 덜 친숙하지만, 그에 못지않게 중요합니다. 우리는 이것을 **쌍곡형 기하**라고 부르며, 이 기하는 **곡률이 음**이라고 말합니다. **쌍곡평면**(기호로는 H^2)은 모든 곳에서 쌍곡형 기하를 가지는(=곡률이 일정한 음수인) 무한 평면입니다. 유클리드 평면이 모든 곳에서 유클리드형 기하를 가지는(=곡률이 0으로 일정한) 무한평면이듯이 말이지요. 그러나 모든 곳에서 타원형 기하를 가지는(=곡률이 일정한 양수인) 무한 평면은 있을 수 없습니다. 타원형 기하를 가진 곡면은 반드시 자신에게 돌아와서 구 혹은 사영평면을 만듭니다.

말안장 모양은 쌍곡평면의 국소적인 모습을 잘 보여주지만 좀 더 큰 규모에 대해서는 그렇지 못합니다. 쌍곡평면에 대한 더 큰 규모의 성질에 대해 어떤 느낌을 가지고 싶다면, 연습문제 10.1의 설명을 따라 쌍곡평면을 직접 만들어

보세요. 쌍곡형 종이를 다루면서 말이나 그림으로는 전달하기 힘든 어떤 것까지 이해할 수 있을 것입니다.

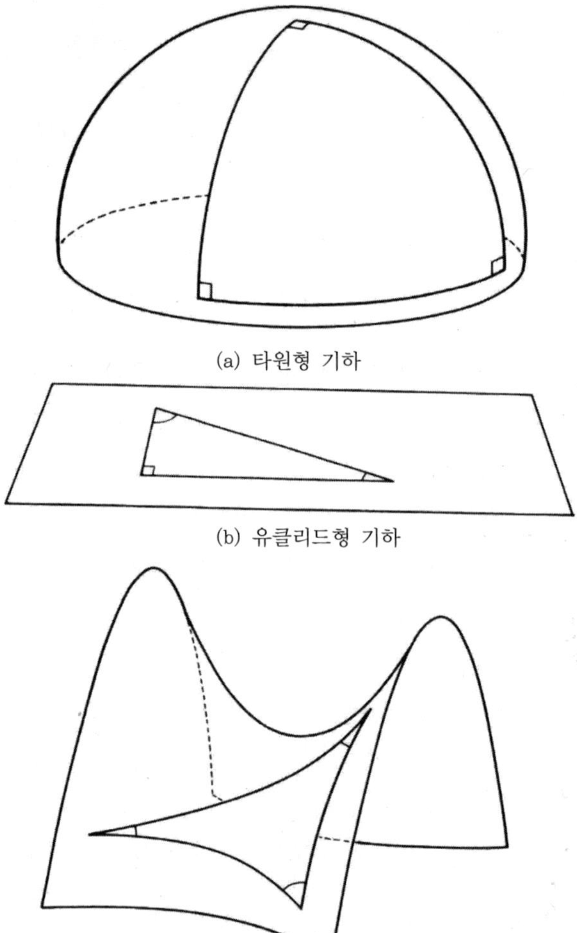

(a) 타원형 기하

(b) 유클리드형 기하

(c) 쌍곡형 기하

[그림 10.1] 균질한 2차원 기하 세 가지

[그림 10.2]

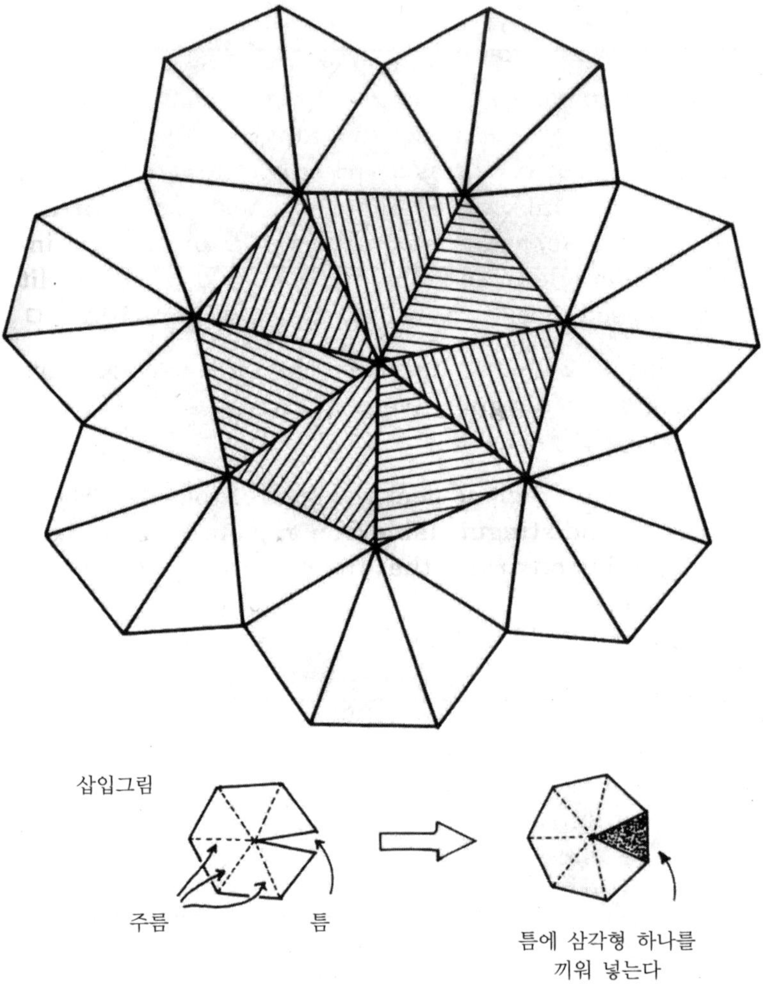

[그림 10.3] (연습문제 10.1 참조) 일곱 개의 꼭짓점이 한 점에 모이도록 정삼각형들을 테이프로 붙인다. 삽입그림과 같이 삼각형 하나를 끼어 넣는 방법으로 만들면 편리하다.

연습문제 10.1 쌍곡형 종이를 만드는 방법. (아이디어를 제공해준 빌 서스턴Bill Thurston에게 감사합니다.) 많은 수의, 최소한 백여 개의 정삼각형을 준비하세요. 그림 10.2를 여러 장 복사하면 가장 효율적으로 이것들을 만들 수 있습니다. 일곱 개의 삼각형을 그림 10.3의 빗금 그어진 일곱 개의 삼각형처럼 모아서 테이프로 붙입니다. 그리고 삼각형을 계속 추가해서 원래 도형의 각각의 꼭짓점이 일곱 개의 삼각형들로 둘러싸이게 합니다. 필요한 만큼 이렇게 계속해 나갑니다. 만들어진 곡면은 매우 펄럭거릴 것이지만, 원래 그렇게 되어야 하는 것입니다. 더 크게 만들수록 곡면은 더욱 펄럭거리고 더욱 정확해질 것입니다. 모든 꼭짓점마다 정확히 일곱 개의 삼각형이 모이게만 하면 잘못될 일이 없습니다.

- 쉽게 만드는 법: 삼각형들을 완전히 낱개로 잘라낸 후 다시 모아 붙이지 마세요. 그림 10.2와 같이 여섯 개의 삼각형으로 구성된 하나의 조각에 흠을 내어 삼각형 하나를 추가로 끼어 넣는 편이 더 편리할 것입니다. ▮

연습문제 10.2 한 점에 일곱 개의 삼각형이 아니라 다섯 개의 삼각형이 모이도록 테이프로 붙이면 어떻게 될까요? 직접 해보세요! ▮

쌍곡형 종이에서 가장자리에 가까운 곳과 중심에 가까운 곳이 구별되지 않는다는 사실에 주목하세요. 이 사실은 쌍곡평면이 균질이라는 것을 말해줍니다.

타원형 기하와 쌍곡형 기하는 서로 대조되는 성질을 가집니다. 유클리드형 기하는 그 사이의 경계 역할을 합니다. 구의 조각이 납작하게 눌리면 찢어져서 갈라진다는 것(그림 9.8)을 상기하세요. 이와 반대로, 쌍곡평면의 조각은 납작하게 될 때 주름이 져서 겹쳐지는 부분이 생깁니다(그림 10.4).

우리에게 더 중요한 것은 각과 관련된 의문입니다. 타원형 기하에서 삼각형의 세 각의 합은 π라디안을 넘습니다. 반지름 1인 구에서 삼각형의 세 내각의 합은 정확히 그 삼각형의 넓이만큼 π라디안을 넘습니다[$(\alpha+\beta+\gamma)-\pi=A$]. 쌍곡형 기하에서 삼각형의 세 각의 합은 π라디안보다 작습니다—표준 쌍곡평면에서 삼각형의 세 각의 합은 정확히 삼각형의 넓이만큼 π보다 작습니다

$[\pi-(\alpha+\beta+\gamma)=A]$. [그러나 $(\alpha+\beta+\gamma)-\pi$ 의 값이 삼각형의 넓이에 비례하지만 같지는 않은, 더 작은 혹은 더 큰 구가 있는 것처럼, $\pi-(\alpha+\beta+\gamma)$ 가 삼각형의 넓이에 비례하지만 같지는 않은, '더 큰' 혹은 '더 작은' 쌍곡평면이 존재할 수 있습니다. 이 책에서, 특별히 언급하지 않는 한, '구'는 반지름 1인 구를 뜻하며, 이때 $(\alpha+\beta+\gamma)-\pi=A$ 입니다. 또 '쌍곡평면'은 표준 쌍곡평면을 뜻하며, 이때 $\pi-(\alpha+\beta+\gamma)=A$ 입니다.] 다음 장에서 여러분은 왜 우리가 각에 이렇게 흥미를 갖는지 알게 될 것입니다.

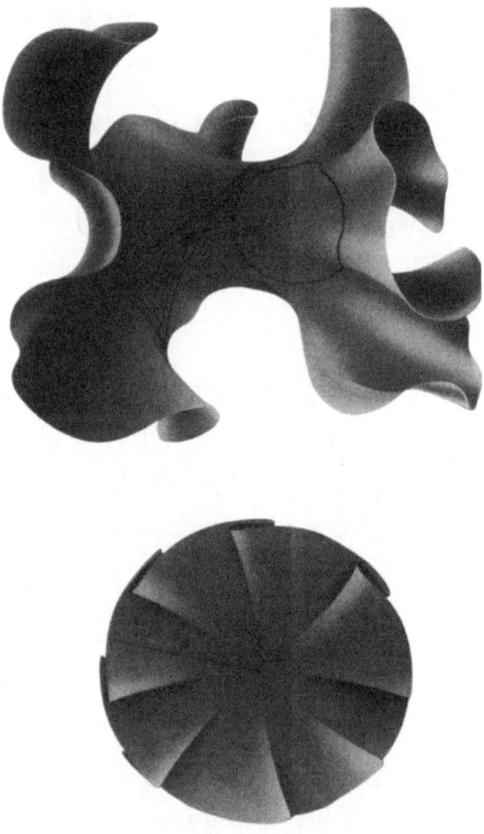

[그림 10.4] 쌍곡평면의 한 조각이 납작하게 눌려지면 주름이 져서 겹쳐지는 부분이 생긴다.

연습문제 10.3 쌍곡평면에서 세 각의 크기가 각각 $\pi/3$, $\pi/4$, $\pi/6$인 삼각형의 넓이는 얼마입니까? ▮

쌍곡평면의 어떤 삼각형도 그 넓이가 π보다 클 수 없다는 사실은 흥미롭습니다. 삼각형의 변들이 길어질수록 내각들은 점점 더 작아집니다. 변들의 길이가 무한으로 길어지더라도, 각들은 0에 가까워지고 넓이는 π를 넘을 수 없습니다. 이것은 $\pi-(\alpha+\beta+\gamma)=A$ 라는 공식과도 부합합니다. 15장에서 이 현상에 대해 좀 더 이야기하겠습니다.

CHAPTER 11

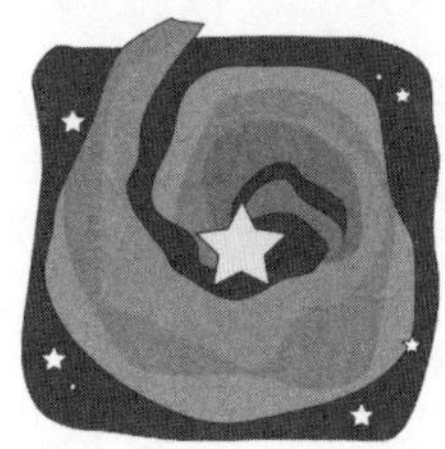

곡면의 기하

그림 11.1의 왼쪽에는 여러분이 연습문제 7.7에서 공부했던 세 개의 곡면이 보입니다. 첫 번째 육각형은 모퉁이들이 모여서 붙을 때 단지 두 개씩 한 묶음으로 붙기 때문에 뾰족한 점이 생깁니다. 두 번째 것은 모퉁이 세 개씩 한 묶음으로 붙기 때문에 모든 곳에서 편평하게 됩니다. 세 번째 것은 여섯 모퉁이 전부가 한 묶음으로 맞붙기 때문에 뾰족한 것과 반대 모양의 점을 갖게 됩니다. (연습문제 7.7 앞의 내용, 특히 그림 7.17을 다시 보세요.)

뾰족한 점이나 그 반대 모양의 점은 구 혹은 쌍곡평면의 특별한 성질을 사용하여 없앨 수 있습니다. 예를 들면, 구에서 더 큰 육각형은 더 큰 각들을 가지므로(더 큰 삼각형이 더 큰 각을 갖게 되는 것과 마찬가지 원리입니다), 우리는 뾰족한 점을 가진, 첫 번째의 육각형을 구 위에 두고, 그 내각들이 충분히 커질 때가지 육각형을 키움으로써 뾰족한 점을 없어지게 할 수 있습니다. 실제로, 각각의 내각이 정확히 180°가 되어 육각형이 하나의 반구를 완전히 채우게 될 때 그렇게 됩니다. 이렇게 뾰족한 점을 없애는 과정에서 우리는 그 곡면에 균질한 타원형 기하를 준 것입니다. (그런데, 여러분은 이 곡면이 무엇인지 알아보겠습니까?)

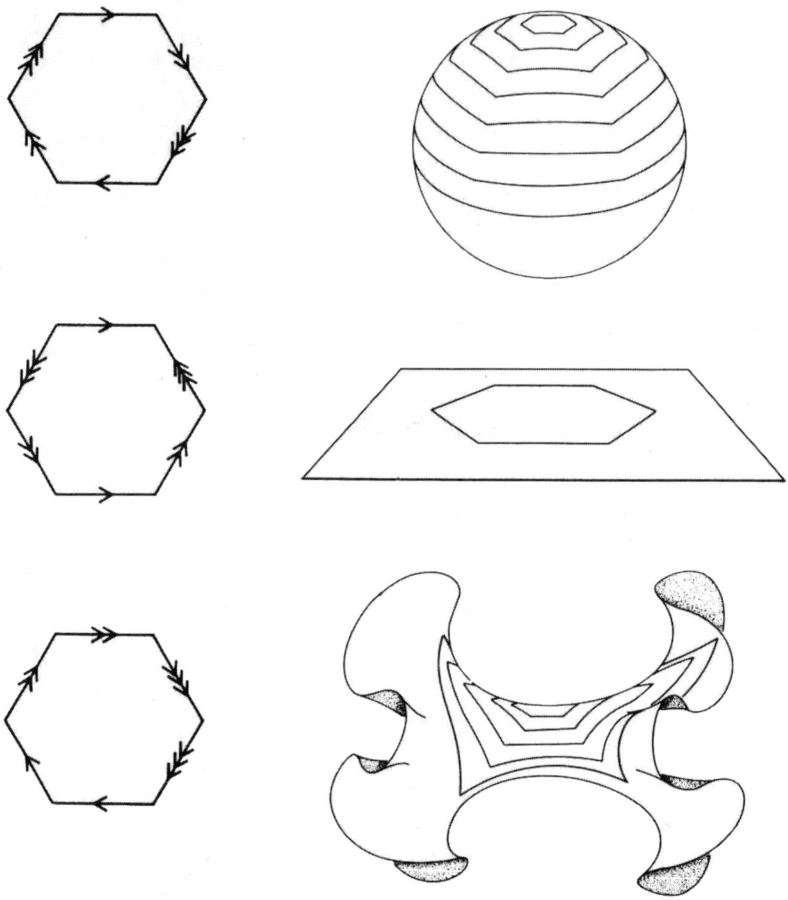

[그림11.1] 모든 곡면 각각에 대해 어떤 균질한 기하를 줄 수 있다.

마지막 육각형에 있는, 뾰족한 것과 반대 모양의 점을 제거하려면 그 육각형을 쌍곡평면에 올려놓아야 됩니다. 쌍곡평면에서 더 큰 다각형은 더 작은 내각을 가집니다. 각각의 내각이 60°로 줄어들 때까지 그 육각형을 키우면, 뾰족한 점과 반대 모양의 점이 없어질 것입니다. 이 과정에서 그 곡면은 균질한 쌍곡형 기하를 가지게 됩니다.

연습문제 11.1 그림 7.16의 곡면에는 두 개의 뾰족한 점이 있습니다. 이것들을 어떻게 하면 없앨 수 있을까요? 이 곡면은 균질한 기하 중 어떤 것을 가집니까? 무엇보다, 이 곡면은 무엇입니까? ▮

연습문제 11.2 '모퉁이 따라 돌기' 방법을 사용하여 그림 11.2의 곡면들 각각에 대해 그 다각형의 모퉁이들이 어떻게 맞물리는지를, 그리고 그 곡면이 뾰족한 점을 갖는지의 여부를 판단해 봅시다. 그 곡면들 중 타원형 기하를 가질 수 있는 것은 무엇입니까? 유클리드형 기하를 가질 수 있는 것은 무엇입니까? 쌍곡형 기하를 가질 수 있는 것은 무엇입니까? ▮

사실, 모든 곡면에 어떤 균질한 기하를 줄 수 있음이 증명되어 있습니다. 여러분은 앞에서 본 방법을 응용하여 붙이기가 주어진 다각형뿐 아니라, 삼차원

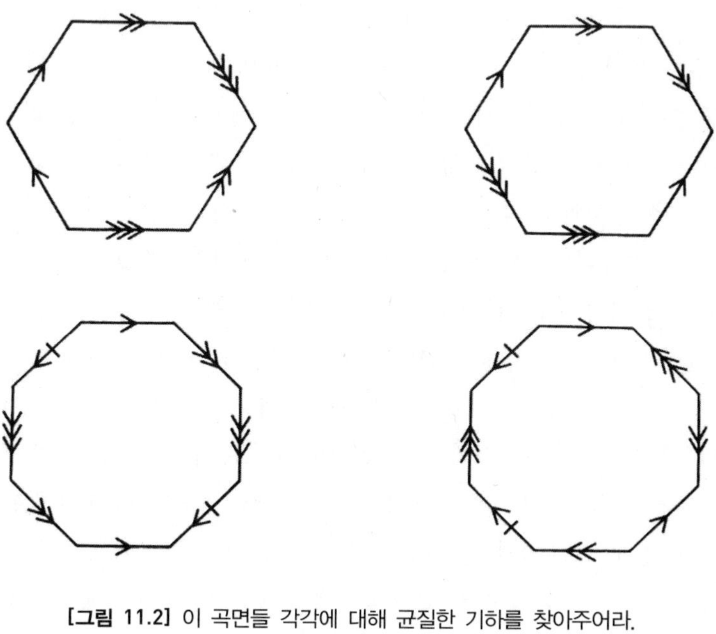

[그림 11.2] 이 곡면들 각각에 대해 균질한 기하를 찾아주어라.

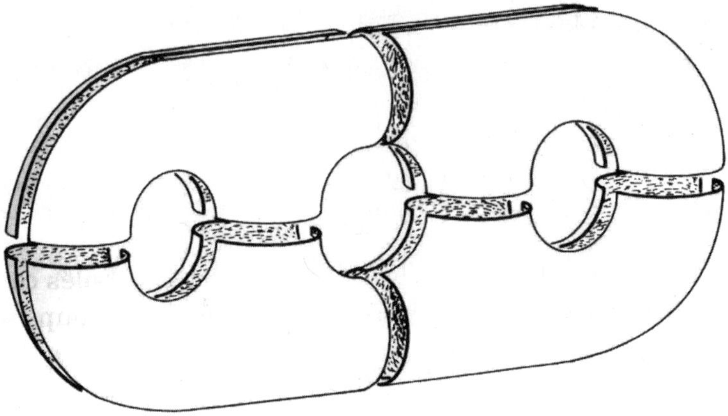

[그림 11.3] 3구멍 도넛 표면은 그 모퉁이들이 네 개씩 한 묶음으로 만나는 여덟 개의 육각형으로 분할될 수 있다.

에 그려진 곡면에 균질한 기하를 줄 수 있습니다. 예를 들어, 3구멍 도넛 표면에 균질한 기하를 주어 봅시다. 먼저 곡면을 모서리 네 개씩 한 묶음이 되어 서로 만나는 육각형들로 쪼갭니다(그림 11.3). 각각의 육각형을 (그림 11.1의 왼쪽에 있는 육각형들처럼) 정육각형이 되도록 변형합니다. 정육각형은 한 내각이 120°이므로—이것은 네 개를 한 묶음으로 하기에는 너무 큰 각입니다—이 육각형을 쌍곡평면에 집어넣고 한 내각이 90°가 될 때까지 그것을 팽창시킵니다. 이제 각각의 육각형들은 (1) 균질한 쌍곡형 기하와 (2) 90°의 내각을 모두 갖게 되었습니다. 이번에는, 이 육각형들을 다시 짜 맞추어서 원래의 곡면을 재조립합니다. 삼차원 공간에서 육각형들을 물리적으로 다시 붙이는 것을 상상하지 마세요. 그것들을 변형하여 쌍곡형 기하를 훼손하지 않고서는 이러한 일은 불가능합니다. 그 대신, 한 육각형에 사는 플랫랜드 사람이 이웃한 육각형에 다시 나타날 수 있다는 추상적인 의미로 육각형들을 원래 이웃했던 조각들과 다시 붙인다고 상상하세요. 이렇게 추상적으로 다시 조립된 곡면은 원래의 3구멍 도넛 표면과 전역적 위상이 같습니다. 하지만 3구멍 도넛 표면의 국소적 기하는 지점에 따라 불규칙하게 변하는 반면, 이 새로운 곡면은 쌍곡평면과 동일한, 균질한 국소적 기하를 가지고 있습니다. 이 새로운 육각형의 90°짜리 모퉁이는 네 개씩 한 묶음으로 완전히 들어맞습니다. 따라서 뾰족한 점은 없습니다.

연습문제 11.3 4구멍 도넛 표면($T^2 \# T^2 \# T^2 \# T^2$)을 잘라서 그 모퉁이들이 네 개씩 한 묶음으로 만나는 육각형들로 만드는 방법을 보여주는 그림을 그려봅시다. 2구멍 도넛 표면($T^2 \# T^2$)에 대해서도 똑같이 해봅시다. n구멍 도넛 표면을 자른다면 몇 개의 육각형을 얻게 됩니까? ▮

두 개 이상의 구멍을 가진 모든 도넛 표면은 모퉁이 네 개씩 한 묶음이 되어 서로 만나는 육각형들로 분해될 수 있으며, 따라서 위의 방법을 통해 쌍곡형 기하를 가질 수 있습니다. 구멍 하나인 도넛 표면은 쌍곡형 기하를 가질 수 없지만, 유클리드형 기하(편평 토러스)를 가질 수 있습니다. 구멍 없는 도넛 표면, 즉 구 역시 쌍곡형 기하를 가질 수 없습니다. 하지만 그것이 가진 보통의 타원형 기하는 균질입니다. 앞에서 말한 것처럼, 모든 곡면은 어떤 균질한 기하를 가질 수 있습니다. 12장에서 우리는 어떤 곡면도 한 종류 이상의 균질한 기하를 가질 수 없다는 사실을 알게 될 것입니다.

연습문제 11.4 사영평면 두개의 연결합은 두 개의 정사각형으로 쪼갤 수 있습니다(그림 11.4). 비슷하게, $P^2 \# P^2 \# P^2$는 두 개의 육각형으로 쪼갤 수 있고, $P^2 \# P^2 \# P^2 \# P^2$는 두 개의 팔각형으로 쪼갤 수 있습니다. 각각의 경우에 대해 그 다각형의 모퉁이는 네 개씩 한 묶음으로 만납니다(테두리 한쪽의 두 모퉁이가 마주보는 두 모퉁이에 붙습니다). 이 중 어느 곡면이 균질한 기하를 가질 수 있습니까? ▮

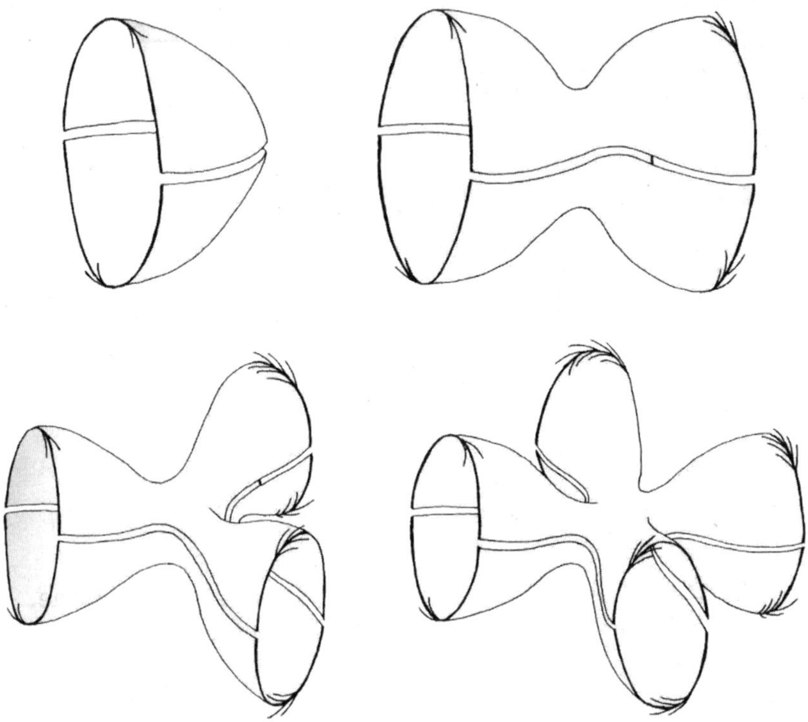

[그림 11.4] 사영평면 n개의 연결합은 그 모퉁이가 네 개씩 한 묶음으로 만나는 두 개의 $2n$각형으로 나눌 수 있다.

연습문제 11.5 우선, 모든 곡면은 다음 목록에 제시된 것 중 하나와 위상적으로 동등하다는 사실을 상기합시다.

S^2	T^2	$T^2\#T^2$	$T^2\#T^2\#T^2$	$T^2\#T^2\#T^2\#T^2$	$\cdots$
	P^2	$P^2\#P^2$	$P^2\#P^2\#P^2$	$P^2\#P^2\#P^2\#P^2$	$\cdots$

이 목록에 주어진 곡면 각각을 그것의 가향성, 그리고 가질 수 있는 균질 기하가 무엇이냐에 따라 그림 11.5의 표의 적당한 칸에 배치해 봅시다. ▮

	가향적	비가향적
타원형		
유클리드형		
쌍곡형		

[그림 11.5] 곡면은 기하와 가향성에 의해 분류될 수 있다.

타원형 기하를 가지는 구와 사영평면, 그리고 유클리드형 기하(편평한 기하)를 가지는 토러스와 클라인 병을 제외한 모든 곡면들은 쌍곡형 기하를 가질 수 있습니다. 어떤 곡면이 어떤 균질의 기하를 가질 수 있을 때, 우리는 그 곡면이 그 기하를 '허용한다'라고 말합니다. 구와 사영평면은 타원형 기하를 허용하고, 토러스와 클라인 병은 유클리드형 기하를 허용합니다. 그리고 다른 모든 곡면들은 쌍곡형 기하를 허용합니다.

CHAPTER 12

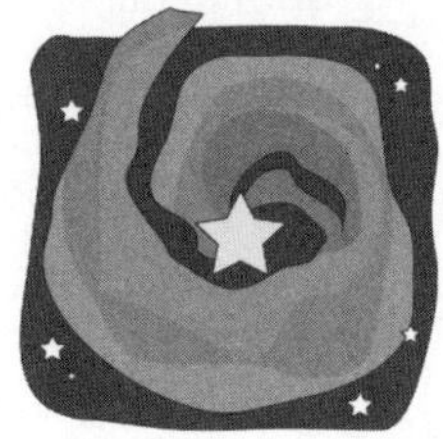

가우스-보네 공식과 오일러 수

모든 곡면은 **오일러 수**Euler Number를 가지고 있는데, 이것은 곡면의 전역적 위상에 대한 핵심적인 정보를 포함하는 정수입니다. 오일러 수는 쉽게 계산할 수 있으면서도, 곡면이 어떤 균질한 기하를 허용하는지 즉각 알게 해 줍니다. 즉, 오일러 수가 양수인 곡면은 타원형 기하를 허용하고, 오일러 수가 0인 곡면은 유클리드형 기하를 허용하며, 오일러 수가 음수인 곡면은 쌍곡형 기하를 허용합니다. 사실 오일러 수는 너무나 위력적이어서, 여러분이 어떤 곡면의 오일러 수, 그리고 그 곡면이 가향적인지의 여부만 안다면, 곧바로 그 곡면의 전역적 위상은 무엇이라고 단정하여 말할 수 있습니다! 가우스-보네Gauss-Bonnet 공식은 곡면의 오일러 수를 그것의 넓이 및 곡률과 관련시킵니다. ('Bonnet'는 프랑스 이름이라서 't'는 발음하지 않고 강세는 두 번째 음절에 있어서, 'BuhNAY'로 읽습니다.)

오일러 수는 **셀 분할**cell-division이라는 용어를 통해 정의되므로, 우리는 셀과 **셀 분할**이 무엇인지 먼저 알아야 합니다. 영차원 셀은 한 점입니다(보통 꼭짓점이라고 부릅니다). 일차원 셀은 위상적으로 선분입니다(보통 변이라 부릅니다). 그리고 이차원 셀은 위상적으로 다각형입니다. (이차원 셀은, 그것이 어떤 것의 겉면이 아닐지라도, 일반적으로 면이라고 불립니다). 셀 분할은 곡면을 셀들로 분할할 때 얻게 되는 것을 말합니다. 그것은 11장에서 했던 것처럼 다각형들로 곡면을 분할한 것과 비슷합니다(그림 11.3을 보세요). 다만 지금 우리는 면뿐 아니라 꼭짓점과 변에도 관심이 있습니다.

그림 12.1은 전형적인 셀 분할 몇 개를 보여줍니다. 첫 번째 그림은 6개의 꼭짓점, 12개의 변, 8개의 삼각형 면으로 구성된 S^2의 셀 분할입니다. 두 번째 그림은 8개의 꼭짓점, 16개의 변, 6개의 면(가운데에 있는 두 면-하나는 위에 다른 하나는 아래에 있는—은 위상적으로 팔각형이지만, 각 끝에 있는 두 면들은 위상적으로 정사각형입니다)으로 구성된 $T^2 \# T^2$의 셀 분할입니다. 세 번째 그림은 T^2의 셀 분할입니다. 그것은 하나의 꼭짓점—4개가 아니라—을 갖는데, 이것은 정사각형의 네 모퉁이가 하나의 점에서 만나기 때문입니다(삽입그림을 보고, 그림 3.3을 상기해 보세요). 또한, 그것은 오직 두 개의 변만 가지는데, 이것은 정사각형의 네 변이 쌍으로 맞붙기 때문입니다. 마지막으로, 이 셀 분할은 분명히 오직 하나의 면을 포함합니다. 그림 12.1의 마지막 그림은 P^2의 셀 분할을 보여줍니다.

연습문제 12.1 그림 12.1(d)에 주어진 P^2의 셀 분할에서 꼭짓점, 변, 면의 개수를 세어 보세요.
주의: 원판의 둘레에 있는 꼭짓점과 변들은 쌍으로 맞붙습니다. ▮

지금부터 다음과 같이 기호를 사용하겠습니다.

v = 셀 분할에서 꼭짓점(vertex)의 개수
e = 셀 분할에서 변(edge)의 개수
f = 셀 분할에서 면(face)의 개수

예를 들면, 앞의 S^2의 셀 분할에서는 $v=6$, $e=12$, $f=8$이며, $T^2 \# T^2$의 셀 분할에서는 $v=8$, $e=16$, $f=6$입니다.

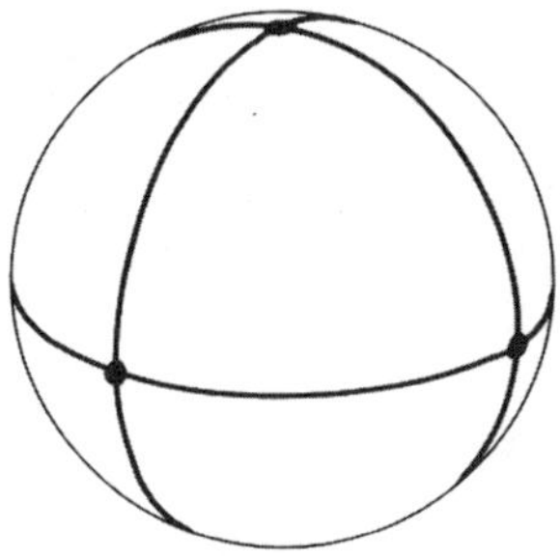

(a) S^2의 셀 분할 중 하나

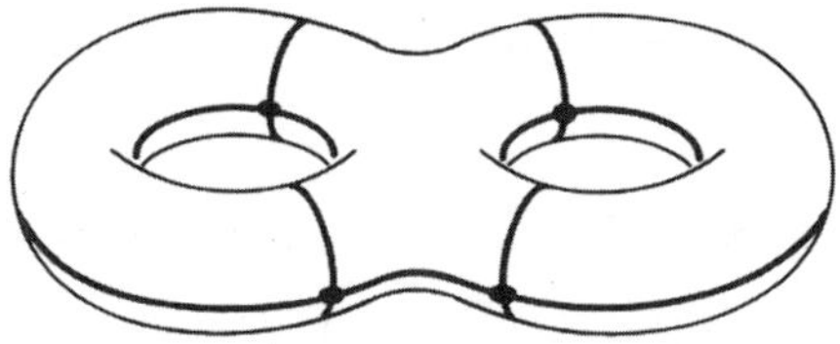

(b) $T^2\#T^2$의 셀 분할 중 하나

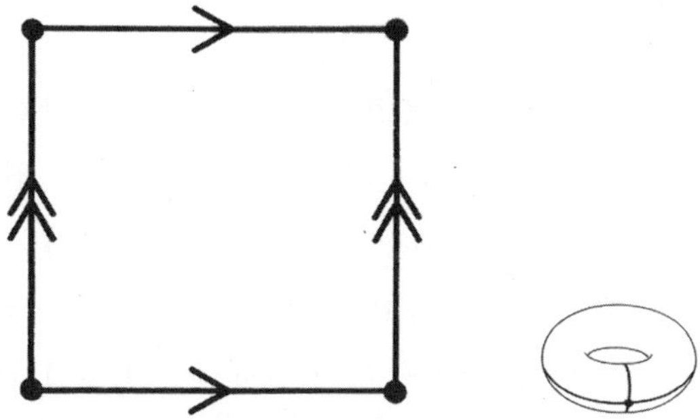

(c) T^2의 셀 분할 중 하나

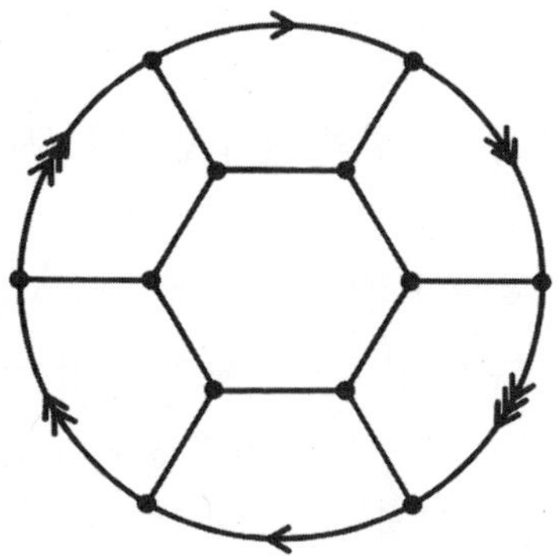

(d) P^2의 셀 분할 중 하나

[그림 12.1] 몇 가지 전형적인 셀 분할

한편, 대부분의 경우 우리는 셀 분할에서 각 변들은 측지선으로 택한다고 가정할 것입니다.

가우스-보네 공식과 오일러 수를 '발견'하기 위해서 우리는 다각형에 대한 몇 가지 사실을 알아야 합니다. n개의 변을 갖는 다각형을 n각형이라 부릅니다.

연습문제 12.2 유클리드 평면에서 임의의 삼각형의 내각의 합은 정확히 π 라디안입니다. 그림 12.2를 사용하여(적혀 있는 공식들은 지금은 관계없음), 유클리드 평면에서 n각형의 내각의 합이 $(n-2)\pi$ 라디안임을 유도하세요. 예컨대, 사각형의 내각의 합은 2π, 오각형의 내각의 합은 3π 등등입니다. ▮

연습문제 12.3 단위구에서 삼각형의 넓이는 삼각형의 내각의 합에서 π를 뺀 것입니다[기호로 나타내면 $A = (\alpha + \beta + \gamma) - \pi$]. 단위구에서 n각형의 넓이가 $A =$(모든 내각의 합)$-(n-2)\pi$임을 유도해봅시다. (힌트: 그림 12.2를 통해, n각형의 넓이는 $n-2$개의 삼각형 넓이의 합임을 알 수 있습니다.) 앞의 연습문제를 참고하면, 여러분은 구면 n각형의 넓이는 실제 내각의 합과, n각형이 편평하다고 가정할 때의 내각의 합의 차와 같다고 이 공식을 해석할 수 있습니다. ▮

연습문제 12.4 쌍곡평면에서 n각형의 넓이 공식을 구해봅시다. ▮

이제 가우스-보네 공식과 오일러 수를 '발견'하기는 어렵지 않습니다. 일단 구에 대해서 시도해 봅시다. 구를 셀 분할하세요. 어떤 셀 분할이라도 괜찮습니다. 구의 넓이를 셀 분할에서 각 면들이 가진 넓이의 합으로 표현하는 것이 우리의 계획입니다. 그 다음에 공식 $A =$(내각의 합)$-(n-2)\pi$를 사용해서 각 면의 넓이에 대한 새로운 식을 구합니다. 그러면 우리는 어떤 일이 일어났는지를 직감적으로 알게 될 것입니다.

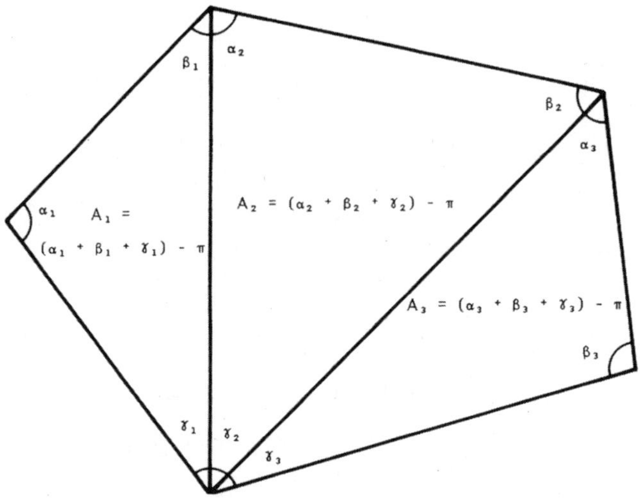

[그림 12.2] n각형은 $n-2$개의 삼각형들로 분할된다.

나는 먼저 그 계산 과정을 완전히 쓴 다음, 각 단계들을 설명할 것입니다. (이 설명을 읽기 전에 최대한 많은 부분을 스스로 이해할 수 있도록 노력하세요.)

$$
\begin{aligned}
&(1)\ \text{전체 넓이} = \begin{bmatrix}\text{첫번째}\\ \text{면의 넓이}\end{bmatrix} + \begin{bmatrix}\text{두번째}\\ \text{면의 넓이}\end{bmatrix} + \cdots + \begin{bmatrix}\text{마지막}\\ \text{면의 넓이}\end{bmatrix}\\
&(2) \qquad = \left[\begin{pmatrix}\text{첫 번째 면의}\\ \text{내각의 합}\end{pmatrix} - (n_1-2)\pi\right] + \cdots + \left[\begin{pmatrix}\text{마지막 면의}\\ \text{내각의 합}\end{pmatrix} - (n_f-2)\pi\right]\\
&(3) \qquad = \left[\begin{pmatrix}\text{첫 번째 면의}\\ \text{내각의 합}\end{pmatrix} + \cdots + \begin{pmatrix}\text{마지막 면의}\\ \text{내각의 합}\end{pmatrix}\right]\\
&\qquad\quad - (n_1+n_2+\cdots+n_f)\pi + (2+2+\cdots+2)\pi\\
&(4) \qquad = \left[\begin{pmatrix}\text{전체 셀 분할에서}\\ \text{모든 내각의 합}\end{pmatrix}\right] - (n_1+n_2+\cdots+n_f)\pi\\
&\qquad\quad + (2+2+\cdots+2)\pi\\
&(5) \qquad = 2\pi v - 2\pi e + 2\pi f\\
&(6) \qquad = 2\pi(v-e+f)
\end{aligned}
$$

단계별 설명

- 단계 1 곡면의 넓이는 그 곡면에 대한 셀 분할을 통해 얻어진 면들의 넓이를 합한 것과 같습니다.
- 단계 2 공식 $A=(\text{내각의 총합})-(n-2)\pi$ (연습문제 12.3에서 얻은 것)을 사용하여 각 면의 넓이에 대한 새로운 식을 얻습니다.
- 단계 3 항들을 다시 묶습니다.
- 단계 4 각 면에 대한 내각 합의 모든 면에 걸친 총합은 셀 분할 전체에 걸친 모든 내각의 합과 같다는 사실을 주목합니다.
- 단계 5 이 단계에서는 세 가지를 합니다.

  하위단계 A 셀 분할에서 모든 내각의 합은 $2\pi v$입니다. 이것은 꼭짓점의 개수는 v 개이고, 하나의 꼭짓점을 둘러싼 내각의 합은 2π이기 때문입니다. 구체적인 예를 들어, 그림 12.1(a)에 보이는 S^2의 셀 분할을 생각해 봅시다. 우리는 모든 내각의 총합을 다음과 같이 구할 수 있습니다.

  $$\begin{aligned}&(\text{각 면에서 내각의 합})\times(\text{면의 개수})\\&=(\pi/2+\pi/2+\pi/2)\times 8=(3\pi/2)\times 8=12\pi\end{aligned}$$

  하지만 우리는 그것을 다음과 같이 구할 수도 있습니다.

  $$\begin{aligned}&(\text{각 꼭지점을 둘러싼 내각의 합})\times(\text{꼭지점의 개수})\\&=2\pi\times v=2\pi\times 6=12\pi\end{aligned}$$

  하위단계 B 셀 분할에서 변의 총 개수를 e라 할 때, $n_1+n_2+\cdots+n_f=2e$임에 주목하세요. 아래첨자 붙은 n들은 각각 해당하는 면이 가진 변의 개수를 나타냅니다. 그것들을 모두 더한 값은 전체 셀 분할에서 모든 변들을 센 값이 됩니다. 그런데 각각의 변은 어떤 두 면의 경계이며, 따라서 한 변은 두 번씩 세어졌습니다. $n_1 + n_2 + \cdots + n_f$의 값이 e가 아니라 $2e$가 되는 이유는 이것입니다. 구체적인 예를 통해 명확히 알아봅시다. 그림 12.1(a)에서 S^2의 셀 분할은 8개의 면을 가지고 있는데, 각각의 셀은 변이 3개입니다. 따라서 이 셀 분할에 $8 \times 3 = 24$개의 변이 있을 것이라고 착각할 수도 있습니다. 하지만, 각각의 변은 두 번씩 세어졌으며 변은 사실 12개만 있습니다.

하위단계 C 단계 5의 마지막 부분은 $2 + 2 + \cdots + 2 = 2f$ 라는 것인데, 여기에서 f는 셀 분할에서 면의 개수를 나타냅니다. 이것은 쉽게 알 수 있습니다. (1)로 돌아가 보면 셀 분할의 각 면에 대해 하나씩 항이 있으므로, 여기서의 합 $2 + 2 + \cdots + 2$에는 각 면마다 하나씩의 2가 포함되어야 합니다.

- 단계 6 2π로 묶습니다.

  넓이 $= 2\pi(v - e + f)$라는 공식은 정말로 멋진 결론입니다! 우리는 단위구의 겉넓이가 4π임을 알고 있습니다. 따라서 이 공식은 우리가 어떻게 셀 분할을 하는가에 관계없이 $v - e + f$는 2가 되어야 함을 말해주고 있습니다!

연습문제 12.5 그림 12.1(a)의 셀 분할에 대해서 $v - e + f = 2$ 인지 확인하세요. 그 다음 S^2를 다른 방법으로 (규칙적으로 또는 불규칙적으로) 셀 분할한 다음, 이때도 역시 $v - e + f = 2$ 임을 확인하세요. ∎

공식 $A = 2\pi(v-e+f)$을 유도한 과정은 주어진 곡면이 구라는 사실에 의존하지 않았습니다. 그 과정은 단지 그 곡면이 단위구와 같은 **국소적** 기하를 가진다는 사실만 필요로 했습니다. 그러므로 그 과정의 계산들은 반지름이 1인 사영평면에 대해서도 똑같이 잘 적용됩니다. 사영평면은 반구로부터 만들어지는데, 그것의 겉넓이는 구의 반입니다. 그래서 이 경우에 공식 $A = 2\pi(v-e+f)$는 $2\pi = 2\pi(v-e+f)$가 되고, 우리는 $v-e+f$가 P^2의 **임의의** 셀 분할에 대해서 1이 되어야 한다는 결론을 얻습니다.

연습문제 12.6 그림 12.1(d)와 연습문제 12.1에서 언급된 P^2의 셀 분할에 대해 $v-e+f=1$임을 확인하세요. 그 다음, P^2를 다른 방법으로 셀 분할하고, 이때도 역시 $v-e+f=1$이 됨을 확인하세요. ■

공식 $A = 2\pi(v-e+f)$은 타원형 기하를 갖는 곡면에 대한 **가우스-보네** 공식입니다. 여기서 $v-e+f$는 **오일러 수**입니다. 우리는 이 값을 그리스 문자 χ로 나타냅니다(χ는 'chi'로 쓰고 '카이'라고 발음합니다). 따라서 $\chi \equiv v-e+f$이고, 타원형 기하에 대한 가우스-보네 공식은 $A = 2\pi\chi$로 쓸 수 있습니다. S^2의 모든 셀 분할에 대해서 $\chi \equiv v-e+f=2$이므로, 우리는 "구에 대한 오일러 수는 2"라고 말하고, $\chi(S^2)=2$라고 씁니다. 이와 비슷하게, 사영평면에 대한 오일러 수는 1이고, 우리는 이것을 $\chi(P^2)=1$이라고 씁니다.

연습문제 12.7 $A = 2\pi\chi$의 유도과정을 수정하여, 쌍곡형 기하를 갖는 곡면에 대해서 이 공식과 유추적인 가우스-보네 공식을 발견해 봅시다. ■

연습문제 12.8 그림 12.1(b)의 셀 분할에 대해 $\chi(T^2 \# T^2)$를 계산하세요. 여러분의 답을 검토하기 위해서, 이와 다른 셀 분할을 사용하여 $\chi(T^2 \# T^2)$

를 다시 계산해보세요. (예를 들면, 연습문제 11.3에서처럼 $T^2 \# T^2$를 네 개의 육각형으로 분할할 수 있습니다) ▮

연습문제 12.9 (표준) 쌍곡형 기하를 갖는 구멍 두 개짜리 도넛의 넓이는 얼마입니까? 힌트: 앞의 두 연습문제의 답을 결합해보세요. ▮

연습문제 12.10 구멍 세 개짜리 도넛의 오일러 수를 계산하세요. 쌍곡형 기하를 갖는 구멍 세 개짜리 도넛의 넓이는 얼마입니까? ▮

유클리드형 기하를 갖는 곡면에 대한 가우스-보네 공식도 있습니다. 유클리드형 기하에서 n각형의 내각의 합은 정확히 $(n-2)\pi$이고(연습문제 12.2를 상기해 보세요), 따라서 임의의 셀 분할에 대해서

$$
\begin{aligned}
&(\text{첫번째 면의 내각의 합}) + \cdots + (\text{마지막 면의 내각의 합}) = (n_1 - 2)\pi + \cdots + (n_k - 2)\pi \\
&(\text{셀 분할 전체에 걸친 모든 내각의 총합}) = (n_1 + n_2 + \cdots + n_k)\pi - (2 + 2 + \cdots + 2)\pi \\
&2\pi v \qquad = \qquad 2\pi e \qquad - \qquad 2\pi f \\
&\qquad 2\pi(v - e + f) = 0
\end{aligned}
$$

입니다. 여기에서 각 단계들은 앞서 타원형 기하에 대한 가우스-보네 공식을 유도할 때 사용한 것과 같은 단계를 따릅니다. $0 = 2\pi(v - e + f) = 2\pi\chi$이므로, 유클리드형 기하를 갖는 곡면은 오일러 수가 0이 되어야 합니다!

연습문제 12.11 그림 12.1(c)의 셀 분할을 사용하여 토러스의 오일러 수를 계산하세요. 그 다음, 여러분 자신이 고안한 다른 셀 분할을 사용해서 오일러 수를 다시 계산하세요. 비슷하게, 두 가지 서로 다른 셀 분할을 사용하여 $\chi(K^2)$을 계산하세요. ▮

이상의 세 가지 가우스-보네 공식은 $kA = 2\pi\chi$로 요약됩니다. 여기서, k의 값은 그 곡면이 쌍곡형 기하(곡률이 음), 유클리드형 기하(곡률이 영), 타원형 기하(곡률이 양) 중 어느 것을 가지느냐에 따라 각각 −1, 0, 1입니다. 보다 일반적인 형태의 가우스-보네 공식을 이 장에서 곧 살펴볼 것이지만, 지금 당장이라도 모든 곡면은 기껏해야 하나의 균질 기하를 허용한다는 사실을 알 수 있습니다. 균질한 기하의 '곡률' ($k = -1, 0, +1$)은 오일러 수와 부호가 같아야 하기 때문입니다. 직관적으로 말하자면, 곡면의 전역적 위상은 균질한 국소적 기하 중 어떤 것이 그 곡면과 부합하는지 결정합니다.

연습문제 12.12 앞의 연습문제에서 여러분은 $\chi(S^2)$, $\chi(T^2)$, $\chi(T^2 \# T^2)$, $\chi(T^2 \# T^2 \# T^2)$를 계산했습니다. 여기에서 어떤 규칙이 발견됩니까? $\chi(T^2 \# T^2 \# T^2 \# T^2)$은 얼마일까요? ▮

토러스 n개의 연결합에 대한 오일러 수의 일반적인 공식을 유도하는 일은 간단합니다. 연습문제 11.3에서, n구멍 도넛은 그 모퉁이가 네 개씩 한 묶음으로 만나는, $4n-4$개의 육각형으로 분할될 수 있음을 알았습니다. 일단 우리가 이 셀 분할에서 변과 꼭짓점의 개수를 구하기만 한다면 오일러 수는 쉽게 계산할 수 있을 것입니다.

1. 변은 $6 \times (4n-4) \div 2 = 12n - 12$개 있습니다.
   - 이유: $4n-4$개의 육각형 각각에 대해 6개씩 변을 세면, 합해서 $24n-24$개가 됩니다. 하지만 이때 각각의 변은 육각형 두 개의 경계이므로 두 번씩 세어졌고, 따라서 이 값을 2로 나누어야 합니다.
2. 꼭짓점은 $6 \times (4n-4) \div 4 = 6n - 6$개 있습니다.
   - 이유: $4n-4$개의 육각형 각각에 대해 6개씩 꼭짓점을 세면, 합해서 $24n-24$개가 됩니다. 하지만 이때 각각의 꼭짓점에는 육각형 네 개의 모퉁이가 모이므로, 하나의 꼭짓점은 네 번씩 세어졌고, 따라서 이

값을 4로 나누어야 합니다.

토러스 n개의 연결합에 대한 오일러 수는

$\chi = v - e + f = (6n-6) - (12n-12) + (4n-4) = 2 - 2n$ 입니다.

이것은 연습문제 12.12에서 찾은 규칙과 들어맞습니다.

연습문제 12.13 사영평면 n개의 연결합은 그 모퉁이가 네 개씩 한 묶음에서 만나는(그림 11.4) $2n$각형 두 개로 나누어질 수 있습니다. 오일러 수를 계산하세요. 그림 12.3의 표를 완성하세요. ▮

오일러 수	가향성: 가향적	비가향적
2	S^2	
1		P^2
0	T^2	
−1		
−2	$T^2 \# T^2$	
−3		
−4	$T^2 \# T^2 \# T^2$	
−5		
−6	$T^2 \# T^2 \# T^2 \# T^2$	
−7		
−8	$T^2 \# T^2 \# T^2 \# T^2 \# T^2$	
.		
.	...	
.		

[그림 12.3] 오일러 수와 가향성은 곡면의 위상을 완전히 결정한다.

직관적으로 생각하기에도, 두 개의 다양체가 위상적으로 같은지 다른지를 판단하는 일은 매우 어려울 수 있습니다. 사실, 두 개의 **삼차원** 다양체가 위상적으로 같은지 다른지를 결정하는 문제는 너무나 어려워서, 많은 사람들이 수

십 년 동안 연구해왔음에도 불구하고 그 확실한 절차는 아직도 발견되지 못했습니다. (두 개의 삼차원 다양체를 구별하는 **실용적인** 절차들은 많이 있지만, 그 절차들 각각은 겉보기에 비슷한 어떤 한 쌍의 다양체들에게 '속을' 수 있습니다.) 이를 고려하면, 우리가 곡면들에 대해서 오일러 수를 계산하고, 가향적인지의 여부를 판단하는 것만으로, 그림 12.3의 표를 통해 그 곡면이 무엇인지 확정적으로 말할 수 있다는 사실은 정말로 놀랍습니다! 예를 들어, 어떤 곡면이 오일러 수가 −4이고 가향적이라고 합시다. 그러면 우리는 그 표를 보고, 그 곡면은 위상적으로 $T^2 \# T^2 \# T^2$와 동치라고 결론내릴 수 있습니다. 비슷하게 오일러 수가 −2인 비가향적인 곡면은 $P^2 \# P^2 \# P^2 \# P^2$가 틀림없습니다.

연습문제 12.14 그림 11.1의 곡면들 각각에 대해 오일러 수를 계산하고(변과 꼭짓점의 개수를 셀 때 신중해야 합니다!), 가향적인지의 여부를 판단한 다음, 그림 12.3의 표에서 그 곡면이 어느 것인지 결정하세요. 그림 11.2의 곡면들에 대해서도 똑같이 해 봅시다. ▮

우리는 가우스-보네 공식 $kA = 2\pi\chi$를 '표준' 타원형 기하(반지름이 1인 구의 기하), '표준' 쌍곡형 기하, 또는 유클리드형 기하를 가진 곡면들뿐 아니라 모든 균질한 곡면에까지 적용하기를 원합니다. 예를 들어, 반지름이 3인 구에 이 공식을 적용시키는 방법을 생각해 봅시다. 반지름이 3인 구는 반지름이 1인 구와 오일러 수는 같지만 넓이는 9배 큽니다. 그러므로 그 '곡률' k는 공식 $kA = 2\pi\chi$가 그대로 유지된다면 1/9배가 되어야 합니다. 이것은 불합리하지 않습니다. 더 큰 구는 더 작은 구보다 확실히 덜 굽어 있는 것처럼 **보입니다**(그림 12.4). 일반적으로, 우리는 반지름 r인 구의 곡률을 $k \equiv 1/r^2$로 정의합니다. 반지름 r인 구와 같은 국소적 기하를 가지는 사영평면 역시 그 곡률이 $k \equiv 1/r^2$입니다.

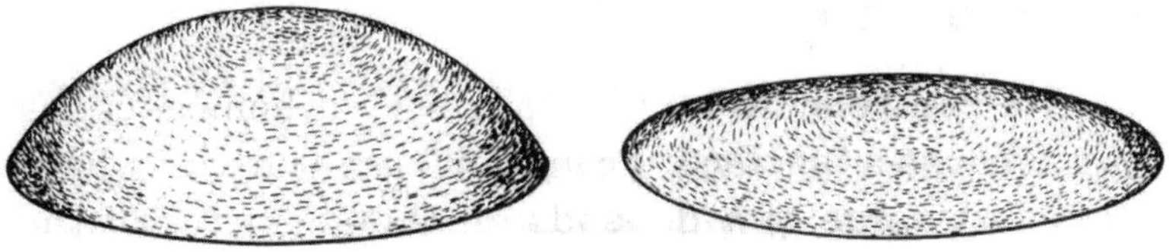

[그림 12.4] 작은 구의 조각은 큰 구의 조각보다 더 구부러져 있다.

연습문제 12.15 거리가 미터법으로 측정된다면, 곡률은 어떤 단위로 측정됩니까? kA의 단위가 $2\pi\chi$의 단위와 일치합니까? ▮

연습문제 12.16 반지름이 2미터인 사영평면의 곡률, 넓이, 오일러 수를 계산해 봅시다. 그리고 가우스-보네 공식이 성립하는지 확인해 봅시다. (반지름 r인 구의 넓이는 $4\pi r^2$입니다.) ▮

우리는 곡률에 대한 앞에서의 정의를 다시 내릴 수 있습니다. 즉, 반지름 1인 구의 모든 두 점 사이의 거리를 r배로 늘여서($r > 1$이면 그 구가 커지고, $r < 1$이면 작아집니다) 만들어지는 구의 곡률을 $k \equiv 1/r^2$이라고 두는 것입니다. 이 새로운 정의는 약간 어색하지만, 처음의 정의와는 달리 '반지름'의 개념을 피하여 쌍곡평면에 대해서도 비슷하게 적용될 수 있다는 점에서 좋습니다. 표준 쌍곡평면은 곡률이 $k \equiv -1$입니다. 표준 쌍곡평면의 모든 두 점 사이의 거리를 r배로 늘여서 만들어지는 쌍곡평면의 곡률은 $k \equiv -1/r^2$로 정의됩니다. 그 쌍곡평면과 같은 국소적 기하를 갖는 임의의 곡면도 곡률이 $k \equiv -1/r^2$입니다. 예를 들어, $\mathrm{T}^2 \# \mathrm{T}^2$에 표준 쌍곡형 기하가 주어진다면 그것의 곡률은 -1이고, 넓이는 4π이며, 가우스-보네 공식은 $(-1)(4\pi) = 2\pi(-2)$가 됩니다. 그렇지만 그 곡면이 5배로 커지면 곡률은 $-1/25$이 되고, 넓이는 $25 \times 4\pi = 100\pi$가 되며, 가우스-보네 공식은 $(-1/25)(100\pi) = 2\pi(-2)$가 됩니다(다시 잘 들어맞습니다!).

연습문제 12.17 플랫랜드 사람들이 전역적 위상이 $T^2 \# T^2 \# T^2$와 같으며, 곡률이 -0.00001(미터)$^{-2}$로 일정한 균질의 국소적 기하를 갖는 우주에서 살고 있습니다. 그 우주의 넓이는 얼마입니까? ▮

우리는 균질한 기하를 갖는 곡면을 '곡률이 상수 k로 일정한 곡면'이라고 부를 수 있으며, 이때 k의 정확한 값은 주어진 곡면의 기하에 따라 결정됩니다. k가 양수일 때 우리는 타원형 기하를 갖는 곡면을 말하는 것이며, k가 0이라면 유클리드형 기하를 갖는 곡면을, k가 음수라면 쌍곡형 기하를 갖는 곡면을 말하는 것입니다. k가 0에 가까울수록, 곡면은 더욱 편평한 것이고, k가 0에서 (둘 중에 어느 쪽으로든지) 멀어질수록, 그 곡면은 더 많이 (양으로 혹은 음으로) 구부러진 것입니다. 곡률 k를 보통 **가우스 곡률**Gaussian curvature이라고 부릅니다. 우리는 이 용어를 사용하여 지금까지의 결과를 다음과 같이 요약할 수 있습니다.

상수 곡률을 갖는 곡면에 대한 통합된 가우스-보네 공식

곡면의 넓이가 A, 오일러 수가 χ, 가우스 곡률이 상수 k이면,

$$kA = 2\pi\chi$$

연습문제 12.18 한 무리의 플랫랜드 사람들이 넓이가 1,984,707제곱미터이고 가우스 곡률이 일정하게 -3.1658×10^{-6} 미터$^{-2}$인 곡면에서 살아갑니다. 그 곡면의 전역적 위상은 무엇입니까? ▮

연습문제 12.19 넓이가 6제곱미터인 $P^2 \# P^2 \# P^2$과 넓이가 9제곱미터인 $T^2 \# T^2$ 중에서 어느 것이 더 굽어 있습니까? ▮

플랫랜드 사람들이 곡률을 어떻게 측정할지에 대해 여러분이 궁금해할지도 모르겠습니다. 그들은 삼각형의 넓이와 내각의 크기를 측정함으로써 곡률을 구할 수 있습니다. 반지름 1인 구에 있는 삼각형에 대해서 $A_{\triangle} = (\alpha + \beta + \gamma) - \pi$, 표준 쌍곡평면 위에 있는 삼각형에 대해서 $A_{\triangle} = \pi - (\alpha + \beta + \gamma)$, 편평한 곡면 위에 있는 삼각형에 대해서 $\alpha + \beta + \gamma = \pi$이었음을 상기해 봅시다. 이 세 가지 공식은 $kA_{\triangle} = (\alpha + \beta + \gamma) - \pi$로 통합될 수 있습니다. 여기에서 k의 값은 그 곡면의 기하가 무엇이냐에 따라 −1, 0, 1 중 하나입니다. 놀라운 일은 아니지만, 이 공식은 임의의 일정한 가우스 곡률 k를 갖는 곡면 위에 있는 삼각형에 대해서도 유효합니다. 사실 $k > 0$에 대해서 이 공식은 여러분이 연습문제 9.3에서 유도했던 공식 $A_{\triangle} = r^2[(\alpha + \beta + \gamma) - \pi]$과 동등합니다. (참고로, 이 장 전체에 걸쳐 A는 곡면 전체의 넓이를 나타내며, $A_{\triangle}$은 삼각형의 넓이를 나타냅니다.)

연습문제 12.20 플랫랜드 사람들로 구성된 탐사팀이 측정한 결과, 어떤 삼각형의 세 내각이 각각 34.3017°, 62.5633°, 83.1186°이었고, 그 넓이는 2.81km^{2}이었습니다. 그들의 우주가 균질이라고 가정할 때, 그 우주의 가우스 곡률은 얼마입니까? (각들을 라디안 단위로 전환하는 것을 잊지 마세요.) 나중에 플랫랜드 주민들은 그들의 우주는 가향적이며, 넓이가 대략 250,000km^{2}라는 사실을 알게 됩니다. 그 우주의 전역적 위상을 결정하세요. ■

가우스-보네 공식은 가우스 곡률이 위치에 따라 불규칙하게 변하는, 비균질의 곡면에도 적용되게끔 일반화될 수 있습니다. 여기서의 발상은 양의 곡률과 음의 곡률은 상쇄되며, 곡률의 전체 총합은 $2\pi\chi$와 같다는 것입니다. 예를 들면, 도넛 표면에서 양의 곡률은 음의 곡률을 완벽하게 상쇄합니다. (도넛 표면의 바깥쪽 볼록한 부분은 양의 곡률을 갖지만, 구멍 근처는 음의 곡률을 갖습니다.) 여러분이 주어진 곡면을 어떻게 변형시키더라도 곡률의 총합은 결코 바꿀 수 없습니다! 여러분이 곡면상의 어떤 영역에서 양의 곡률을 추가로 만들어 낸다면, 같은 크기만큼의 음의 곡률이 또 다른 어떤 영역에서 반드시 만들어집니다.

연습문제 12.21 여러분이 곡면 위에 볼록한 혹을 만든다면, 그 곡면은 곡률이 양인 작은 지역을 새로 가지게 됩니다(그림 12.5). 이것을 상쇄하는, 곡률이 음인 지역은 어디입니까? ▮

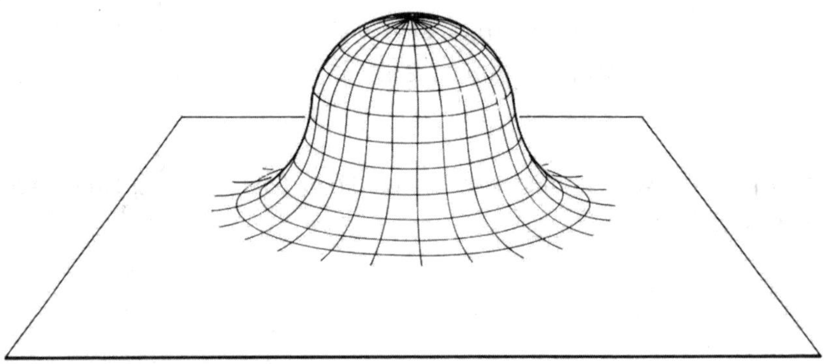

[그림 12.5] 여러분이 곡면위에 혹을 만들 때, 곡률이 양인 작은 지역이 만들어진다. 곡률이 음인 상쇄 지역은 어디인가?

미적분학의 용어를 사용하면, 이 마지막의 가우스-보네 공식을 정확하게 기술할 수 있습니다. 총 곡률은 곡면 위에서 곡률의 적분으로 표현되므로, 가우스-보네 공식은

$$\int k\, dA = 2\pi\chi$$

이 됩니다. [수학적으로 단련된 독자라면 아래에 제시한 증명의 각 단계를 쉽게 정당화할 수 있을 것입니다. 기본적인 착상은 다음과 같습니다. (1) 셀 분할을 충분히 잘게 하여, 적분 값을 합으로써 근사하기, (2) 공식 $kA_{\triangle} = (\alpha + \beta + \gamma) - \pi$를 n각형에 대한 것으로 일반화시켜 대입하기, (3) 타원형 기하에 대한 가우스-보네 공식을 유도한 것과 똑같이 진행하기.

$$\begin{aligned}\int k\, dA &= \sum k_i A_i \\ &= \sum [(\alpha_i + \beta_i + \cdots + \xi_i) - (n_i - 2)\pi] \\ &= \sum (\text{모든 각들}) - \pi\left(\sum n_i\right) + \pi\left(\sum 2\right) \\ &= 2\pi v - 2\pi e + 2\pi f \\ &= 2\pi\chi\end{aligned}$$

k가 일정할 때 이 공식은 $kA = 2\pi\chi$가 되는 것에 주목합시다.]

part 03

삼차원 다양체의 기하

CHAPTER 13

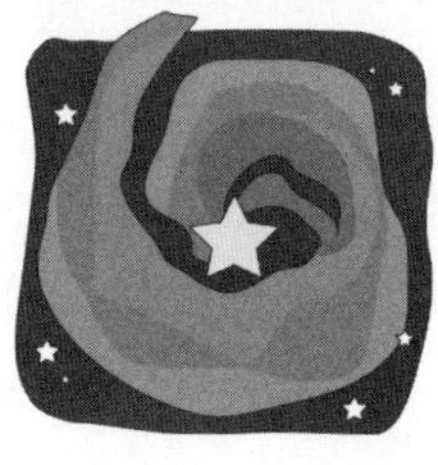

4차원 공간

에보트Edwin Abbott의 책 《플랫랜드Flatland》에서 정사각형의 2차원 세계는 (반드시 그럴 필요는 없지만) 삼차원 공간 속에 묻혀 있었습니다. 이 책의 절정은 삼차원 공간에서 온 구가 정사각형을 찾아가 삼차원 세계의 존재를 알려 주는 장면입니다. 당연한 일이지만, 정사각형은 구가 설명하는 바를 전혀 이해하지 못했습니다. “구는 플랫랜드 사람들이 자신의 설명을 알아듣지 못하자 행동으로 보여 주었습니다”(플랫랜드, p.77). 그는 정사각형이 사는 집의 닫힌 찬장 위로 날아올라가, 판자 하나를 들어서 밖으로 옮기고, 평면(플랫랜드) 위에 ‘쿵’ 하고 내려놓았습니다(그림 13.1).

당연히, 정사각형은 큰 충격을 받았습니다. 그가 보기에는 판자가 갑자기 사라진 다음, 잠겨 있던 찬장의 벽을 통과하여 방의 바깥에서 나타났던 것입니다. 무척이나 당황스러운 일이었지요.

가엾은 정사각형을 나무라면 안 됩니다. 평생 동안 오직 앞/뒤, 좌/우로의 움직임만을 보아온 그가, 우리처럼 삼차원에 사는 사람들이 위/아래의 움직임이라고 부르는 움직임을 접하고 당황해하는 것은 놀라운 일이 아닙니다. 찬장 안에 있던 판자가 앞으로도, 뒤로도, 오른쪽으로도, 왼쪽으로도 움직이지 않은 채 사라졌을 때, 그 판자는 그대로 놓여 있었지만 무언가 형태가 없는 것이 되었고, 그래서 벽을 통과할 수 있었다고 정사각형이 생각하게 된 것은 당연합니다(그림 13.2).

비슷한 상황에서 여러분이라면 기분이 어떨지 상상해 봅시다. 사차원 세계를 돌아다니던 어떤 이상한 생물체가 여러분의 냉장고에서 주스 한 잔을 빼내어 여러분의 탁자 위에 올려둡니다. 냉장고 문을 열지 않은 채로 말입니다! 아마도 우리는 이 상황에 대해, 그 생물체가 유리잔을 네 번째 차원으로 '들어올려' 냉장고 문 '위'로 통과시킨 다음, 우리의 삼차원 공간으로 '내려놓았다'고 설명할 것입니다. 그림 13.3을 그림 13.2와 비교해보세요.

다음 장에서 우리는 사차원 공간을 이용하여 초구를 정의할 것입니다. 일반적인 구를 정정할 때 삼차원이 필요한 것처럼 초구를 정의할 때는 사차원이 필요합니다. 하지만 우리는 그에 앞서 사차원에서 일어나는 현상을 몇 가지 더 살펴볼 것입니다. 그리고 몇 가지 철학적인 문제도 이야기하려 합니다.

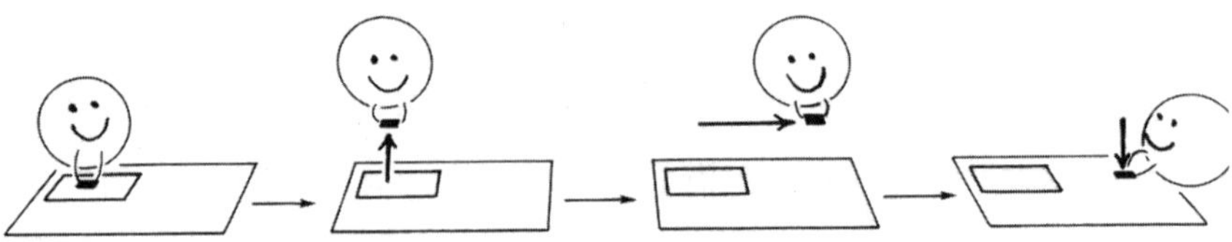

[그림 13.1] 구가 찬장에서 판자를 없앤 방법

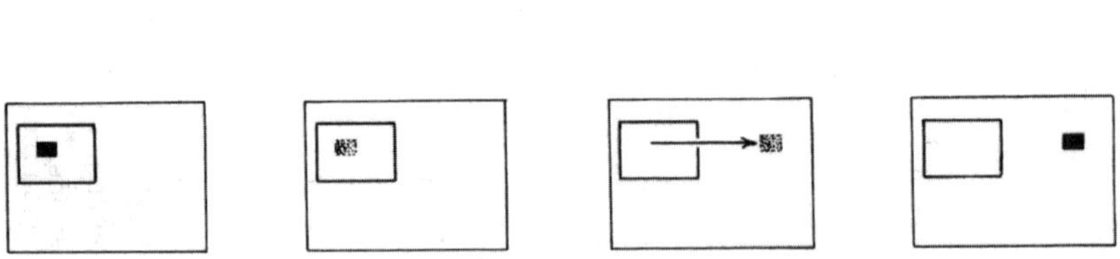

[그림 13.2] 그 사건에 대한 정사각형의 잘못된 이해

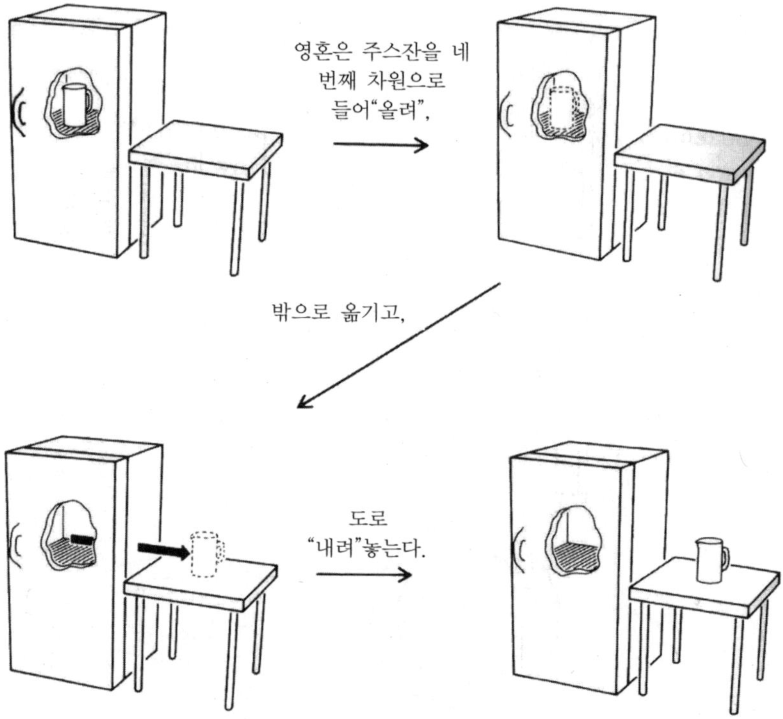

[그림 13.3] 사차원의 생물이 냉장고의 문을 열지 않고 주스 잔을 빼내는 방법

사차원에서 일어나는 현상을 몇 가지 더 살펴보기

《기하, 상대성, 네 번째 차원Geometry, Relativity and the Fourth Dimension》의 11쪽에서 루디 러커R. Rucker는 죌너Zöllner라는 매력적인 이름을 가진 어떤 사람의 이야기를 해 줍니다. 죌너는 사차원의 존재인 영혼은 구가 정사각형의 판자를 없애버린 방법과 마찬가지 방법으로 삼차원의 물체를 없애버릴 수 있다고 생각했습니다.

… 또한, 죌너 교수는 영혼이 사차원의 존재라는 사실에 대한 영원하고 절대

적인 증명을 보여줄 어떤 일을 영혼에게 시키고자 하였습니다. 그의 착상은 훌륭했습니다. 그는 딱딱한 나무로 만든 두 개의 반지를 가지고 있었는데, 현미경을 대고 들여다보면 그 반지들이 갈라져 열린 적이 한 번도 없다는 것을 확인할 수 있습니다. 영혼은 네 번째 차원에서 자유롭게 움직일 수 있으므로 그 반지들 중 어느 것도 부수거나 자르지 않고 그것들을 결합할 수 있

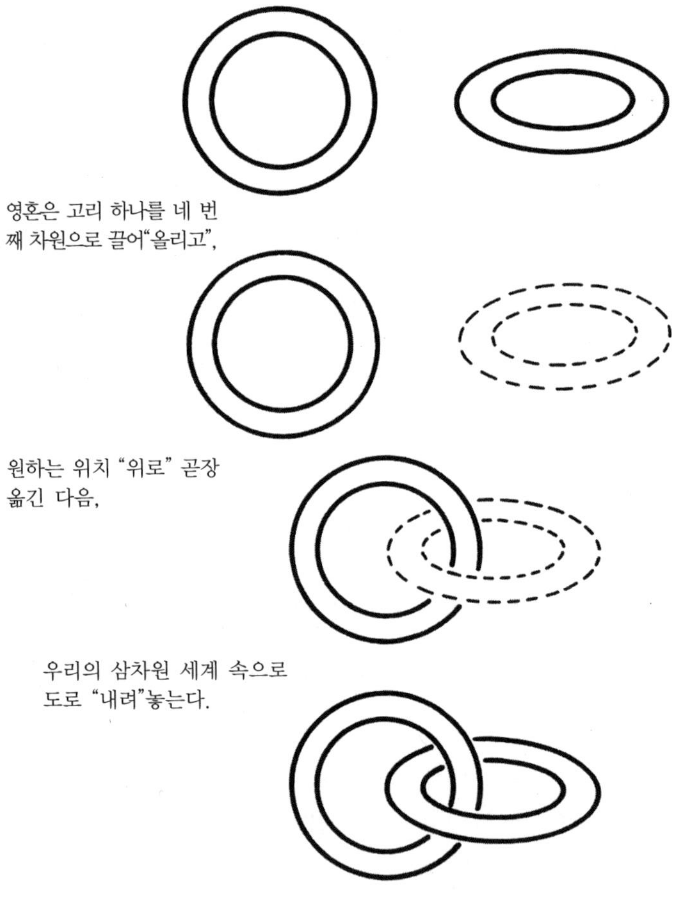

[그림 13.4] 사차원의 영혼은 두 개의 반지를 결합할 수 있다.

을 것이라는 것이 그의 착상이었습니다. 그 반지들이 원래부터 결합된 형태로 만들어진 것이 아니라는 것을 보장할 수 있도록 그것들은 서로 다른 종류의 나무로 만들어졌는데, 하나는 오리나무, 하나는 떡갈나무였습니다. 죌너는 그 반지들을 강령회에 갖고 가서 영혼들에게 그것들을 결합시켜달라고 청했습니다. 하지만 유감스럽게도, 그들은 들어주지 않았습니다.

그림 13.4는 영혼이 두 개의 반지를 어떻게 결합하는지를 보여줍니다.

연습문제 13.1 사차원의 영혼은 그림 13.5와 같이 매듭지어진 밧줄을 어떻게 풀 수 있을까요? ▮

연습문제 13.2 4장에서 클라인병을 E^3에 묻을 때, 스스로를 교차하는 것을 허용해야 했습니다. E^4에서는 그러지 않고도 가능합니다. 그 방법을 설명하세요. ('일반적인' 삼차원 공간을 기호로 E^3, 평면을 E^2, 직선을 E^1이라고 나타내는 것과 마찬가지로, 일반적인 사차원 공간을 기호로 E^4라고 나타냅니다.) ▮

[그림 13.5] 사차원의 영혼은 '8자 모양' 매듭을 어떻게 풀 수 있을까?

다음 주제로 넘어가기 전에 나는 사차원에서의 신기한 현상을 하나 더 언급하고 싶습니다. 원이 삼차원 공간에서 매듭지어진 상태일 수 있는 것과 꼭 같이, 구는 사차원 공간에서 매듭지어진 상태일 수 있습니다. **정사각형**이 매듭지어진 원을 어떻게 상상할 수 있을지 생각한 다음(그림 13.6), 매듭지어진 구를 이와 유추적인 방법으로 이해해 보세요(그림 13.7).

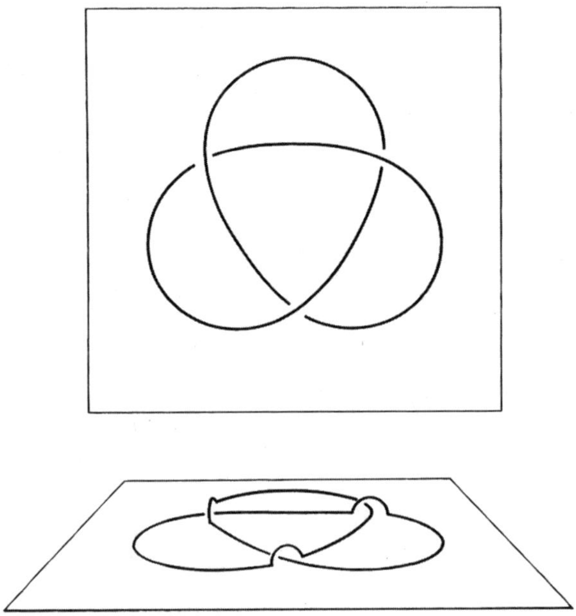

[그림 13.6] E^3에서 매듭이 있는 원을 상상하기 위해서, **정사각형**은 우선 스스로 교차하는 (위상적인) 원을 그린다. 각각의 교차점에 대해 그는 원의 일부분이 다른 부분을 세 번째 차원에서 뛰어 넘는 것을 상상한다. 우리 스페이스랜드 사람들은 그 결과로 생긴 매듭지어진 원을 쉽게 시각화할 수 있다.

철학적인 측면

(1) 많은 저자들은 사차원 세계는 시각화할 수 없다고 합니다. 하지만, 전혀 그렇지 않습니다. (E^4를 E^3와 다르게 시각화해야 한다는 것은 사실입니

다.) 나의 개인적인 견해는 우리의 마음이 삼차원과 마찬가지로 사차원을 시각화할 능력이 있다는 것입니다. 우리가 삼차원을 더 쉽게 이해하는 것은 실재의 우주가 삼차원이기 때문입니다. 우리는 태어난 직후부터 줄곧 삼차원을 이해하는 연습을 해온 셈이지요. 사차원을 시각화하는 일은 처음에는 어려울 것이고 우리를 지치게 만들 것입니다. 하지만, 그것은 새로 태어난 아이가 삼차원 세계에 당황해하는 것과 같은 이유에서일 것입니다. 연습을 계속한다면 사차원의 시각화는 점점 쉬워질 것입니다.

(2) 물리학자들은 종종 삼차원 공간과 일차원의 시간을 결합한 사차원의 통합체, 즉 **시공간**을 다룹니다. 나는 원래 이 개념을 여기서 자세히 설명할 생

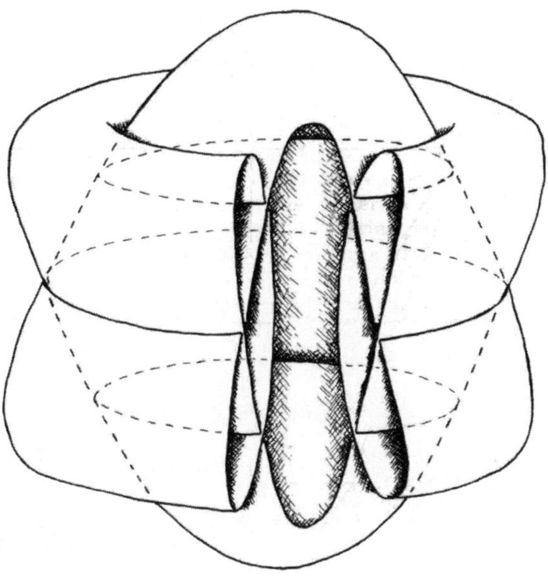

[그림 13.7] $\mathbb{E}^4$에서 매듭지어진 구를 상상하기 위해서, 우리 삼차원 공간의 사람들은 우선 스스로 교차하는 (위상적인) 구를 그린다. 우리는 교차로 인해 생긴 각각의 원을 따라 한 겹이 다른 겹을 네 번째 차원에서 뛰어 넘는 것을 상상해야 한다.

각이었지만, 루디 러커가 그의 책 《기하, 상대성, 네 번째 차원Geometry, Relativity and the Fourth Dimension》의 4장 "더 높은 차원으로서의 시간Time as a Higher Dimension"에서 제시한 논의보다 더 훌륭하게 할 수 있을 것 같지가 않습니다. 그 책의 4장에 있는 그림 78(이 책의 그림 13.8)과 그에 대한 설명을 인용하여, 여러분에게 시공간의 개념을 대략적으로 설명하겠습니다.

> 시공간에 대한 이미지를 마음속에 그리기 위해 플랫랜드로 다시 가 봅시다. **정사각형**이 들판에 앉아 있습니다. 정오에 그는 그의 아버지인 **정삼각형**이 서쪽에서 다가오는 것을 봅니다. **정삼각형**은 12시 5분에 **정사각형**의 곁에 도달해서 잠깐 이야기를 나누고는 그가 왔던 곳으로 돌아갑니다. 여기서, 시간을 공간에 수직인 방향이라고 간주하면, 우리는 그 플랫랜드 사람 두 명의 시간을 플랫랜드가 속한 평면에 수직인 방향으로 나타낼 수 있습니다. '늦게'와 '세 번째 방향으로 더 높게'를 같은 말로 본다면, 그림 78에서 보듯, 정지해 있는 플랫랜드 사람은 수직 방향의 벌레나 기다란 열로, 움직이는 플랫랜드 사람은 구부러진 벌레나 기다란 열로 나타낼 수 있습니다.
> 우리는 이러한 삼차원 시공간의 벌레를 시간을 초월하여 존재하는 것으로 간주할 수 있습니다.

러커는 계속 나아가 이 개념이 인간의 의식, 시간에 대한 이해, 실재의 본질에 대해 가지는 함의를 설명합니다. 이 논의는 많은 것을 생각하게 합니다. 나는 여러분에게 그 책을 강력히 추천합니다. (시간이 없다면, 그 책의 나머지 부분은 놔두고, 4장만 읽어도 좋습니다.)

14장에서 우리는 사차원을 완전히 공간적인 방법으로 상상하는 훈련에 집중할 것입니다—시간은 그 그림에 전혀 개입되지 않습니다.

(3) 마지막으로, 형이상학적인 이야기 하나: 우리가 상상하는 사차원 공간은 수학적인 것으로서, 완전히 추상적인 개념입니다. 삼차원 우주가 존재하는 것처럼 그것이 물리적으로 존재해야 한다고 가정하는 것이 절대 아닙니다.

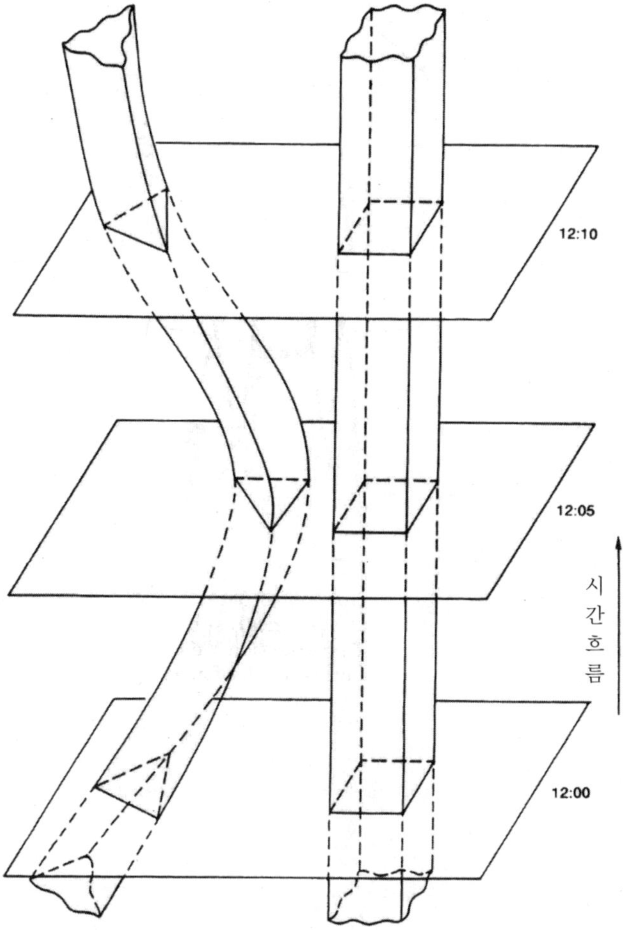

[그림 13.8] 루디 러커의 책 《기하, 상대성, 네 번째 차원》의 그림 78.

CHAPTER 14

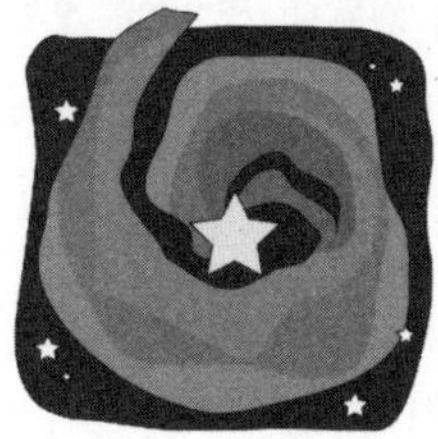

초구

대략적으로 말하자면, 구는 원과 같지만 차원이 하나 더 클 뿐입니다. 초구, 즉 삼차원 구three-sphere*는 구와 유추적이면서 차원이 하나 더 큰, 삼차원 다양체입니다. 원, 구, 초구에 대한 형식적인 정의를 비교해 봅시다.

1. 단위원(=일차원 구=S^1)은 E^2상의, 원점에서부터 단위 길이만큼 떨어져 있는 점들의 집합입니다. 이것과 위상적으로 동치인 것을 **위상적 원**이라고 부르며, 기하적으로 동치인 것을 **기하적 원**이라고 부릅니다.
2. 단위구(=이차원 구=S^2)는 E^3상의, 원점에서부터 단위 길이만큼 떨어져 있는 점들의 집합입니다. 단위구와 위상적으로 동치인 것을 **위상적 이차원 구**라고 부르며, 기하적으로 동치인 것을 **기하적 이차원 구**라고 부릅니다.
3. 단위초구(=삼차원 구=S^3)는 E^4상의, 원점으로부터 단위 길이만큼 떨어져 있는 점들의 집합입니다. 단위 초구와 위상적으로 동치인 것을 **위상적 삼차원 구**라고 부르며, 기하적으로 동치인 것을 **기하적 삼차원 구**라고 부릅니다.

* 역주: 삼차원에 존재하는 구라는 뜻이 아니라 이차원 다양체(two-manifold)인 구에 대한 삼차원 다양체(three-manifold)로서의 유추물이라는 뜻.

- **용어 사용의 주의점** 우리는 이차원 구를 삼차원 공간에 있는, 삼차원 공의 경계라고 정의합니다. 이 정의는 수학자들 사이에서는 일반적이지만, 물리학자들 사이에서는 아닙니다. 그러니 어떤 사람들이 이차원 구를 삼차원 구라고 부르는 것을 보게 되더라도 놀라지 말기 바랍니다. 그들은 이차원 구가 들어 있는 공간의 차원에 관심이 있지만, 우리는 이차원 구 그 자체의 내적인 차원에 관심이 있습니다. (혹시 이차원 구가 그림 13.7의 매듭 묶인 이차원 구처럼 E^4 안에 놓여 있더라도, 내적으로는 여전히 이차원입니다.) 삼차원 구에 대해서도 비슷한 설명이 가능합니다. 또한, '구sphere'와 '공ball'을 위에서와 같이 신중하게 구별해야 합니다. 어떤 사람들은 '구'라는 용어로 '공'을 나타내지만 우리는 그러지 않습니다. 단, 우리는 '원판disk'과 '공ball'은 같은 말로 간주합니다('원판'은 2차원에 더 적합하게 여겨지고, '공'은 삼차원에 더 적합하게 여겨지지만, 그 개념은 본질적으로 동일합니다).

어떻게 하면 삼차원 구를 시각화할 수 있을까요? 이 질문에 답하기 위해서, 정사각형이 이차원 구를 어떤 방법으로 시각화할 수 있을지 생각해 봅시다. 지금 그가 이차원 구에 대해 그 위상에만 관심이 있고, 기하에는 관심이 없다고 가정합니다. 그는 그림 14.1과 같이, 구를 편평하게 만들어 플랫랜드의 평면 안으로 들어오게끔 함으로써, 자신이 이해하기에 편한 상황을 만들 수 있습니다. 이때 북쪽과 남쪽의 반구 각각은 플랫랜드에서 원판이 되며, 겹쳐진 두 개의 원판은 원 모양의 가장자리(적도)를 따라서 결합됩니다. 이러면 이차원 구를 시각화하는 것은 두 개의 겹쳐진 원판을 시각화하는 것으로 단순화됩니다. 하지만, 정사각형은 적도에 있는 '접힌 자국'이 실제 이차원 구에는 존재하지 않는다는 사실을 잊지 말아야 합니다—그것은 구를 편평하게 하는 과정에서 인위적으로 만들어진 것일 뿐입니다. 이렇게 이차원 구를 시각화하는 방법을 **이중 원판 방법**이라고 부릅니다. 삼차원 구를 시각화하는 방법은 이와 유추적입니다(연습문제 14.1).

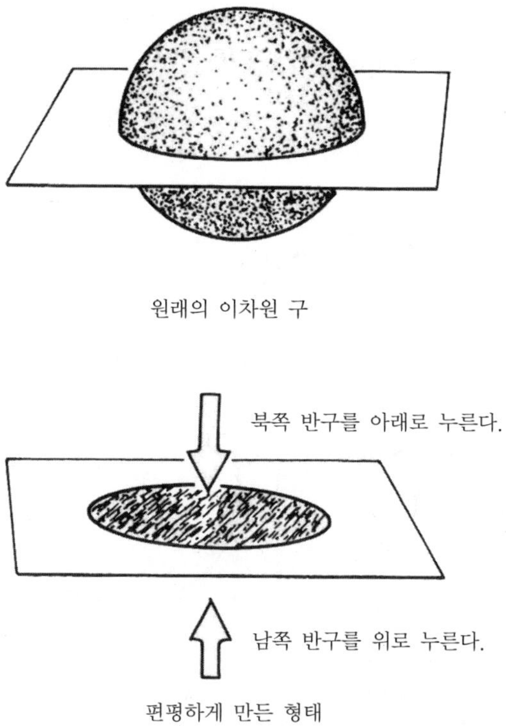

[그림 14.1] 위상적으로 원판 두 개가 겹쳐진 것으로, **정사각형**은 이차원 구를 시각화했다.

연습문제 14.1 삼차원 구를, E^3의 속이 찬 공 두 개가 겹쳐진 것으로서, 위상적으로 상상해 봅시다. 두 개의 공은 구 모양의 경계를 따라서 결합됩니다. (S^3의 적도는 이차원 구입니다!) ▮

연습문제 14.2 이차원 구의 기하를 되돌리기 위해, 정사각형은 한 원판이 세 번째 차원 속의 위쪽으로 굽어져 있고, 다른 원판은 아래로 굽어져 있다고 상상합니다. 여러분도 연습문제 14.1에서 얻은 마음속 그림을 이와 비슷하게 고쳐 보세요. 속이 찬 공 중 하나는 네 번째 차원 속의 '위쪽'으로 굽어져 있고, 다른 하나는 '아래쪽'으로 구부러져 있습니다. ▮

- **주의** 어떤 독자들은 삼차원 구를 겹쳐진 두 개의 속이 찬 공이 아니라, 두 개의 속이 찬 공의 표면이 추상적으로 맞붙어 만들어진 것이라고 상상함으로써, 그 전역적 위상을 더 쉽게 이해할 수 있을 것입니다(그림 14.2).

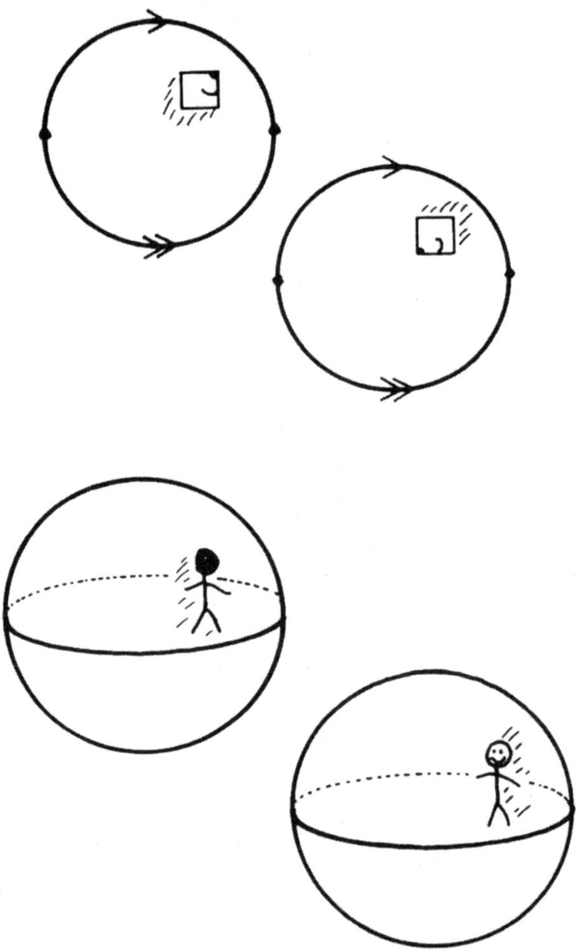

[그림 14.2] 위상적으로, 이차원 구는 가장자리가 서로 맞붙은 두 개의 원판으로 나타낼 수 있다. 이와 비슷하게, 삼차원 구는 표면이 맞붙은 두 개의 입체 공으로 나타낼 수 있다.

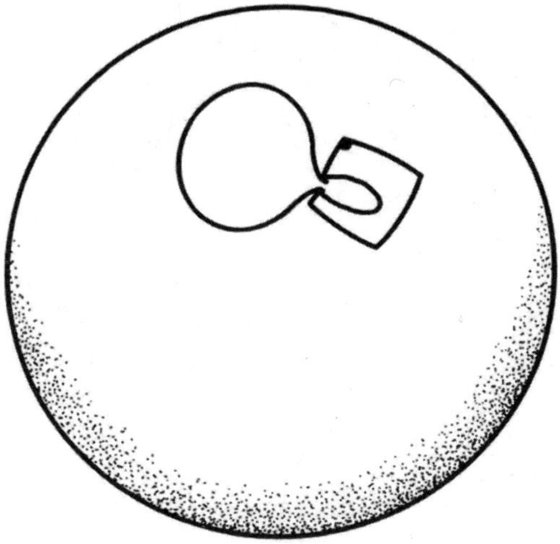

[그림 14.3] 정사각형이 이차원 구 위에서 풍선을 분다.

연습문제 14.3 여러분이 상상속의 작은 삼차원 구에서 살고 있다고 합시다. 여러분이 잘 늘어나는 풍선에 계속 공기를 불어넣는다면, 결국 어떤 일이 일어날까요? (힌트: 그림 14.3에서 **정사각형**에게 결국 어떤 일이 일어날까요?) ▮

그림 14.4는 이차원 구 위의 대원 세 개를 보여줍니다(참고로, 그것들은 이차원 구가 세 개의 좌표평면 각각과 교차하여 만들어진 원과 같습니다). 우리 스페이스랜드 사람들은 삼차원 공간 안의 이차원 구를 그릴 수 있기 때문에, 이 대원들을 쉽게 시각화합니다. 그러나 플랫랜드 사람들은 편평해져서 그들의 평면 안으로 들어온 이차원 구를 그립니다. 적도는 여전히 원이지만, 경선經線은 선분처럼 보입니다. 플랫랜드 주민들은 하나의 선분으로 보이는 것 각각이 실제로는 두 개의 선분-하나는 세 번째 차원 속에서 위로 볼록하고, 하나는 아래로 볼록한-임을 잊지 말아야 합니다. 이 두 선분은 모여서 하나의 완전한 기하적 원을 이룹니다.

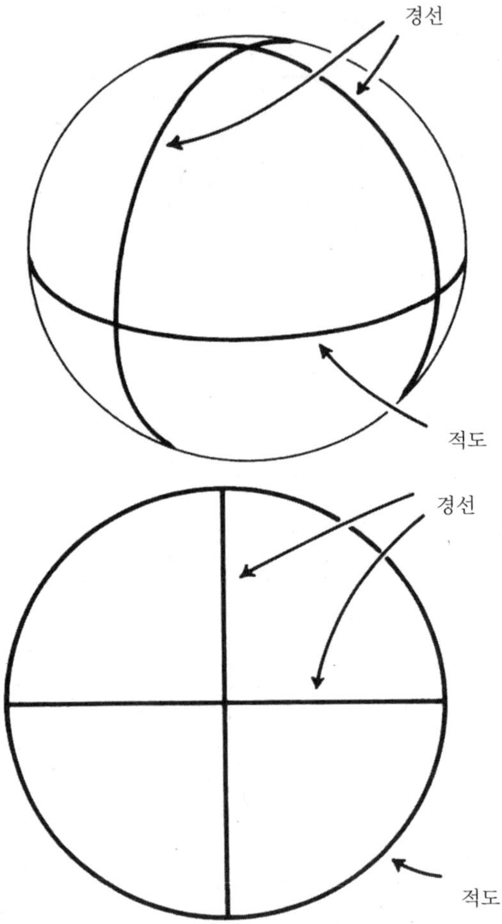

[그림 14.4] 첫 번째 그림은 이차원 구 위에 있는 세 개의 대원을 스페이스랜드 주민의 시각에서 본 것이다. 두 번째 그림은 이차원 구가 수평의 평면에서 편평하게 된 후에 본 것이다. 이때 오직 적도만 여전히 원이다. 각각의 경선은 편평하게 되어 선분이 되었다.

그림 14.5는 삼차원 구 위의 '대 이차원 구great two-sphere'* 네 개를 보여줍니다(그것들은 삼차원 구와 각각의 좌표 초평면hyperplane이 교차하는 부분입

* 역주: 대원(great circle)에 대한 한 차원 큰 유추물, 즉 S^3에 놓일 수 있는 가장 큰 S^2를 가리킨다.

니다). 우리 스페이스랜드 주민들이 대 이차원 구를 시각화하는 것은 어렵습니다. 그것이 놓여 있는 삼차원 구는 납작하게 눌러져서 우리의 삼차원 공간으로 들어왔기 때문입니다. 오직 '적도'를 따라 놓인 이차원 구만이 여전히 구처럼 보입니다. 다른 것들 각각은 지금 하나의 원판처럼 보입니다. 물론, 원판 하나는 실제로는 두 개의 원판—하나는 네 번째 차원 속의 위쪽으로 볼록하고, 다른 것은 아래쪽으로 볼록한—입니다. 두 개의 원판이 모여 완전한 기하적 구를 이룹니다.

[그림 14.5] 이 그림은 초구상의 네 개의 '대 이차원 구'를 나타낸다. 이것은 그림 14.4의 두 번째 그림과 완전히 유추적이다. 공의 표면은 삼차원 구의 '적도'이다. 각각의 원판은 이차원 구가 편평해진 것이므로, 각각의 원판은 실제로는 두 개의 원판—하나는 네 번째 차원 속의 '위쪽으로' 구부러졌고, 다른 하나는 '아래쪽으로' 구부러진—이라고 상상해야 한다.

앞의 두 단락은 삼차원 구의 모든 단면은 이차원 구임을 보여줍니다. (그것은 이차원 구의 모든 단면이 원이 되는 것과 꼭 같습니다.)

만약 우리가 늘어남을 허용하지 않는다면, 마치 이차원 구의 한 조각이 평면 안에서 찢어져서 갈라지는 것처럼(그림 9.8), 삼차원 구의 한 조각은 유클리드 공간 안에서 찢어져서 갈라질 것입니다(그림 14.6).

삼차원 구에서 다면체는 유클리드 공간의 다면체보다 더 큰 내각들을 가집니다(그림 14.7). '쌍곡공간hyperbolic space'(15장)의 다면체는 유클리드 공간의 다면체보다 더 작은 내각들을 가집니다. 우리는 곡면들에 대해 균질한 기하를 찾아주었던 것과 마찬가지로(11장) 몇 가지의 삼차원 다양체(16장)들에 대해 균질한 기하를 찾아주기 위해 이 사실들을 이용할 것입니다.

우리의 우주가 삼차원 구라고 합시다. 우리는 대 이차원 구의 곡률을 측정함으로써 삼차원 구의 곡률을 측정할 수 있습니다. 그리고 대 이차원 구의 곡률은 그 위에 놓인 삼각형의 각과 넓이를 측정하면 알 수 있습니다. 만약 우리가 어떤 대 이차원 구를 측정할 것인지 상관치 않는다면—실제로 우리는 상관하지 않습니다. 모두 똑같기 때문입니다—우리는 마음 내키는 대로 아무 삼각형이나 측정하면 됩니다.

[그림 14.6] 늘어남을 허용하지 않는다면, 삼차원 구의 조각은 유클리드 공간에서 찢어져서 갈라진다. 이 찢어져서 갈라진 공의 모든 절단면은 그림 9.8과 같이 찢어져서 갈라진 원판이라는 사실에 주목하라.

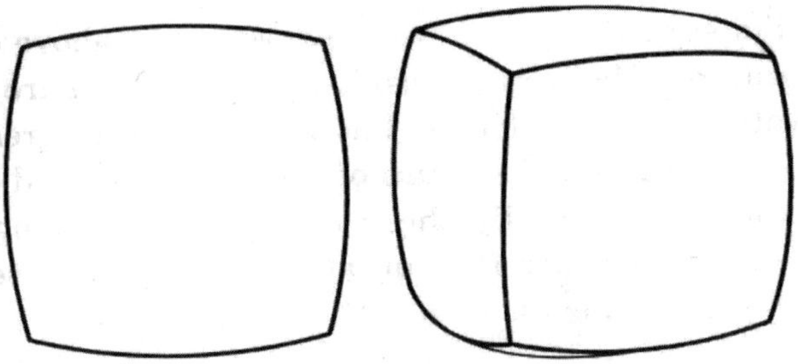

[그림 14.7] 이차원 구 안의 다각형이 유클리드 평면에서의 다각형보다 더 큰 내각들을 갖는 것과 같이, 삼차원 구 안의 다면체는 보통의 유클리드 공간에서의 다면체보다 더 큰 내각들을 가진다. 주의: 유클리드 평면에서 구면 다각형을 나타낼 때는, 내각들이 정확하게 보이도록 변들을 볼록하게 표현하는 것이 보통이다. 물론, 구 그 자체 위에서 다각형의 변들은 볼록하지 않다. 실제로 그것들은 완벽한 측지선이다. 이와 비슷하게, 삼차원 구에서 다면체를 나타낼 때, 면들이 삼차원 구 그 자체에서는 볼록하지 않더라도, 변과 모퉁이의 각이 올바르게 보이도록 면들을 볼록하게 만드는 것이 보통이다.

연습문제 14.4 가우스는 한 변이 대략 100km인 삼각형의 내각들을 측정했습니다. 추측컨대, 그가 호를 10분*까지의 정확도로 잴 수 있는 도구를 사용했다고 합시다. 그가 발견할 수 있는 가장 작은 곡률은 얼마입니까? 임의의 대 이차원 구의 반지름은 그것이 놓여 있는 삼차원 구의 반지름과 같기 때문에, 앞의 질문에 대한 답은 가우스가 그 곡률을 발견할 수 있는 가장 큰 S^3-우주의 반지름을 나타냅니다. 작은 삼차원 구는 큰 곡률을 가지며, 큰 삼차원 구는 작은 곡률을 가지므로, 작은 S^3-우주의 곡률을 발견하는 것이 큰 S^3-우주의 곡률을 발견하는 것보다 쉽다는 사실에 주목하세요. 여러분은 우주가 이 정도로 작을 것이라고 생각합니까?

나는 가우스가 위의 사실을 잘 알고 있었다고 확신합니다. 그는 분명 우주의 곡률을 측정하려고 시도하지는 않았으며, 그 대신 지구의 (구형이 아니라!) 타원체 모양 표면의 곡률을 측정하는데 관심이 있었습니다. 덧붙이자면, 현대의 우주론자들은 여러 가지의 방법을 통해 우주의 곡률을 측정하려고 시도합니

* 역주: 1분은 1/60도.

다(Part IV). ∎

사영 삼차원 공간

4장의 후반부에서 여러분은 S^2의 반구에서 원 모양 테두리상의 마주보는 점끼리 맞붙임으로써 사영평면(P^2)을 만들었습니다(그림 4.11을 상기해 보세요). 반구의 국소적 기하는 '봉합선'을 가로질러 꼭 들어맞기 때문에, 여러분은 S^2와 국소적 기하가 같지만 전역적 위상은 다른 곡면을 얻을 수 있었습니다.

여러분은 같은 방법으로 **사영 삼차원 구**(P^3)를 만들 수 있습니다. S^3의 반구에서 시작해서 (구 모양) 경계면상의 마주보는 점끼리 맞붙입니다. 반구의 국소적 기하가 구 모양 '봉합선'을 가로질러 꼭 들어맞는다는 것은 (적어도 유추로부터) 분명할 것입니다. 따라서 P^3는 S^3와 국소적 기하는 같지만 전역적 위상은 다른 삼차원 다양체입니다.

4장에서, 우리는 위상적인 관점에서 P^2를 가장자리상의 마주보는 점들이 맞붙은 원판으로, P^3를 가장자리상의 마주보는 점들이 맞붙은 입체 공으로 생각할 수 있다는 사실에 유의했습니다. 사영평면은 비가향적입니다. 즉, 플랫랜드 사람이 '봉합선'을 가로질러 간다면, 그는 왼쪽과 오른쪽이 바뀌어서 되돌아옵니다. 반면, 사영 삼차원 공간은 가향적입니다. 여러분이 '봉합선'을 가로질러 간다면, 여러분은 왼쪽과 오른쪽이 뒤집히고 위아래가 뒤집혀서 되돌아옵니다. 사실상, 여러분은 두 가지 방법으로 거울 반전되어서, 예전의 당신 자신 모습 그대로 되돌아옵니다! 달라진 점은 단지 여러분이 180° 회전했다는 것뿐입니다(그림 14.8).

연습문제 14.5 그림 14.9를 보세요. 이 원기둥이 사영 삼차원 공간에서 토러스 혹은 클라인 병을 이룹니까, 가향적입니까? 그것은 양면적입니까? ∎

연습문제 14.6 P^3에 묻혀 있는 P^2의 복사본을 찾아봅시다. 그것은 가향적입니까, 양면적입니까? ▮

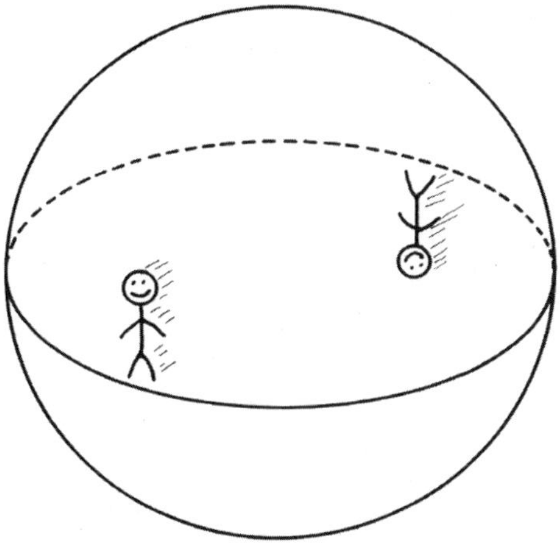

[그림 14.8] 당신이 P^3의 '봉합선'을 가로질러 나가면, 당신은 발이 있던 곳에 머리가 오고, 오른쪽이었던 곳이 왼쪽이 된 상태로 되돌아온다. 결국 당신은 반 바퀴 회전하는 것이다.

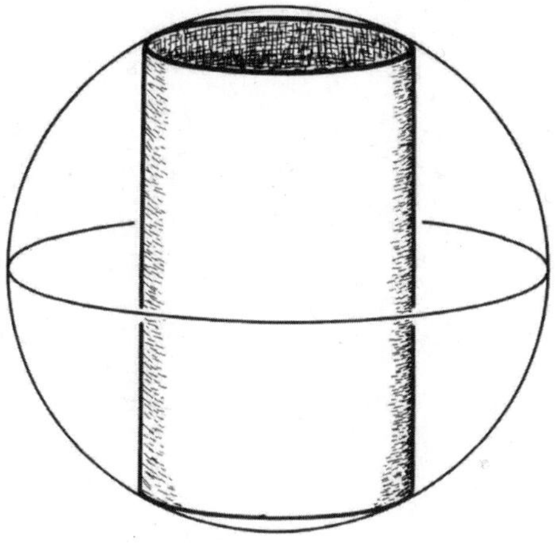

[그림 14.9] 이 원기둥이 사영 삼차원 공간에서 토러스나 클라인 병이 되는가?

CHAPTER 15

쌍곡공간

쌍곡공간은 쌍곡평면과 꼭 같은데, 딱 한 차원 더 큽니다. 사실, 쌍곡공간의 모든 2차원 단면은 쌍곡평면인데(그림 15.1), 이것은 유클리드 공간의 모든

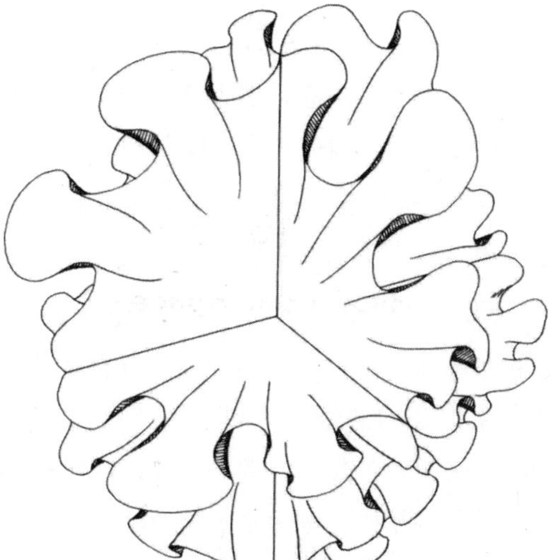

[그림 15.1] 쌍곡공간의 모든 단면은 쌍곡평면이다.

[그림 15.2] 쌍곡평면의 다각형이 유클리드 평면의 다각형보다 더 작은 각을 갖는 것과 같이, 쌍곡공간의 다면체는 유클리드 공간의 다면체보다 더 작은 내각을 갖는다.
주의: 유클리드 평면에서 '쌍곡다각형'을 나타낼 때, 내각들이 정확하게 보이도록 변들을 안으로 구부러지게 만드는 것이 보통이다. 물론, 쌍곡평면 그 자체에서 다각형의 변들은 안으로 굽지 않았다-그것들은 완전한 측지선이다. 비슷하게, 쌍곡공간에서 다면체를 나타낼 때, 면들이 쌍곡공간 자체에서는 안으로 굽지 않았더라도, 변과 모퉁이의 각이 올바르게 보이도록 변들을 안으로 구부러지게 만드는 것이 보통이다.

2차원 단면이 유클리드 평면이고 초구의 모든 2차원 단면이 이차원 구인 것과 같습니다. 쌍곡공간은 균질합니다. 기호로는 쌍곡공간을 보통 H^3로 표기합니다.

H^3 안의 다면체는 유클리드 공간의 다면체보다 더 작은 내각들을 가집니다(그림 15.2). 이 사실은 다음 장에서 우리가 어떤 삼차원 다양체들에 대해 균질한 기하를 찾을 때 결정적인 역할을 할 것입니다.

그림 15.3은 점차 커지는 쌍곡삼각형의 열을 보여줍니다. 더 큰 삼각형일수록 더 작은 내각을 가지고 있다는 사실에 주목합시다. 이 그림은 (표준)쌍곡평면에서 어떤 삼각형도 넓이가 π보다 클 수 없는 이유를 보여줍니다. 여러분이 π보다 더 큰 넓이를 갖는 삼각형을 그리려고 할 때, 그 삼각형의 변들은 서로 만나지 않게 됩니다. 다시 말하면, 여러분은 어느 두 개도 만나지 않는, 세 개의 곧은 측지선에 이르게 됩니다! 쌍곡평면은 이처럼 몇 가지 이상한 성질들을 가집니다.

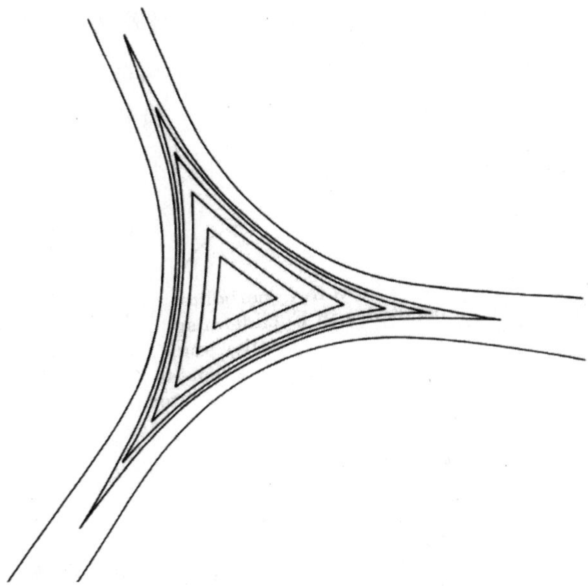

[그림 15.3] 연속적으로 커지는 쌍곡삼각형들의 열이 유클리드 평면에서 표현되어 있다. 그림 15.2에 대한 주석에서 언급한 것처럼 삼각형들의 변들은 쌍곡평면 그 자체에서는 실제로 안쪽으로 굽어 있지 않지만, 여기에 보이는 각들은 정확하다.

여러분이 우주 밖에서 온 외계인 일행과 마주쳤다고 상상해 봅시다. 그 외계인들은 많이 구부러진 쌍곡우주로부터 왔고, 우리 우주에는 잠깐 구경하러 왔습니다. 그들은 우주간 여행의 비밀을 통달하고 있음이 틀림없습니다. 여러분은 쌍곡우주가 유클리드 우주보다 좀 더 넓다고 들었기 때문에, 그 외계인들에게 여러분을 그들의 집에 데리고 가달라고 부탁합니다. 그들은 여러분의 소원을 들어줍니다. 여러분이 그들의 우주에 도달했을 때, 여러분은 먼 은하 쪽 하늘을 내다봅니다. 여러분 눈에 도달한 빛은 당연히 정확히 곧은 측지선을 따라서 이동한 것이지만, 쌍곡공간에서 측지선은 이상한 일을 합니다. 그 빛은 여러분의 오른쪽 눈에 도달한 것과는 약간 다른 각도로 여러분 왼쪽 눈에 도달합니다. 따라서 여러분이 은하에 초점을 맞추기 위해서는 다소 사시처럼 볼 필요가 있습니다! (그림 15.4를 보세요.) 근사적으로 유클리드적인 우주에서 시각적 정보를 해석하는데 익숙한 여러분의 뇌는 여러분이 사시로 보아야 한다는 사실로부터 은하가 매우 작은 것이 틀림없다고 판단합니다. 사실 쌍곡우주에서 모든 것은 여러분과 몇 미터 거리 안에 있는 것처럼 보입니다. 그것이 실제로 매우 넓다 하더라도, 쌍곡우주는 매우 비좁게 보일 수 있습니다.

연습문제 15.1 앞의 단락에서 설명된 현상들이 실제의 우주에서는 관찰되지 않는다는 사실이 우주가 H^3의 기하를 가질 수 없다는 것을 의미합니까? ▮

[그림 15.4] 당신의 양쪽 눈에 들어오는 시야에 의하면, 매우 먼 거리에 있는 물체들도 가깝게 보인다.

연습문제 15.2 H^3-우주는 그 주민들에게 어떻게 보입니까? (힌트: 외부인에게 보이는 것과 같게 보일 필요는 없습니다!) ▮

여러분은 입체안경(빨강-파랑 안경)을 갖고 있나요? 그렇다면, 다음 주소에서 무료로 얻을 수 있는 삼차원 그래픽 소프트웨어를 통해 삼차원 쌍곡우주를 입체적인 화면에서 탐험할 수 있습니다.

www.geometrygames.org/SoS

CHAPTER 16

삼차원 다양체의 기하 I

사이페르트-베버 공간Seifert-Weber space은 서로 마주보는 면끼리 3/10바퀴만큼 회전하여 맞붙어 있는 12면체로 되어 있습니다(그림 16.1). 이 삼차원 다양체는 유클리드형 기하를 가질 수 없는데, 이는 그림 11.1의 세 번째 곡면이 유클리드형 기하를 가질 수 없는 것과 본질적으로 같은 이유에서입니다. 이 12면체의 20개 모퉁이 모두는 한 점에서 모이며, 적절하게 짜 맞추기에는 너무 많이 뚱뚱합니다. 해결방법은 11장에서와 같습니다. 이 12면체를 쌍곡공간에 넣고 모퉁이들이 한 점에서 모일 수 있게 날씬해질 때까지 팽창시키는 것입니다(그림 16.2). 적절한 12면체로부터 만들어진 사이페르트-베버 공간은 균질한 쌍곡형 기하를 가집니다.

푸앵카레 12면체 공간Poincaré dodecahedral space은 마주보는 면끼리 1/10바퀴 회전해서 붙어 있는 12면체로 이루어져 있습니다(그림 16.3). 이 삼차원 다양체는 유클리드형 기하를 가질 수 없는데, 그림 11.1의 처음의 곡면이 유클리드형 기하를 가질 수 없는 것과 본질적으로 같은 이유에서입니다. 12면체의 20개의 모퉁이는 네 개씩 모여 다섯 개의 모임을 만드는데, 잘 짜맞추기에는 너무 날씬합니다. 해결책은 11장에서와 같습니다. 이 12면체를 초구에 넣고 그 모퉁이들이 한 점에서 모일 수 있게 뚱뚱해질 때까지 팽창시키는 것입니다(그림 16.4). 적절한 12면체로부터 만들어진 푸앵카레 12면체 공간은 초구와 동일한, 균질한 기하를 가집니다

(즉, 삼차원 타원형 기하).

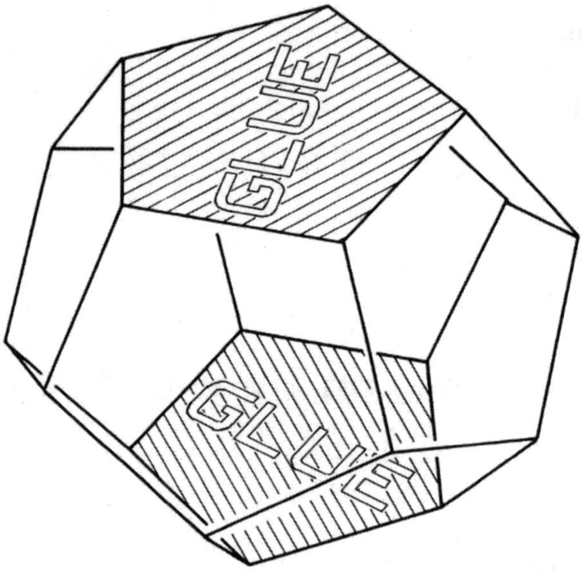

[그림 16.1] 사이페르트-베버 공간에서 12면체의 각 면은 그 마주보는 변과 3/10바퀴만큼 서로 시계 방향으로 회전해서 붙어 있다. [엄밀하게 설명하자면, 천장을 시계방향으로 회전시켜 바닥에 붙이는 것은 바닥을 반시계방향으로 회전시켜 천장에 붙이는 것과 같다고 여러분이 생각할지 모르겠습니다. 그러나 그것은 이 설명을 잘못 알아들은 것입니다. 이 그림을 연구해보면 (위에서 보기에) 천장을 시계방향으로 회전시켜 바닥에 붙이는 것은 (아래에서 보기에) 바닥을 시계방향으로 회전시켜 천장에 붙이는 것과 같다는 것을 알 수 있습니다. 그러므로 사이페르트-베버 공간에 대한 이 설명은 내적으로 모순이 없습니다.]

[그림 16.2] 각 모퉁이들이 한 점에서 모일 수 있을 만큼 날씬하게 될 때까지 12면체를 쌍곡공간에서 팽창시켜라. 여기에 보이는 각들은 정확하지만, 쌍곡공간 자체에서는 이 12면체의 면들이 안쪽으로 굽어 있지 않다.

사이페르트-베버 공간과 푸앵카레 12면체 공간은 1933년 베버C.Weber와 사이페르트H.Seifert의 논문 〈두 개의 12면체 공간〉(Die beiden Dodekaederräume, Mathematische Zeitschrift, Vol.37, no.2, p.237)에서 처음 알려졌습니다. 1890년대에 앙리 푸앵카레Henri Pointcaré는 어떤 삼차원 다양체를 발견했는데, 푸앵카레 12면체 공간은 그 다양체와 위상적으로 같다는 이유로 그렇게 이름 지어졌습니다. 하지만 푸앵카레는 자신의 다양체가 12면체로부터 만들어질 수 있다는 것은 몰랐습니다! 그가 그 다양체에 관심이 있었던 것은 그것이 초구와 공통적인 어떤 성질, 즉 같은 '호몰로지'를 갖고 있었기 때문입니다. (그 이전에 푸앵카레는 삼차원 구와 같은 호몰로지를 갖고 있는 삼차원 다양체는 삼차원 구 자신뿐이라고 생각했습니다.)

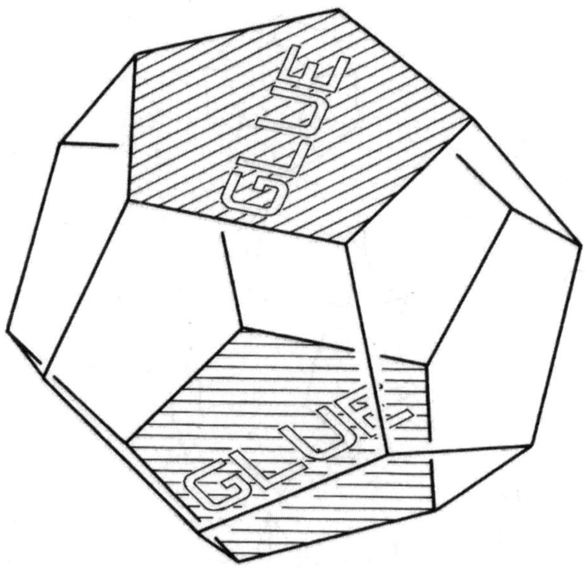

[그림 16.3] 푸앵카레 12면체 공간에서 12면체의 모든 면은 마주보는 면과 1/10바퀴만큼 회전하여 붙어 있다.

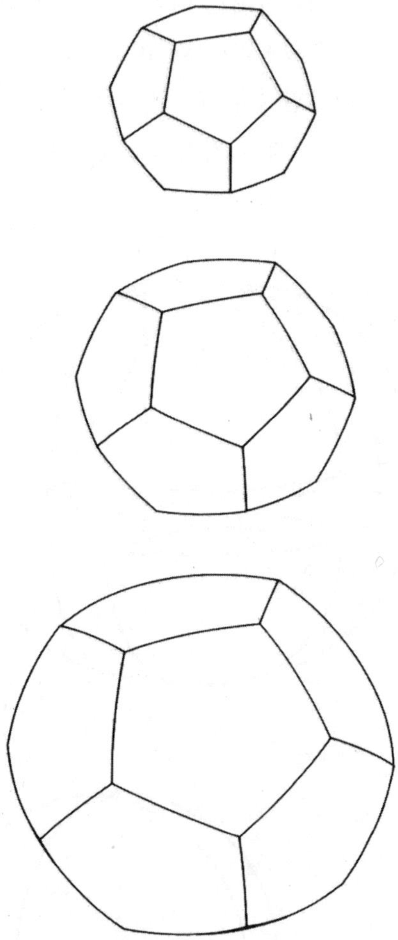

[그림 16.4] 각 모퉁이들이 네 개씩 한 묶음으로 짜 맞추어질 수 있을 때까지, 12면체를 삼차원 구에서 팽창시켜라. 여기에 보이는 각들은 정확하지만, 삼차원 구 자체의 내부에서 12면체의 면들은 밖으로 볼록하지 않다.

이제 삼차원 토러스에서 정육면체의 여덟 모퉁이는 한 점에서 모이며 완벽하게 들어맞는다는 것을 주목합시다(그림 16.5). 이것이 삼차원 토러스가 유클리드형 기하를 가지는 이유입니다. 7장에 등장한 다른 모든 삼차원 다양체도 같은 이유로 유클리드형 기하를 가지고 있습니다.

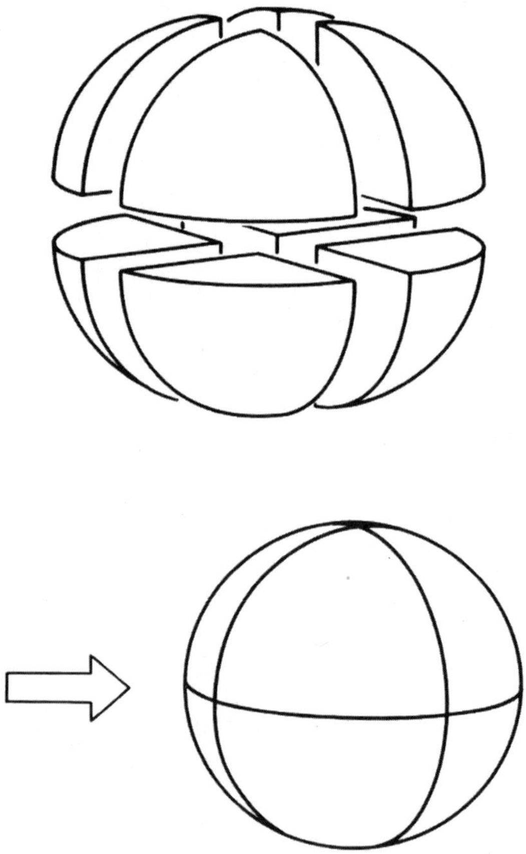

[그림 16.5] 정육면체의 여덟 모퉁이는 그 상태 그대로 완벽하게 짜 맞추어진다.

우리는 사이페르트-베버 공간이 삼차원 쌍곡형 기하를, 푸앵카레 12면체 공간이 삼차원 타원형 기하를, 삼차원 토러스가 삼차원 유클리드형 기하를 각각 허용한다는 것을 살펴보았습니다. 만약 모든 삼차원 다양체가 이 세 개의 기하 중 하나를 허용한다면 좋을 것입니다. 하지만 실제로는 그렇게 단순하지 않습니다. 예를 들어, $S^2 \times S^1$은 지금 언급한 세 개의 기하와는 다른 균질한 기하를 가집니다. 사람들은 1970년대가 되어서야 이 상황을 좀 더 완전하게 이해하게 되었습니다. 지금까지 무엇이 알려졌는지 그리고/또는 추측되었는지 18장에서 설명할 것입니다. 17장에서는 18장에서 사용할 예들을 제공합니다. 19-22장에서는 여러분이 삼차원 다양체에 대해 알고 있는 바에 대한 그림을 그려가며 우주의 성질에 대해 논의합니다. 19-22장의 내용은 17, 18장에 의존하지 않으므로, 원한다면 지금 당장 읽어보아도 됩니다.

[그림 16.6] 연습문제 16.1, 16.2, 16.3을 위한 세 개의 다양체

연습문제 16.1 사면체 공간tetrahedral space은 그림 16.6(a)와 같이 각 면들이 붙어 있는 사면체입니다. 사면체의 모퉁이들은 어떻게 맞추어집니까? 즉, 몇 개의 모퉁이로 된 몇 개의 묶음이 있습니까? (힌트: 하나의 모퉁이로부터 시작해서 하나의 면을 지나서 다른 세 개의 모퉁이 중 어느 것에 도달할 수 있는지 검토하세요.) 정확히 맞추어지기 위해서 모퉁이들이 팽창하거나 수축해야 합니까? 이 다양체는 어떤 균질한 기하를 허용합니까? ▮

연습문제 16.2 사원 다양체quaternionic manifold는 각각의 면과 그 마주보는 면이 1/4바퀴만큼 시계방향으로 회전해서 붙어 있는 정육면체입니다(그림 16.6(b)). 이 정육면체의 모퉁이들은 어떻게 모입니까? 이 다양체는 어떤 균질한 기하를 허용합니까? 한편, 이 다양체의 재미있는 이름은 그 대칭성이 사원수로 모델링될 수 있다는 것에서 유래합니다. 사원수는 복소수와 비슷하지만, 하나가 아닌 세 개의 허수부를 가진 수체계입니다. ▮

연습문제 16.3 팔면체 공간octahedral space은 각각의 면이 그 마주보는 면과 1/6바퀴만큼 시계방향으로 회전해서 붙어 있는 팔면체입니다(그림 16.6(c)). 이 팔면체 공간에 대한 균질의 기하를 찾으세요. (이 문제는 앞의 두 개보다 좀 더 어렵습니다. 모퉁이들이 어떻게 들어맞는지 알아내더라도 그것들이 너무 뚱뚱한지, 너무 날씬한지, 아니면 딱 알맞은지 자명하지 않기 때문입니다. 초보적인 방법으로 알아낼 수 있지만 약간의 계산은 각오해야 할 것입니다. ▮

다음의 주소에서 무료로 얻을 수 있는 상호작용적인 삼차원 그래픽 소프트웨어를 통해 삼차원 다양체를 탐험할 수 있습니다.

http://www.geometrygames.org/SoS

CHAPTER 17

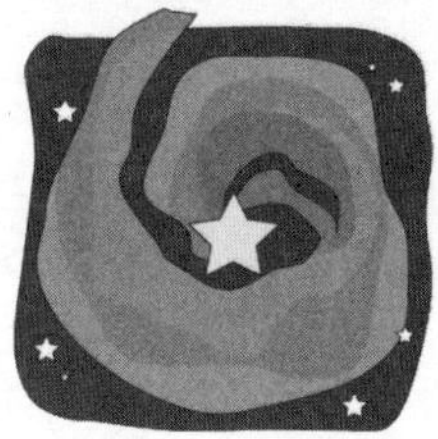

번들

원기둥은 구간과 원의 곱입니다. 그것은 원들의 구간이기도 하고, 구간들의 원이기도 하기 때문입니다(그림 17.1). ('곱'에 대해 복습하려면 6장을 보세요.)

뫼비우스 띠는 구간들의 원이지만(그림 17.2) 원들의 구간은 아닙니다. 그것은 곱과 거의 같지만 완전히 같은 것은 아닙니다. 우리는 그것을 원 위의 구간 번들이라고 합니다. 일반적으로 원 위의 **번들**bundle이란 원을 따라 매끄럽게 늘어선 어떤 것 한 묶음을 말하는데, 그것이 곱이 되는지 안 되는지는 상관없습니다. 예를 들어, 연습문제 7.3의 다양체는 원 위의 토러스 번들입니다. 그림 17.3은 1/4 회전 다양체를 만드는 법을 다시 보여줍니다. 정육면체의 앞과 뒤, 그리고 왼쪽과 오른쪽 면은 서로 똑바로 붙어 있지만 천장은 바닥에 1/4 회전해서 붙어 있습니다. 그림 17.4는 여러분이 그 다양체의 전역적인 위상을 이해하는 것을 도와줄 것입니다. 7장의 모든 편평 삼차원 다양체는 원 위의 토러스 번들(S^1 위의 T^2번들)이거나 원 위의 클라인 병 번들(S^1 위의 K^2번들)입니다.

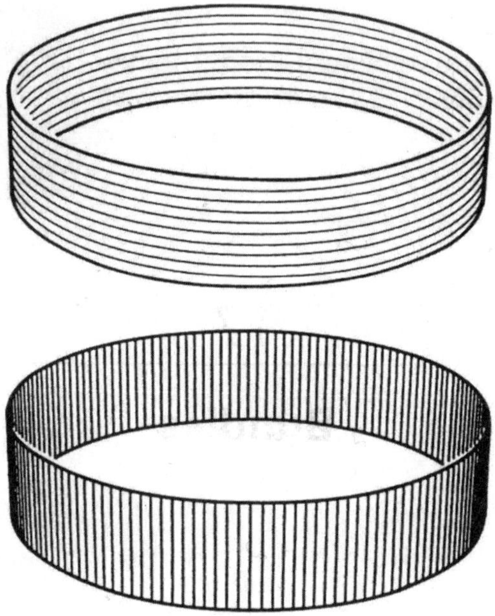

[그림 17.1] 원기둥은 원의 구간이기도 하고 구간의 원이기도 하다.

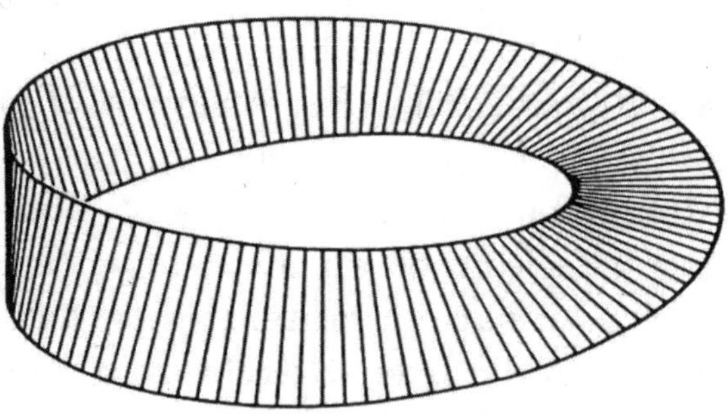

[그림 17.2] 뫼비우스 띠는 구간과 원의 곱과 비슷하지만 같지는 않다.

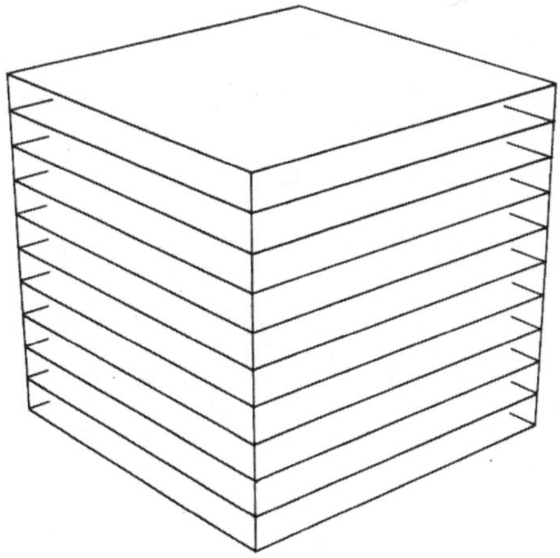

[그림 17.3] 정육면체의 마주보는 옆면들은 똑바로 붙어 있다. 하지만 천장은 바닥에 1/4회전해서 붙어 있다. 각각의 평행한 층은 하나의 토러스이다.

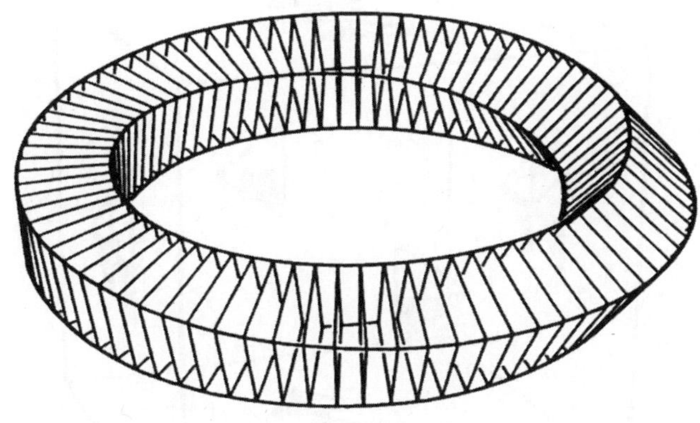

[그림 17.4] 정육면체의 천장을 1/4 회전시켜 바닥에 물리적으로 붙인다면 이런 입체를 얻게 될 것이다. 엄밀하게 말하자면, 이 입체는 네 번 둘러싸는, 오직 하나의 면만을 가지고 있다. 각각의 변을 그 마주보는 변과 붙이면 정사각형 모양인 각각의 단면은 토러스가 된다. 위상적으로는 1/4 회전 다양체, 즉 1/4 회전을 갖고 있는, 토러스들의 원을 얻게 되는 것이다. 1/4 회전은 다양체의 전역적인 성질이며, 어떤 특정한 단면과는 관계가 없음에 유념하라. 이 예를 뫼비우스 띠와 비교해 보라. 엄밀히 말하자면, 뫼비우스띠는 두 번 둘러싸는 하나의 가장자리만을 가지고 있지만, 부분적으로 그것은 두 개의 가장자리를 가지고 있다. 뫼비우스 띠의 마주보는 변을 서로 붙여버리면 어떤 곡면을 얻게 되는가?

연습문제 17.1 연습문제 7.13에서 소개된 1/3 회전 다양체는 원 위의 (육각형) 토러스 번들입니다. 그림 17.4에 보이는 1/4 회전 다양체의 그림과 비슷하게 그것을 그려 보세요. 1/6 다양체에 대해서도 해보세요. ▮

1/4 회전 다양체, 1/3 회전 다양체, 1/6 회전 다양체는 그림 17.4와 같이 삼차원 공간에서 토러스들의 원으로 나타낼 수 있습니다. 반면, 천장이 변변 뒤집혀서 바닥에 붙은 정육면체나 각기둥에 대하여 그림 17.4와 같은 그림을 얻기 위해, 삼차원 공간 내에서 그러한 붙이기를 물리적으로 실행할 수는 없습니다. 따라서 여러분은 그림 17.3과 같은 그림으로 돌아가서 보다 추상적으로 그 번들을 이해해야 합니다.

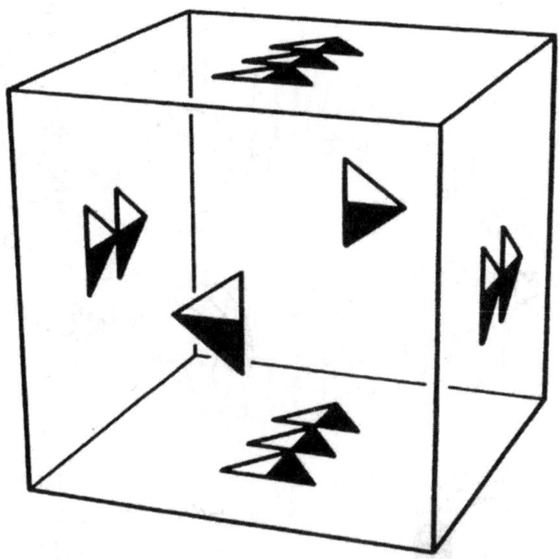

[그림 17.5] $K^2 \times S^1$을 구성하려면 천장을 바닥에, 왼쪽 면을 오른쪽 면에 똑바로 붙이고, 앞면과 뒷면을 좌우 뒤집어서 붙이면 된다.

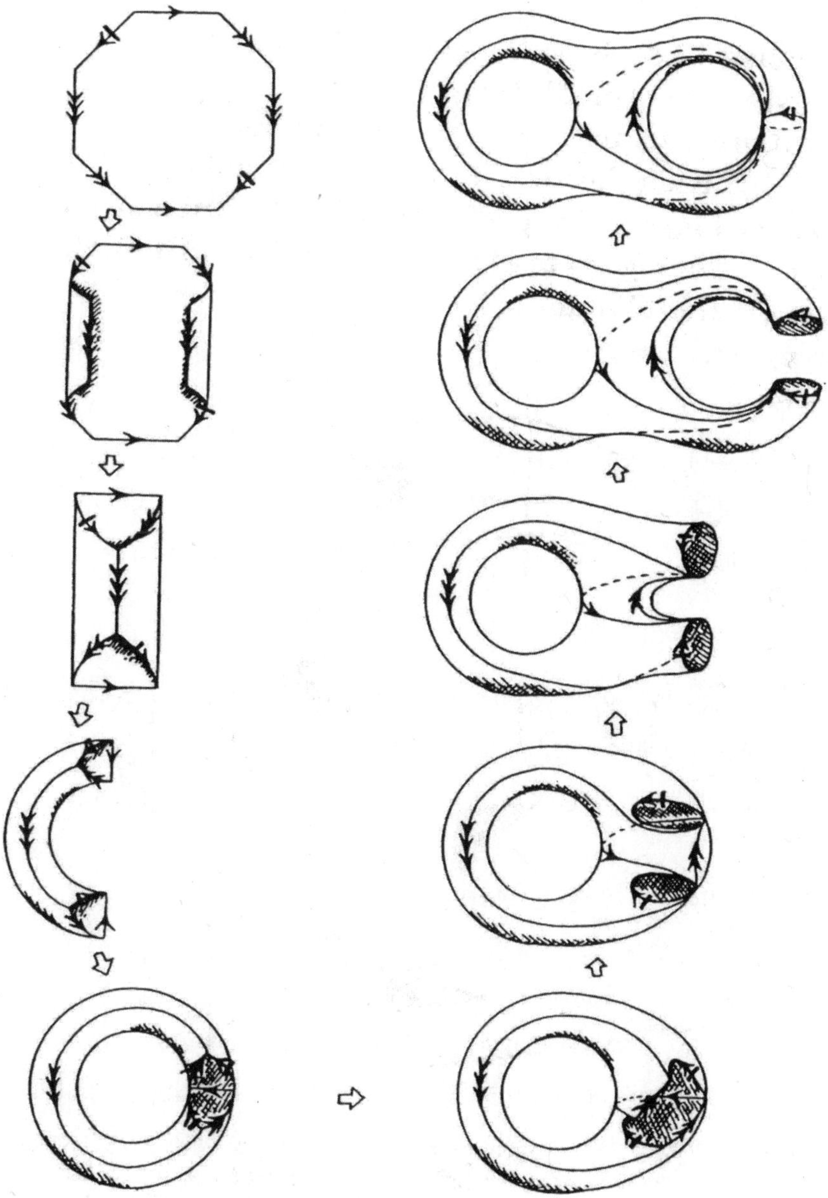

[그림 17.6] 팔각형의 마주보는 변을 실제로 서로 붙이면 2구멍 도넛 표면을 얻게 될 것이다.

연습문제 17.2 $K^2 \times S^1$은 S^1 위의 T^2번들이기도 하고 S^1 위의 K^2번들이기도 합니다. 그것을 토러스들의 원으로 나타내는 그림, 그리고 그것을 클라인 병들의 원으로 나타내는 그림을 그리세요. 여러분의 그림들은 그림 17.4가 아닌 17.3과 비슷해야 합니다. (K^2번들에 대해서는 그림 17.4와 비슷한 그림을 그릴 수 있지만 T^2번들에 대해서는 그럴 수 없습니다.) 그림 17.5는 $K^2 \times S^1$의 구조를 보여줍니다. ▮

연습문제 17.3 마주보는 변이 서로 붙은 팔각형은 위상적으로 2구멍 도넛 표면과 같습니다(그림 17.6). 그러므로 팔각기둥의 마주보는 면을 서로 붙이면 2구멍 도넛 표면과 구간의 곱, 즉 $(T^2 \# T^2) \times I$가 됩니다. 이 각기둥의 천장을 바닥에 붙여서 원 위의 2구멍 토러스 번들을 만드는 몇 가지 방법을 설명하세요. ▮

다음의 연습문제들은 삼차원에서는 그리기 힘들지만 붙이기를 이용하면 쉽고 정확하게 묘사할 수 있는 번들을 다루고 있습니다. 문제가 어려우면 답을 흘긋 봐도 됩니다.

연습문제 17.4 원 위의 원 번들인 곡면을 두 개 말하세요. (하나는 곱이고, 하나는 곱이 아님.) ▮

연습문제 17.5 속이 찬solid 도넛은 위상적으로 원판과 원의 곱($D^2 \times S^1$)과 같습니다. 그 표면은 위상적으로 토러스입니다. 그러면, **속이 찬 클라인 병**, 즉 그 표면이 클라인 병인, 원 위의 원판 번들은 어떻게 만들 수 있을까요? ▮

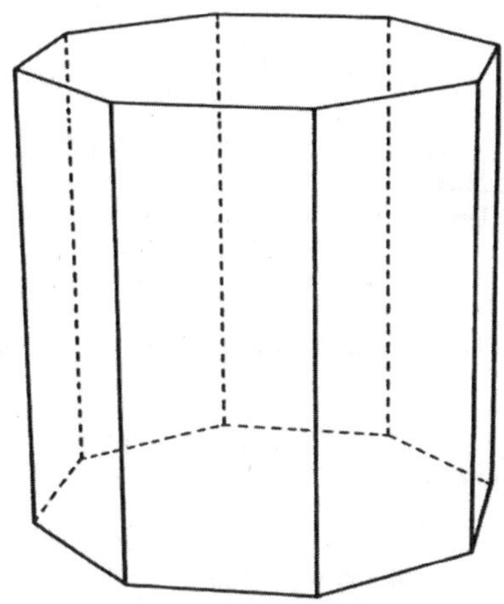

[그림 17.7] 마주보는 면이 서로 붙은 팔각기둥은 2구멍 도넛 표면과 구간의 곱이다.

연습문제 17.6 $S^2 \times I$를 붙여서 S^1 위의 S^2번들을 만드는 두 가지 방법을 설명하세요. 이 번들 중 하나는 가향적입니다(이것은 $S^2 \times S^1$ 입니다). 다른 하나는 비가향적입니다—사실 그것은 클라인 병의 삼차원 유추물이어서, 우리는 그것을 K^3라는 기호로 나타냅니다.

'속이 찬solid' $S^2 \times S^1$와 '속이 찬' K^3는 어떻게 생겼을까요? 나는 '속이 찬'을 작은따옴표 안에 넣었는데, 그것은 $S^2 \times S^1$와 K^3이 이미 삼차원적인(= 속이 찬) 대상이기 때문입니다. 언급된 다양체들은 사차원적인 대상입니다. 그래서 어쩌면 '초입체hypersolid'라는 말이 더 정확할지도 모르겠습니다. ▮

연습문제 17.7 7장의 편평한 다양체 중 S^1 위의 K^2번들은 어느 것입니까? ▮

지금까지 우리는 원 위의 곡면 번들에 관심을 집중했습니다. 이제 둘을 교환하여, 곡면 위의 원 번들을 관찰하겠습니다. 아주 단순한 예부터 하나 만들어 보지요.

우선, 다량의 스파게티를 정육면체 형태로 포장하세요. 스파게티는 그림 17.8에서처럼 그 끝을 딛고 서 있어야 합니다. 수학적으로 말하자면 우리는 구간의 정사각형을 만든 것입니다. 이 정육면체의 천장을 바닥에 붙이세요. 그러면 구간형태의 각각의 스파게티가 원으로 바뀝니다. 결국 우리는 원들의 정사각형을 얻게 됩니다. 이 정육면체의 면들을 보통의 방법으로 붙이면 원들은 토러스 형태로 정렬됩니다. 성공! 토러스 위의 원 번들입니다. (이렇게 만들어진 삼차원 다양체는 물론 우리의 오랜 친구 T^3입니다.)

연습문제 17.8 $T^2 \# T^2$ 위의 원 번들을 만들어 보세요. 팔각기둥 모양으로 포장된 스파게티를 준비하는 것으로 시작합니다(그림 17.7). 최종적으로 얻게 되는 삼차원 다양체는 $(T^2 \# T^2) \times S^1$일 것입니다. ■

앞으로는 수직으로 늘어선 스파게티 가닥들 위에 곡면 위의 원 번들을 그리는 일은 가능한 하지 않을 것입니다. 그러면 그림이 지저분해지고 그 이상의 정보를 알기 힘들어지니까요. 하지만 스파게티들이 거기에 있다고 생각합시다. 그리고 따로 언급하지 않을지라도 그 정육면체나 각기둥의 천장은 바닥에 붙어서 각각의 스파게티는 원이 되었다고 생각합시다.

이제 토러스 위의 원 번들 하나를 더 소개합니다. 그림 17.8의 정육면체에서 천장을 바닥에 똑바로 붙이고, 왼쪽 면을 오른쪽 면에 똑바로 붙입니다. 하지만 앞면은 뒷면에 아래와 위가 뒤집히도록 붙입니다. 이러면 원의 토러스가 얻어지지만 원들은 어떤 이상한 방법으로 붙게 될 것입니다. (만약 여러분이 오른쪽 면을 통과해서 왼쪽 면으로부터 돌아온다면 여러분은 원들이 정상적으로 붙어 있다고 생각하게 될 것입니다. 하지만 만약 뒤쪽 면으로 나가서 앞쪽 면으로부터 돌아온다면 여러분은 그것들이 뒤집힘을 갖고 붙어 있다고 생각하게 될 것입니다.) 이 삼차원 다양체는 비가향적입니다. 이것은 $K^2 \times S^1$입니다.

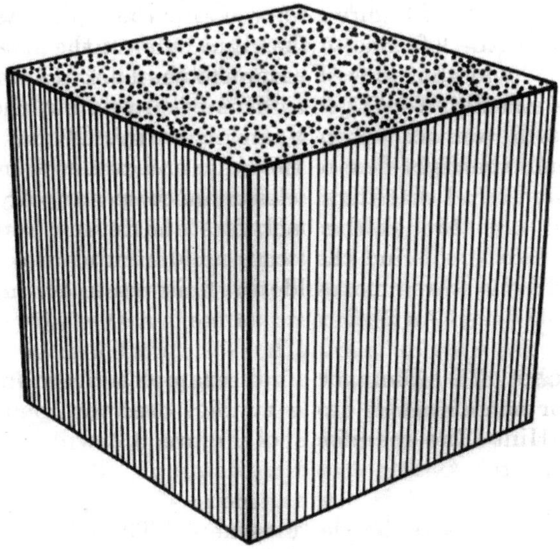

[그림 17.8] 똑바르게 서 있는 스파게티로 가득 찬 정육면체.

연습문제 17.9 가향적인, 그리고/또는 비가향적인, 클라인 병 위의 원 번들의 예를 찾으세요. (힌트: 그림 8.2의 다양체를 곧바로 이용할 수 있습니다.) ▮

이제 정말 이상한 예를 봅시다! 다음에 소개하는 토러스 위의 원 번들은 삼차원 다양체의 기하에 대한 이론에서 필수적인 역할을 하게 될 것입니다. 우리는 그것을 **비틀린 (삼차원) 토러스**라고 부릅니다(18장).

앞에서와 마찬가지로 정육면체로부터 시작해서 천장을 바닥에 붙여서 수직의 구간들을 원으로 만듭니다. 그리고 그 옆면들을 어떤 일반적인 방법으로 붙이지 않고 '층밀림shear'을 주어 붙입니다(그림 17.9). 우리는 각각의 수직인 원들을 마주보는 면의 대응하는 수직인 원에 붙이되, 미끄러져 올라가거나 내려가게 하여 수평의 선분이 경사지게 하려는 것입니다. 이 층밀림이 제대로 만들어지려면 정육면체의 천장과 바닥은 반드시 붙어야 합니다. 비틀린 토러스를 만들기 위해서는 정육면체에서 마주보는 면에 그림 17.10에서 보이는 바와 같은 층밀림을 주어 붙여야 합니다.

이것은 다소 괴상한 붙이기 방법이어서 우리가 얻게 되는 것이 다양체인지조차 전혀 분명하지 않습니다. 다음의 연습문제는 이 (잠재적인) 문제를 다룹니다.

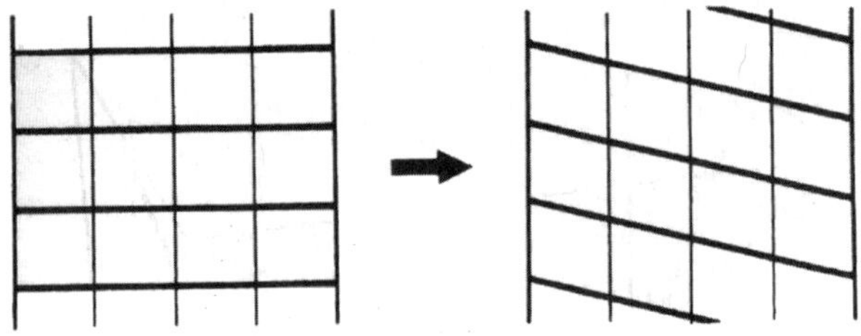

[그림 17.9] 층밀림

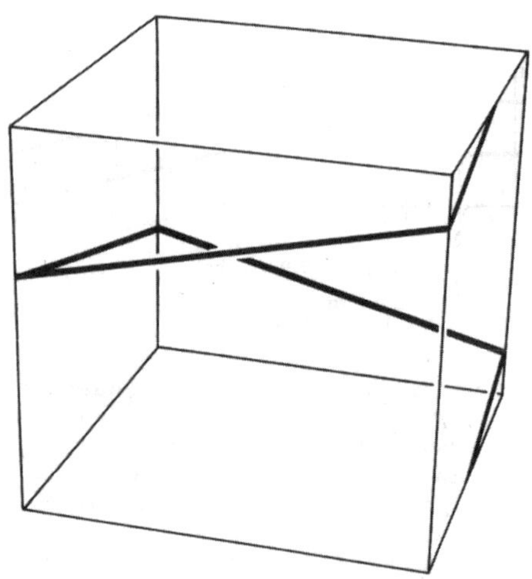

[그림 17.10] 정육면체의 마주보는 면을 층밀림을 가지고 붙여서 경사진 선분이 맞아떨어지도록 하면 비틀린 토러스를 만들 수 있다. (주의: 끊어진 것으로 보이는 오른쪽 면의 선분은 천장이 바닥에 붙으면서 끊어짐이 없어진다.)

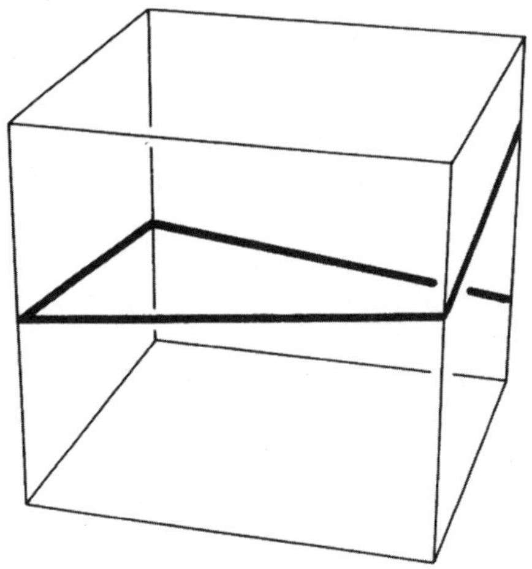

[그림 17.11] 여기서 마주보는 면들은 비틀린 토러스에서보다 절반의 층밀림만 가지고 붙어 있다.

연습문제 17.10 토러스 위의 원 번들을 구성하려고 할 때 그림 17.11의 정육면체의 서로 마주보는 면은 경사진 선분이 맞아떨어지도록 붙어 있습니다. 네 개의 수직인 모서리들이 어떻게 짜 맞추어지는지 살펴보세요. 그러면 어떤 문제점을 발견할 것입니다. 네 개의 모서리들이 모여서 비틀린 토러스를 이룰 때에는 이 문제가 일어나지 않는다는 것을 확인하세요. 비틀린 토러스가 정말로 삼차원 다양체이며, 사실은 T^2 위의 원 번들이라는 결론을 얻어내세요. ∎

이와 같이, 비틀린 토러스는 온전한 삼차원 다양체입니다. 그런데 우리가 지금 처음으로 이것을 보았습니까, 아니면 이것은 단지 오래된 친구 T^3의 조금 다른 표현일 뿐입니까? 만약 여러분이 비틀린 토러스의 임의의 수평 단면을 조사한다면, 여러분은 이 다양체는 T^3가 절대 아니라는 사실을 금방 확신하게 될 것입니다.

연습문제 17.11 위에서 묘사한 것보다 두 배만큼 비틀린, 비틀린 토러스 위의 원 번들을 만들어 보세요. ∎

연습문제 17.12 $T^2 \# T^2$ 위의 비틀린 원 번들을 만들어 보세요. ∎

연습문제 17.13 우리는 T^2위의 원 번들을 통해 비틀린 토러스를 만들었습니다. 그것은 또한 원 위의 T^2번들도 됩니까? ∎

CHAPTER 18

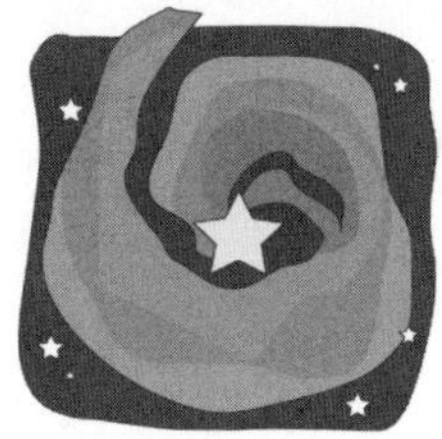

삼차원 다양체의 기하 Ⅱ

11장에서 우리는 모든 곡면은 세 개의 균질한 이차원 기하 중 하나를 허용한다는 사실을 알게 되었지요. 구면과 사영평면은 타원형 기하를, 토러스와 클라인 병은 유클리드형 기하를, 다른 모든 곡면은 쌍곡형 기하를 허용합니다. 14, 15, 16장에서 우리는 이차원의 경우와 유추적인 삼차원 기하에 대해 논의했고, 그 기하들을 허용하는 삼차원 다양체들의 예를 살펴보았습니다. 그런데 닫힌 삼차원 다양체에 대해서는 균질한 기하가 다섯 개 더 있다는 사실을 밝힐 수 있습니다. 그 중 하나는 국소적 기하가 $S^2 \times E$ 인 것입니다($S^2 \times E$, $S^2 \times I$, $S^2 \times S^1$ 는 국소적 기하가 서로 같습니다. 하지만 전통적으로 그 기하를 $S^2 \times E$ 라고 이름붙입니다. $S^2 \times E$ 가 그 기하를 가지는 '가장 큰' 다양체이기 때문입니다). 이 기하는 균질이지만 등방성은 가지지 않습니다. 이 기하는 모든 곳에서 똑같기 때문에 균질입니다. 하지만 주어진 어떤 곳에서건 한 방향을 다른 방향과 구별할 수 있기 때문에 등방성은 가지지 않는 것입니다. 그림 6.10을 보고 $S^2 \times S^1$ 의 단면 중 어떤 것은 구면이었지만 다른 어떤 것은 평면 토러스였다는 것을 다시 확인하세요. 국소적으로, 어떤 2차원 단면들은 곡률이 양이지만 다른 것들은 곡률이 영입니다(그림 18.1). 단면곡률sectional

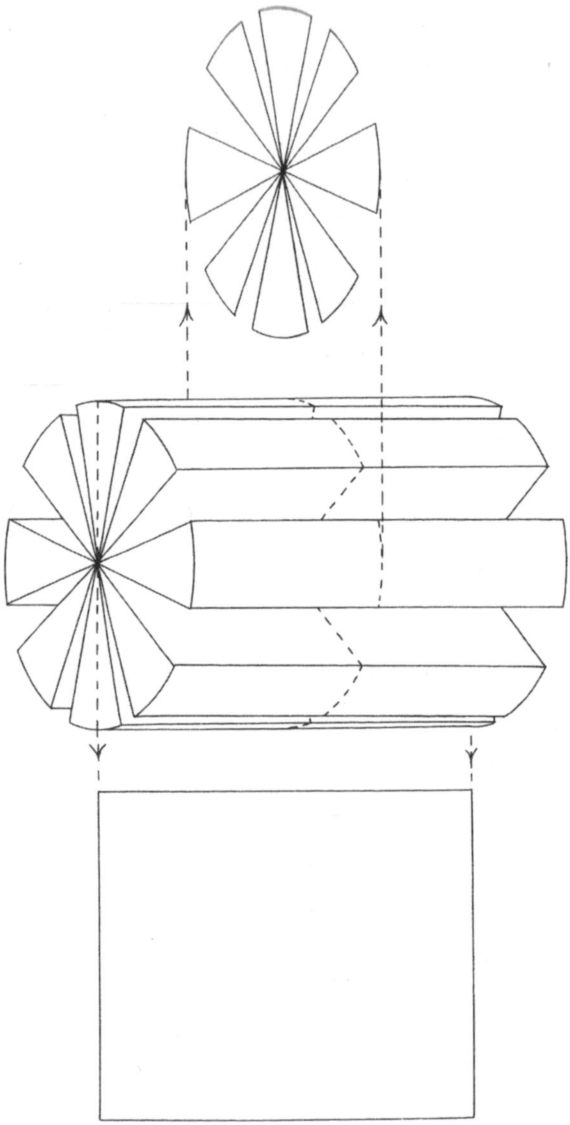

[그림 18.1] $S^2 \times S^1$의 수직 단면은 유클리드형 기하를 가지지만 수평 단면은 타원형 기하를 가진다. 잡아당겨지는 것이 허용되지 않는다면 $S^2 \times S^1$의 한 조각은 유클리드 공간에서 수직으로 찢어지지만, 수평으로는 찢어지지 않는다.

curvature이란 용어는 다양체의 2차원 단면의 곡률을 말합니다. (대략 말하자면) '단면의sectional'라는 말은 '얇게 잘라낸 조각slice'이란 뜻의 라틴어 'sectio'로부터 유래한 것입니다. 결국 $S^2 \times S^1$은 수평의 방향으로는 단면곡률이 양이며, 수직의 단면에는 단면곡률이 영입니다. 등방적인 기하는 모든 방향에서 단면곡률이 같습니다. 예컨대, 삼차원 타원형 기하의 단면곡률은 모두 양이고, 유클리드 기하의 단면곡률은 모두 영이며, 삼차원 쌍곡형 기하의 단면곡률은 모두 음입니다.

연습문제 18.1 앞서 연습문제 6.7에서 여러분은 $P^2 \times S^1$이 $S^2 \times E$의 기하를 가진다는 것을 알았습니다. 이 기하를 가지는, 비가향적인 다른 다양체를 말해보세요. (힌트: 17장에 처음 등장했습니다.) ▮

$H^2 \times E$의 기하 역시 균질이지만 등방적이지 않습니다. 이 다양체는 $S^2 \times E$처럼, 방향에 따라 단면곡률이 다릅니다. 수직인 단면은 곡률이 영이지만 수평의 단면은 곡률이 음입니다. 그림 18.2는 $H^2 \times E$의 기하를 대략적으로 보여주고 있습니다.

연습문제 18.2 $H^2 \times E$와 같은 기하를 가지는 다양체를 몇 가지 말해보세요. ▮

다음으로 넘어가기 전에 균질한 이차원 기하는 타원형, 유클리드형, 쌍곡형뿐이며 그 각각은 등방적이라는 사실을 말해두겠습니다. 균질하지만 등방적이지 않은 기하는 오직 삼차원이나 더 높은 차원의 다양체만 가질 수 있습니다.

삼차원 다양체에 대한 최신의 이론은 등방성은 상관없이, 균질한 기하를 다룹니다. 등방성은 수학 이론을 실재의 우주에 적용할 때만 중요합니다. 현재

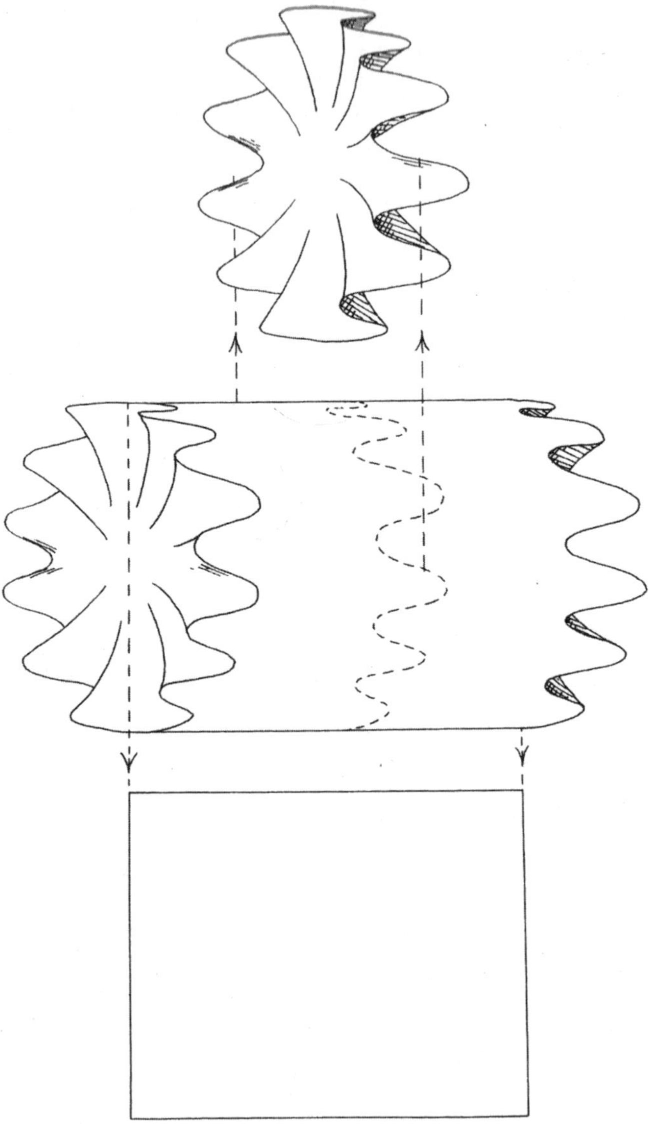

[그림 18.2] $H^2 \times S^1$의 수직 단면은 유클리드형 기하를 가지지만 수평 단면은 쌍곡형 기하를 가진다. 사실 수평의 단면들은 주름이 지는 방향과는 다른 차원으로 쌓여야 하지만, 우리에게 허용되는 삼차원 공간에서는 기껏해야 이렇게밖에 그릴 수 없다.

까지 관찰된 자료에 의하면 우주는 등방성을 가진 것으로 판단되기 때문입니다. 이 장에서는 균질한 기하 전반을 탐험합니다. 등방성을 가진 기하를 우주론에 적용하는 것은 19장에서 할 것입니다.

여덟 개의 균질한 기하를 열거하기 전에 먼저 두 가지 정확하게 알려주어야 할 사항이 있습니다.

- **사항 1** 이 장에서 내가 '기하'라고 말할 때 나는 사실 '기하들의 부류'를 말하는 것입니다. 예를 들어, 반지름 3인 이차원 구면의 기하는 엄격하게 말한다면 반지름 17인 구면의 기하와는 다릅니다. 하지만 그것들은 충분히 비슷해서 같은 이차원 기하의 부류에 속합니다. 삼차원 기하는 같은 부류 안에 더 다양한 것들을 포함합니다. 우리는 이 장의 뒷부분에서 그 예를 볼 것입니다.
- **사항 2** 균질한 기하는 여덟 개보다 많이 있습니다. 사실은 무한히 많이 있습니다. 알아두어야 할 것은 닫힌 삼차원 다양체가 가질 수 있는 균질한 기하는 그 중 오직 여덟 개라는 것입니다. (눈치 챘을 수도 있겠지만, 이 책은 닫힌 다양체에 중점을 둡니다!)

이제 여덟 개의 균질한 기하를, 그 기하를 가지는 다양체의 예와 함께 제시하겠습니다.*

(1) 타원형 기하

S^3의 기하.

- **타원형 다양체의 예** 삼차원 구, 사영 삼차원 공간, 푸앵카레 12면체 공간.

* 타원형, 유클리드형, 쌍곡형의 예를 탐구하기 위한 상호작용적인 3-D 그래픽 소프트웨어를 http://www.geometrygames.org/SoS/에서 무료로 이용할 수 있다.

(2) 유클리드형 기하

어린 시절에 배우는 바로 그 기하

- **유클리드형 기하의 완전한 목록** 위상적으로 서로 다른 유클리드형 삼차원 다양체는 모두 열 개밖에 없습니다! 여섯 개는 가향적이고 네 개는 비가향적입니다. 비가향적인 것은 $K^2 \times S^1$, 그림 7.11의 다양체, 이와 다른 S^1 위의 K^2-번들 두 가지입니다. 가향적인 것은 삼차원 토러스, 1/4 회전 다양체, 1/2 회전 다양체, 1/6 회전 다양체, 1/3 회전 다양체, 그리고 우리가 아직 살펴보지 않은 또 하나의 다양체입니다. 육각형 삼차원 토러스는 일반적인 삼차원 토러스와 위상적으로 같기 때문에 포함되지 않았습니다.

(3) 쌍곡형 기하

이에 대한 설명은 15장을 참고하세요.

- **쌍곡형 다양체의 예** 쌍곡형 기하는 다소 이해하기 어렵습니다. 지금까지 우리는 이 기하를 가지는 삼차원 다양체를 오직 하나 살펴보았는데, 바로 사이페르트-베버 12면체 공간입니다. 그러나 서스턴Bill Thurston의 연구결과를 보면 삼차원 쌍곡형 기하는 삼차원 다양체 중 가장 흔한 기하임을 추측할 수 있습니다. 마치 이차원 쌍곡형 기하가 곡면이 가지는 가장 흔한 기하인 것처럼 말이지요. 만약 쌍곡형 기하가 그렇게 흔하다면, 우리는 왜 이것을 가지는 삼차원 다양체를 더 발견하지 못하였을까요? 그 이유는 우리가 공부하기에 가장 쉬운 다양체는 가장 전형적이라 할 수 있는 쌍곡형 기하가 아니라 다소 특별한 대칭성을 가진 것이었다는데 있습니다. 우리가 처음으로 알게 된 곡면은 가장 쉬운 두 가지, 즉 구와 토러스였습니다. 그것들이 가진 기하(각각 타원형, 유클리드형)는 그 곡면들이 너무 단순하다는, 정확히 그 이유 때문에 비전형적입니다. 11장까지는 대부분의 곡면들이 쌍곡형 기하를 허용한다는 사실을 발견하지 못했습니다. 이것과 같은 현상이 삼차원 다양체를 공부

할 때도 나타납니다. 모든 단순 다양체는 자신의 단순성 덕분에 비전형적인 기하를 허용합니다. 쌍곡형 기하를 허용하는 것은 전형적인—그러나 덜 단순한—다양체입니다.

(4) $S^2 \times E$ 기하

이 기하는 6장과 이 장의 앞부분에서 설명했습니다.

- **$S^2 \times E$ 기하의 완전한 목록** 이 기하를 가진 다양체는 오직 네 개뿐입니다. $S^2 \times S^1$, K^3, $P^2 \times S^1$, 그리고 다른 하나의 다양체입니다. 마지막의 다양체는 $S^2 \times I$를 가지고 만들어집니다. 그러나 이번 경우 양쪽 끝 각각은 그 자신하고만 맞붙습니다! 구체적으로 말하자면, 끝을 이루는 모든 점 각각은 같은 쪽 끝의 대척점antipodal point과 붙습니다. 이 붙이기는 공을 P^3으로 바꾸는 데 사용되었던 붙이기와 닮았습니다. $S^2 \times I$의 내적인 기하는 붙이기의 결과인 '이음매'에서도 잘 들어맞습니다. 어렵다면, 원통의 각 끝에 있는 대척점들을 붙였을 때 기하가 어떻게 들어맞는지 생각해보세요.

연습문제 18.3 네 개의 $S^2 \times E$형 다양체 중에 가향적인 것은 무엇인가요? ▮

(5) $H^2 \times E$ 기하

이 기하는 이 장의 앞에서 이야기했습니다.

- **$H^2 \times E$ 다양체의 예** 이 기하의 경우 $S^2 \times E$의 경우보다는 좀 더 다양한 경우가 있습니다. 먼저, S^2, P^2, T^2, K^2를 제외한 임의의 곡면과 원과의 곱은 $H^2 \times E$ 기하를 허용합니다. 다른 많은 곡면 번들 역시 그렇습니다. 예를 들어 $H^2 \times E$ 기하를 가진 $(T^2 \# T^2)$-번들을 만들기 위해서는, 그림 17.7에서 묘사한 2구멍 토러스와 구간의 곱에서 출발해서, 1/8 회전, 1/4 회전, 3/8 회

전, 반 바퀴 회전, 혹은 두 개의 가능한 반사 중 어떤 것을 하여 윗면을 아랫면에 붙이면 됩니다.

(6) 비틀린 유클리드형 기하

그림 17.8은 유클리드형 기하를 수직 선분들의 번들로 시각화시킵니다. 즉, 유클리드 공간을 $E^2 \times E$로 간주합니다. 비틀린 유클리드형 기하 역시 수직 선분들의 번들로 간주할 수 있지만, 이번에는 선분들이 이상한 새로운 방식으로 모입니다. 여러분이 비틀린 유클리드형 다양체 안을 여행할 때 언제나 '수평으로' 다닌다면(여기서 '수평으로'는 '수직인 직선에 직각으로'라는 말입니다), 여러분이 출발한 선분으로 돌아올 때 여러분은 여러분이 출발한 지점에서 얼마간의 거리만큼 위에 혹은 아래에 와 있다는 사실을 발견할 것입니다! 그림 18.3을 보세요. 여러분이 반시계 방향의 고리 모양으로 돈다면 여러분은 출발점의 위쪽에 있게 될 것입니다. 시계방향으로 돈다면 아래쪽이지요. 출발점에서 위쪽으로든 혹은 아래쪽으로든 그 거리는 여러분이 이동한 경로가 둘러싸는 넓이에 비례하게 됩니다.

그림 18.4은 비틀린 유클리드형 다양체에 있는 정글짐입니다. 모든 막대는 길이가 같고, 서로 직각으로 만납니다. 어떤 막대는 기울어진 것처럼 보이는데, 비틀린 유클리드 정글짐을 일반적인 유클리드 공간 안에 그리기 위해 그것을 찌그러뜨려야 했기 때문입니다.

- **비틀린 유클리드형 다양체의 예** 17장의 비틀린 토러스에 비틀린 유클리드형 기하를 줄 수 있습니다. 먼저 그림 17.10의 정육면체에 비틀린 유클리드 기하를 줍니다. 이 새로운 기하가 주어지면 이전에 직육면체 옆면 위에서 기울어졌던 직선들은 내적으로 수평이 됩니다. 여러분이 마주보는 옆면들을 층밀림을 가진 채로 붙인다면, 여러분은 한 면의 수직 방향 직선들을 다른 면의 수직방향 직선들에 붙이게 되는 것입니다. 이러면 비틀린 유클리드형 기하의 관점에서 여러분은 한 면을 다른 면에 단단하게 붙이게 되며, 이때 '층밀

림' 혹은 다른 비정상적인 일은 없습니다. 모퉁이들과 모서리들 역시 잘 들어맞습니다. 결국 여러분은 주어진 비틀린 토러스에 비틀린 유클리드 기하를 주게 되는 것입니다.

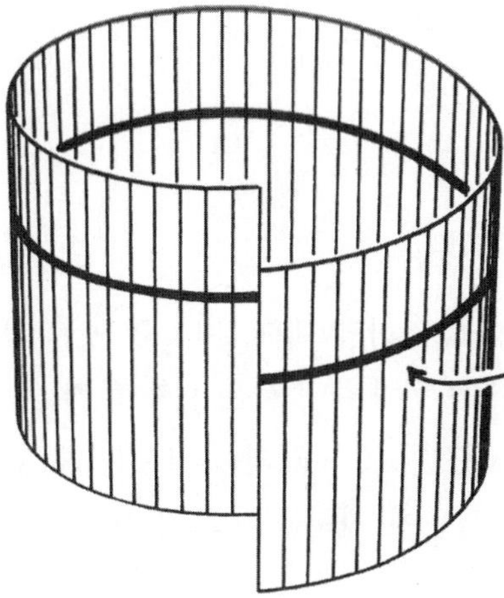

[그림 18.3] 만약 여러분이 비틀린 유클리드형 다양체를 수평으로 여행하면 출발점에서 위쪽 혹은 아래 지점으로 돌아오게 된다.

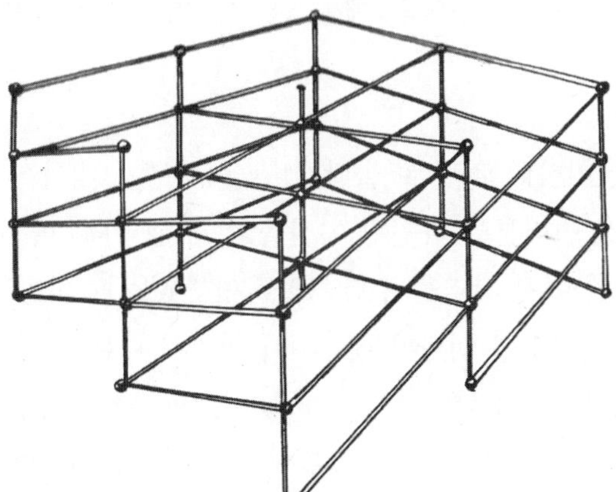

[그림 18.4] 유클리드 다양체 안의 정글짐. (빌 서스틴이 그렸음.)

연습문제 17.11에서 살펴보았던 두 배로 비틀린 토러스 역시 비틀린 유클리드 기하를 허용합니다. 사실 토러스나 클라인 병 위의 원 번들은 모두 유클리드 기하 혹은 비틀린 유클리드 기하를 허용합니다.

연습문제 18.4 비가향적인 삼차원 다양체가 비틀린 유클리드 기하를 가질 수 있을까요? ▮

(7) 비틀린 $\mathrm{H}^2 \times \mathrm{E}$ 기하

이 기하는 표준적인 $\mathrm{H}^2 \times \mathrm{E}$ 기하에 대해, 비틀린 유클리드 기하가 표준적인 유클리드 기하에 대해 가지는 관계와 똑같은 관계를 가집니다. 구체적으로 말하자면, 비틀린 그리고 표준적인 $\mathrm{H}^2 \times \mathrm{E}$ 기하 모두는 H^2 위의 수직의 선분 번들로 간주합니다. 비틀린 경우에 선분들은 그림 18.3과 같이 연결됩니다.

- **비틀린 $\mathrm{H}^2 \times \mathrm{E}$ 다양체의 예** S^2, P^2, T^2, K^2을 제외한 임의의 곡면 위의 원 번들은 항상 표준적이거나 아니면 비틀림이 있는 $\mathrm{H}^2 \times \mathrm{E}$ 기하를 가집니다.

연습문제 18.5 $\mathrm{H}^2 \times \mathrm{E}$ 다양체의 예를 만들기 위한 구체적인 방법을 제시하세요. ▮

- (비틀린 $\mathrm{S}^2 \times \mathrm{E}$ 기하) 정말로 놀랍게도, 여러분이 정확한 양의 비틀림을 $\mathrm{S}^2 \times \mathrm{E}$에 준다면 여러분은 타원형 기하를 얻게 됩니다! 비틀림의 양은 여행자가 넓이가 α인 어떤 지역을 수평적으로 여행했을 때 출발점으로부터 α 단위만큼 아래로 돌아오면 정확한 것입니다(여기서 나는 $\mathrm{S}^2 \times \mathrm{E}$가 단위 이차원 구 위의 번들이라고 가정합니다). 비틀림의 양이 틀리더라도, 그것의 대칭군이 삼차원 구의 대칭군에 포함되므로, 사항 1에 의해 이 기하는 여전히 타원형 기하로 분류됩니다. 그러나 잊지 마세요. 여러분은 언제라도 수직의 직선을 늘이거나 줄여서 비틀림을 조절할 수 있습니다.

(8) Solve 기하

이 기하는 정말로 이상합니다. 앞에서 살펴본 기하들과는 달리, solve 기하는 회전 대칭적이지도 않습니다. 나는 이 기하를 이해하는 좋은 내적인 방법을 전혀 모릅니다. ('solve' 기하라는 이름은 '가해 리 군solvable Lie groups'과 관련이 있습니다.)

- **Solve 다양체의 예** S^1 위의 토러스 번들 대부분은 solve 기하를 허용합니다. (우리가 이 책에서 살펴본 것들은 어느 것도 solve 기하를 허용하지 않습니다. 그것들 중 어느 것도 이차원의 단면이 가진 기하를 찌그러뜨리지 않기 때문입니다.)

모든 삼차원 다양체가 위의 균질한 기하 중 하나를 가진다면 좋을 것입니다. 유감스럽게도, 그렇지는 않습니다. 예를 들어, 두 개의 삼차원 다양체의 연결합은 절대로 균질한 기하를 허용하지 않습니다(단, 둘 중 하나가 S^3이거나 둘 다 P^3인 경우는 제외). 다행히도 들리는 것만큼 상황이 나쁜 것은 아닙니다. 서스턴의 연구 결과는 대부분의 삼차원 다향체가 쌍곡형 기하를 허용하며, 그렇지 않은 것들은 다른 일곱 개의 균질한 기하 중 하나를 가지거나, 또는 균질한 기하를 가지는 조각들로 나누어질 수 있다는 것을 암시합니다. (여기서 '다양체를 조각들로 나눈다'는 말은 구면들, 사영평면들, 토러스들, 클라인 병들을 따라 그 다양체를 자른다는 것입니다.) 삼차원 다양체에 대한 이러한 추측은 아직 옳다고 증명되지는 않았지만 충분한 증거를 가지고 있습니다. 이 증거에 대한 짧은 설명은 서스턴의 논문 〈**삼차원 다양체, 클라인 군, 그리고 쌍곡 기하**Three dimensional manifolds, Kleinian groups and hyperbolic geometry〉(Bulletin of the AMS 6(1982), pp. 357–381)에서 볼 수 있습니다. 서스턴의 생각으로부터 이끌어져 나오는 흥미 있는 따름정리는 '임의로 선택된' 삼차원 다양체는 어떤 연결합이 될 가능성이 거의 없다는 것입니다.

part 04

우주

CHAPTER 19

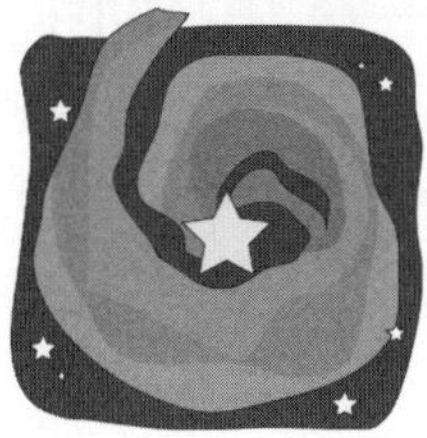

우주

우주의 탄생은 겨우 100억 년 혹은 150억 년 전의 일입니다. 이 장에서는 우주의 탄생(빅뱅), 그에 잇따르는 팽창, 우주의 모양과 우주가 포함하는 물질과의 관계에 대해 논의합니다. 이 장의 주된 질문은 다음과 같습니다.

1. 우리는 우주에 대해 무엇을 알고 있는가?
2. 우주가 팽창하고 있다는 말의 의미는 무엇인가?
3. 물질의 밀도는 공간의 곡률과 어떤 관계가 있는가?
4. 우주는 닫혀 있는가 아니면 열려 있는가? 즉, 유한한가 무한한가?
5. 빅뱅 이전에는 무엇이 있었는가?

Question 1. 우리는 우주에 대해 무엇을 알고 있는가?

우리가 사는 곳은 우리의 태양을 중심으로 돌고 있는 대략 아홉 개의 행성 중 하나인 지구입니다.* 태양은 우리 은하, 즉 은하수를 이루는 약 1000억 개

* 현대의 기준으로는 명왕성은 행성의 기준을 만족하지 않습니다. 하지만 명왕성을 행성이라고 부르

의 별들 중 하나입니다. 우리 은하는 지름이 5만 내지 10만 광년 정도 되는 거대한 원반처럼 생겼는데,* 지구는 그 중심으로부터 2만 5천 광년 정도 떨어져 있습니다. 달이 없고 맑은 밤하늘을 쳐다보면 우리 은하의 별들은 하늘을 가로지르는 흰 띠처럼 보일 것입니다. (이것이 은하수銀河水, the Milky Way라는 이름의 유래이지요.) 우리가 맨 눈으로 볼 수 있는 별들은 다 우리 은하에 있는 것들입니다.

우주에는 우리 은하 이외에도 최소한 수십억 개의 다른 은하들이 있습니다. 은하들 중 일부는 따로 떨어져 있지만, 대부분은 몇 천 개씩 서로 무리지어 있습니다. 평균적으로 본다면, 은하들의 무리는 일 미터씩 떨어져 있는 동전만큼 서로 떨어져 있습니다.

다른 은하들을 관측한 결과 매우 놀라운 사실이 하나 발견되었습니다. 은하들이 우리에게서 점차 멀어지고 있다는 것입니다! 그것은 그 은하들이 공간 안에서 움직이고 있기 때문이 아닙니다. 은하들은 공간에 대해 상대적으로 거의 정지해 있습니다. 팽창하는 것은 공간 자체입니다. 공간 자체가 팽창하면서 은하들을 같이 옮기는 것입니다. 관찰 결과 공간은 현재 10억 년에 7%의 비율로 팽창하고 있습니다. 즉, 우주가 현재의 비율로 팽창한다면 10억 년 후에는 모든 우주의 거리는 7%만큼 늘어날 것입니다.

연습문제 19.1 은하 A와 B가 현재 150억 광년만큼 서로 떨어져 있습니다. 우주가 10억 년에 7%의 비율로 계속 팽창한다면, 지금부터 10억 년 후에 은하 A와 B는 얼마나 떨어져 있게 됩니까? 은하 B는 은하 A로부터 얼마나 빠른 속도로 멀어지나요? 그 속도는 빛보다 빠릅니까, 느립니까? ▮

는 전통은 앞으로도 유지될 것 같습니다.

* 1광년(光年)은 빛이 일 년 동안 갈 수 있는 거리입니다. 태양에서 나온 빛은 우리에게 도달하는데 약 8분이 걸리며, 따라서 태양은 8'광분'만큼 떨어져 있는 것입니다. 달은 약 1'광초' 떨어져 있습니다. 샌디에고는 보스턴에서 0.02광초 떨어져 있습니다.

팽창우주의 개념은 흥미로운 역사를 가지고 있습니다. 아인슈타인이 1917년에 중력에 대한 그의 기하학 이론(유명한 일반상대성이론)을 우주 전체에 대해 처음으로 적용했을 때, 그는 자신의 방정식이 고정된 크기를 가지는 우주에서 적용되지 않는다는 것을 알게 되었습니다. 놀라고 당황한 그는 고정된 크기의 우주에 대해 그의 방정식을 적용하기 위해 '우주상수' Λ를 그의 방정식에 오차요소로 도입했습니다. 몇 년이 지나 1922년에, 프리드먼Alexander Friedmann은 우주는 팽창하고 있다는 착상을 하게 되었습니다. 그는 우주가 팽창한다고 가정할 때 아인슈타인의 원래의 방정식은 오차요소의 도움 없이도 잘 성립한다는 사실을 발견했습니다. 프리드먼은 이 발견에 기뻐했지만, 우주는 변하지 않는다는 관념은 서구의 사상에 깊숙이 뿌리박혀 있어서, 아인슈타인조차도 프리드먼의 생각을 받아들이지 않았습니다. 아인슈타인은 프리드먼의 팽창우주 모델을 물리적인 중요함은 없는(실제로 그럴 가능성은 없는), 단지 수학적인 호기심의 대상으로 간주했습니다.

다행히도, 얼마 지나지 않아 실험을 통한 뒷받침이 이루어졌습니다. 1920년대에 있었던 많은 천문학자들의 연구는 다른 은하들이 우리로부터 멀어진다는 사실의 발견에 기여했습니다. 우주가 팽창한다는 가정으로부터, 은하가 멀어지는 속도는 대략 그 은하까지의 거리에 비례한다는 결론을 얻을 수 있었는데, 역사는 이것을 1929년의 허블Edwin Hubble의 공으로 돌립니다. 사실 르메트르Georges Lemaître는 이보다 2년 앞서서 같은 결론에 도달했습니다. 그는 본질적으로 허블과 동일한 자료를 사용했으며 동일한 팽창률을 계산해 냈습니다. 이 사건에는 약간의 속사정이 있었습니다. 르메트르의 원래 논문은 프랑스어로 되어 있어서 널리 읽히지 못했습니다. 1931년에 에딩턴Arthur Eddington은 르메트르의 논문을 영어로 번역하면서 팽창률의 계산이 담겨 있는 단락을 완전히 생략했으며, 심지어는 그에 뒤이어 나오는 방정식에서 팽창률이 등장할 때마다 그것을 완전히 삭제했습니다! 그럼에도 불구하고 지금은 그 팽창률을 허블 상수라고 부르며, H로 표기합니다. H=10억 년당 7%입니다.

우주가 팽창한다는 사실은 과거에는 우주가 좀 더 작았음을 의미합니다. 만약 우리가 시간을 많이 거슬러 올라간다면 우주의 크기는 0이 될 것입니다. 이것이 바로 우주의 탄생, 즉 빅뱅입니다. 빅뱅은 얼마나 오래 전에 있었을까요? 그 값을 대략적으로 구하기 위해, 우주가 10억 년당 7%라는 일정한 비율로 팽창한다고 가정합시다.* 크기가 0이 되도록 돌아가려면 (100%)/(7%/10억 년)≈150억년이 필요합니다. 우리는 이 장의 뒷부분에서 빅뱅에 대해 더 자세하게 알아볼 것이며, 22장에서는 직접적인 물리적 증거를 살펴볼 것입니다.

관찰을 통해, 우주에서 적어도 우리가 볼 수 있는 부분은 균질하며 등방적이라는 사실을 알 수 있습니다.

균질성

이것은 우주의 어떤 두 지역도 기본적으로는 똑같다는 말입니다. 물론, 상당히 큰 규모로 볼 때 말입니다. 수많은 은하마다 부분적인 차이점이 있긴 하지만 이렇게 큰 규모로 본다면 평균화되지요. 이 상황은 극도로 작은 입방체 단위로 방안의 공기를 검사할 때, 어떤 입방체에는 17개의 수소와 4개의 산소가 들어 있고, 다른 어떤 입방체에는 8개의 수소와 11개의 산소가 들어 있음에도 불구하고, 방안의 공기가 균질이라고 말하는 것과 비슷합니다.

등방성

이것은 우리가 우주의 어디에 있든지 간에 기본적으로는 모든 방향이 똑같아 보인다는 것입니다. 등방적인 우주는 반드시 균질합니다. 임의의 두 곳 A와 B의 조건들이 같다는 것을 확인하려 할 때 A와 B 중간에 있는 점에 대해 우주가 등방적이라는 것만 확실히 관찰하면 되니까요. 실재의 우주에서 보이는 부분은 등

* 여기서 의미하는 바는 우주가 매 10억 년마다 7% 커진다는 것이 아니라, 매 10억 년마다 오늘날 크기의 7%만큼씩 커진다는 것입니다. 다른 말로, 우주가 지수적이 아니라 선형적으로 커진다는 것입니다.

방적이라는 것이 알려져 있습니다. 왜냐면 모든 방향에서 은하의 수가 대략 같고, 팽창률(허블 상수)이 모든 방향에서 같으며, 무엇보다도 우주배경복사(22장)가 모든 방향에서 10^5의 몇 정도 차이로 일치하기 때문입니다.

우주에서 보이는 부분은 대략 균질하고 등방적이지만, 전체로서의 우주는 균질하지 않아서, 어떤 부분에서 다른 부분으로 갈 때 곡률이 점차적으로 변할 수도 있습니다. 다른 말로, 우리가 볼 수 있는 우주가 아무리 광대하더라도 전체 우주의 아주 작은 부분일 뿐이어서, 전체 규모의 곡률의 변화를 알려주기에는 너무 작을 수 있습니다. 이러한 가설은 매우 그럴듯하지만 위상수학자들의 관심을 그다지 끌지 못하고 있습니다. 왜냐면 그렇게 거대한 우주에서 우리는 공간의 위상을 직접 관찰할 수가 없기 때문입니다. 그림 7.1의 비행기 조종사가 비행기 한 대 정도의 거리만 볼 수 있다고 하면 그의 우주가 토러스 모양인지 알 수 없게 되는 것과 같습니다.

만약 우주가 충분히 작아서 우리가 그 위상을 직접 관찰할 수 있다고 가정하면 (예를 들어 그림 7.1의 비행기 조종사가 같은 비행기에 대한 다중상을 보듯이 같은 은하에 대한 다중상을 보게 됨으로써), 그 관찰 가능한 우주는 우주 전체이고, 따라서 이렇게 눈에 보이는 우주에 대해 엄밀하게 검사한 결과 균질성과 등방성이 확인되면 우주가 전체적으로 균질하고 등방적이라는 말이 됩니다. 이런 이유로 우주가 가질 수 있는 가능한 위상에 대한 연구와 위상을 실험적으로 발견하려는 모든 시도들은 균질하고 등방적인 삼차원 다양체에 초점이 맞추어져 있습니다. 다행히도 우리가 고려해야 할 균질하고, 등방적인 국소적 기하는 세 개밖에 없습니다. 즉, 타원형 기하(9장), 유클리드형 기하, 그리고 쌍곡형 기하(10장)입니다. 물론 그 각각의 기하를 가진 많은 다른 삼차원 다양체가 있으며, 따라서 우주에 대한 많은 가능한 전역 위상이 있습니다. 예를 들어, 푸앵카레 12면체 공간은 국소적으로 타원형 기하를 갖고 있고, 삼차원 토러스는 국소적으로 유클리드형 기하를 갖고 있으며, 사이페르트-베버 공간은 국소적으로 쌍곡형 기하를 갖고 있습니다.

Question 2. 우주가 팽창하고 있다는 말의 의미는 무엇인가?

그림 19.1은 이 질문에 대한 잘못된 답입니다. 빅뱅은 이미 존재하는 공간 속으로 폭발하는 폭죽 같은 것이 아니거든요. 빅뱅에 중심은 없습니다.

그림 19.2가 정확한 답입니다. 빅뱅 직후에는 공간 자체가 매우 작았고, 빅뱅 이전엔 아예 존재조차 하지 않았지요. 모든 각각의 은하에서 볼 때 이웃한 은하는 후퇴하는 것처럼 보이게 될 것임을 확실히 이해해 두세요. 이것은 르메트르, 허블, 그들의 동료 연구자들이 1920년대에 실제 우주에서 관찰한 사실입니다.

그림 19.3은 삼차원 토러스 모양의 우주가 팽창하는 모습입니다. 이 아이디어는 자연스럽게 다른 삼차원 다양체에 기반한 우주에 적용됩니다.

"만약, 집, 사람, 원자, 막대자, 등등의 모든 것들이 팽창한다면, 무언가 변하였다는 것을 어떻게 알 수 있습니까?"라고 흔히들 묻습니다. 그 질문에 대한 답은 모든 것들이 팽창하는 것은 아니란 것입니다. 집, 사람, 원자, 막대자 등등은 팽창하지 않습니다. 행성, 별, 그리고 심지어 은하도 팽창하지 않습니다. 우주는 팽창합니다. 은하 사이의 거리도 팽창합니다. 그러나 팽창은 여기에 한정된 이야기입니다.

또 하나 자주 제기되는 질문은 만약 우주가 무한의 부피를 갖고 있다면(즉, 만약 열린 삼차원 다양체라면), 어떻게 팽창해서 더 커질 수가 있는가 하는 것입니다. 답은 우주의 전체 부피는 증가하지 않지만, 닫힌 우주에서와 마찬가지로 은하는 여전히 서로서로 멀어진다는 것입니다. 무한 우주의 팽창은 국소적으로 볼 때 유한 우주에서와 마찬가지입니다(예를 들어, 그림 19.3을 무한 우주에서 팽창하는 우주의 한 부분으로 재해석할 수 있습니다.) 팽창하는 무한 우주의 전체 부피를 고찰할 때 생기는 어려움은 무한의 개념에 관계된 것이지 우주의 성질에 관계된 것은 아닙니다.

(1) 빅뱅의 순간, 모든 물질은 우주의 한 점에서 출발해서,

(2) 우주 속 사방으로 흩어지며 날아가,

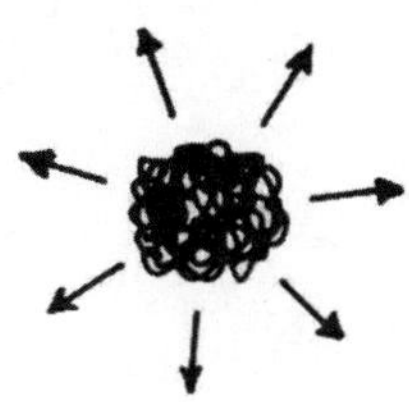

(3) 결국 은하들을 형성한다. 그 은하들은 우주 속 멀리로 계속해서 움직인다.

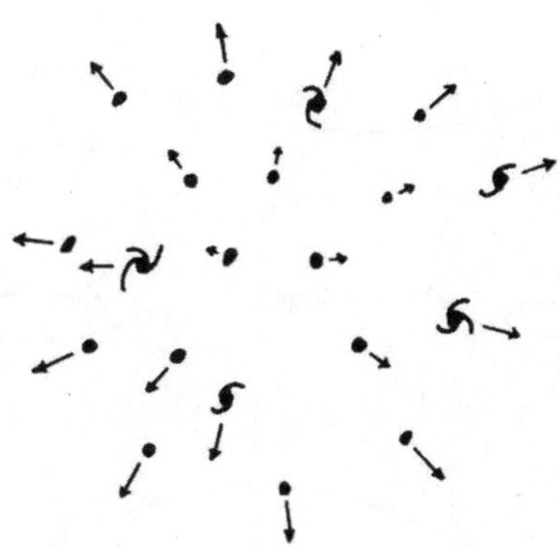

[그림 19.1] 빅뱅을 잘못 이해한 그림

(1) 우주 그 자체가 매우 작은 상태로 시작된다. 우주의 모든 물질은 그 안에 밀집되어 있다.

(2) 처음에 우주는 매우 급속하게 팽창한다.

(3) 결국 은하의 형성이 가능할 정도로 물질들이 식는다.

(4) 은하들이 서로 계속해서 멀어진다. 각 은하의 크기는 그대로이다.

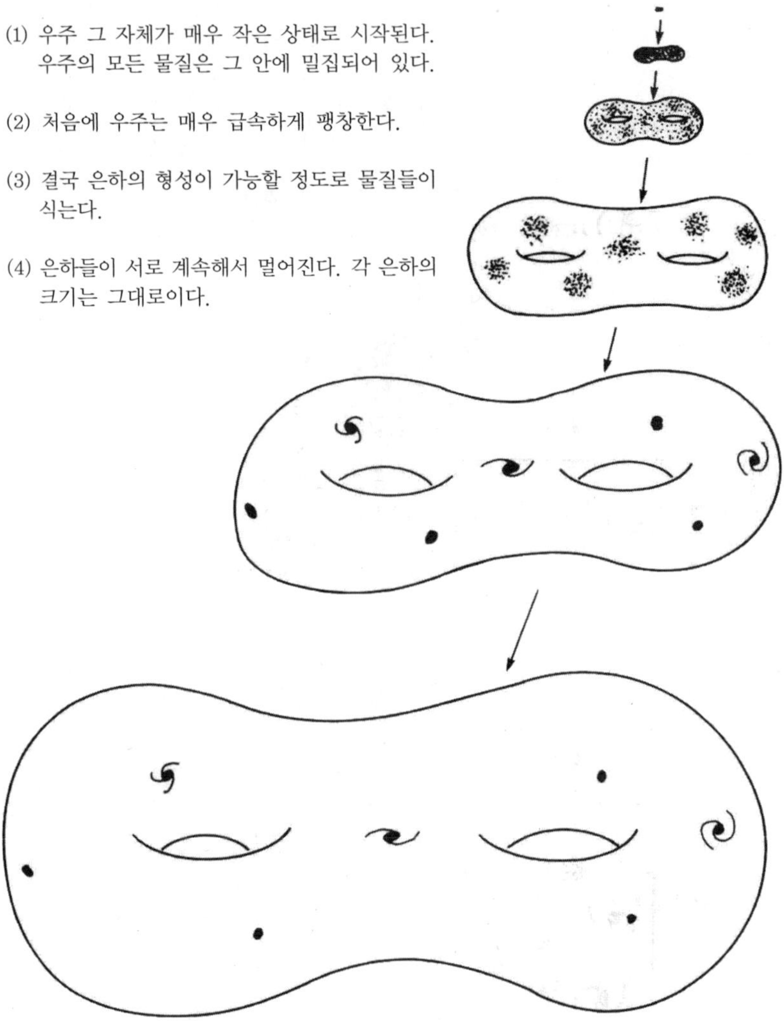

[그림 19.2] 빅뱅을 올바르게 이해한 그림 (2차원 우주를 통해 묘사함)

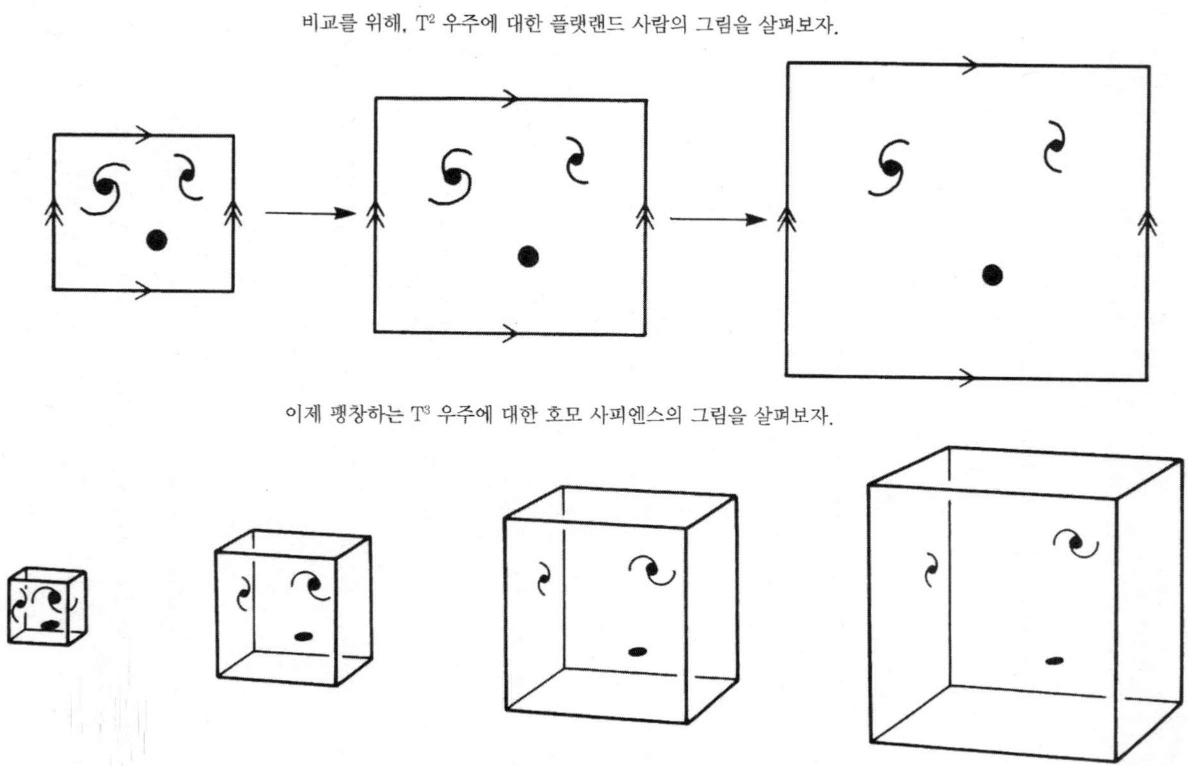
비교를 위해, T² 우주에 대한 플랫랜드 사람의 그림을 살펴보자.
이제 팽창하는 T³ 우주에 대한 호모 사피엔스의 그림을 살펴보자.

[그림 19.3]

Question 3. 물질의 밀도는 우주의 곡률과 어떤 관계가 있는가?

프리드먼이 아인슈타인의 일반상대성이론을 팽창하는 우주라는 개념에 적용했을 때, 그는 물질의 밀도와 팽창 비율, 그리고 공간의 곡률과의 관계를 발견했습니다. 더 명확히 말하면, 그는 (삼차원 구 혹은 푸앵카레 12면체 공간과 같이) 타원형 기하를 가진 우주에서는 물질과 에너지의 평균밀도 ρ는 다음 식으로 주어진 어떤 하한값보다 커야 한다는 것을 발견했습니다. (단, 여기서 H는 허블 상수이고 G는 뉴턴의 만류인력법칙 $F=GmM/r^2$에서의 상수입니다.)

$$\rho > \frac{3}{8\pi G}H^2 \text{ (타원 우주)}$$

(사이페르트-베버 공간과 같은) 쌍곡 우주에서 물질과 에너지의 밀도 ρ는 위의 기준치보다 작아야 합니다.

$$\rho < \frac{3}{8\pi G}H^2 \text{ (쌍곡 우주)}$$

그리고 편평한 우주에서 밀도 ρ는 정확히 그 기준치와 같아야 합니다.

$$\rho = \frac{3}{8\pi G}H^2 \text{ (편평한 우주)}$$

이것은 아주 흥미로운 발견입니다. 밀도 ρ와 허블 상수 H는 실험적으로 측정할 수 있고, 따라서 우리는 이를 통해 공간의 곡률을 얻을 수 있습니다. 은하에 포함된 '암흑 물질'과 같은 덜 친숙한 것부터 별과 같은 친숙한 물질에 걸쳐 많은 측정이 이루어졌는데, 그 연구들은 총 물질 밀도 ρ가 기준치의 겨우 30%라는 것을 일관적으로 발견했습니다. 이것은 우주가 쌍곡형일 것임을 함의합니다.

이러한 근거로, 공간의 위상을 연구하는 사람들은 주로 쌍곡 모델에 대해 연구했습니다. 하지만 1998년에 이 상황은 극적으로 변하기 시작했습니다. 새로운 자료(멀리 떨어진 초신성과 우주배경복사로부터의 자료)는 우주의 가시적인 부분이 쌍곡적이 아니라 편평하다는 것을 강력히 시사했습니다. 처음에 이것은 밀도 ρ가 기준치의 겨우 30%라는 사실에 모순되는 것으로 여겨졌습니다. 다행히 모순은 없습니다. 해결책은 에너지에 있습니다. 이전의 연구(30%라는 결과)는 우주의 물질의 밀도를 측정했습니다. 새로운 연구(100%라는 결과)는 물질과 에너지의 밀도를 간접적으로 측정합니다. 결론은 물질이 기준치의 30%를 차지하는 반면 다소 신비한 진공 에너지가 나머지 70%를 차지한다는 것입니다. 2001년 가을까지 진공 에너지에 대해서는 거의 알려진 바가 없습니다. 사실 현재로서 '진공 에너지'는 단지 우리가 그것에 대해 아는 바가 없는 어떤 개념을 언급하는데 쓰이는 무의미한 이름표라고 보는 것이 올바릅니다. 그럼에도 불구하고, 진공 에너지는 21세기에 우주의 진화를 이해하는데 핵심역할을 할 것이 분명합니다.

Question 4. 우주는 닫혀 있는가 아니면 열려 있는가? (즉, 유한한가 무한한가?)

한마디로 말하자면, 모릅니다.

그러나 우리가 알고 있는 것이 있는데, 만약 우주가 타원형 기하를 가진다면 우주는 닫혀 있어야 합니다. 반면 우주가 유클리드 혹은 쌍곡형 기하를 가진다면, 우주는 닫혀 있을 수도 있고 열려 있을 수도 있습니다. 표 19.1은 우주의 형태에 따라 어떤 위상이 가능한지 예를 보여줍니다.

1985년에 이 책의 초판이 나왔을 때, 많은 우주론자들은 편평하거나 쌍곡형 기하를 가진 닫힌 다양체에 대해 전혀 모르는 상태였습니다. 지금은 상황이 훨씬 많이 나아졌습니다만 여전히 편평하거나 쌍곡인 우주는 반드시 무한해야 한다고 잘못 기술한 책들을 발견할 수 있을 것입니다. 특히 안타까운 것은 이 오개념과 관련된 용어입니다. 우주론에 관련된 글에서 '닫힌'은 '타원형'(=양의 곡률)을 의미하고 '열린'은 '쌍곡'(=음의 곡률)을 의미하며 '임계의'는 '편평한'(=영 곡률)을 나타내는 단어로 쓰입니다. 이 용어들은 닫힌 편평한 우주나 닫힌 쌍곡 우주의 가능성을 배제시킵니다.

표 19.1 우주의 가능한 전역 위상

	타원형 기하	유클리드형 기하	쌍곡형 기하
닫힌	S^3, P^3 푸앵카레 십이면체 공간	T^3, 1/4 회전 다양체 1/6 회전 다양체	사이페르트-베버 공간, '대부분'의 닫힌 3차원 다양체(18장 참조)
열린	없음	E^3, $T^2 \times E$, $E^2 \times S^1$	H^3 (다른 것들이 있을 수 있음)

Question 5. 빅뱅 이전에는 무엇이 있었는가?

사그레도: 빅뱅 이전에는 무엇이 있었습니까?

살비아티: 아무것도 없었습니다.

사그레도: 그때는 공간이 완전히 비어 있었다는 말입니까?

살비아티: 아닙니다. 공간은 존재조차 하지 않았습니다.

사그레도: 아, 알겠습니다. 빅뱅 이전에는 공간이란 것이 아예 없었다는 것이군요. 흥미롭습니다.

살비아티: 사실, 그보다 더 좋지 않았습니다. 빅뱅 '전'에는 시간조차 존재하지 않았습니다.

사그레도: 뭐라고요? 시간조차?! 아무리 그 어떤 물질이나 공간이 없었다고

하더라도, 시간은 존재했을 것입니다.

살비아티: 그럼 당신의 이해를 돕기 위해 몇 가지 그림을 그려가며 설명해 보겠습니다. 그림 13.8과 비슷한 시공간의 그림을 그리겠습니다. 다만 이것은 이차원의 평면 우주가 아니라 일차원의 원형 우주의 그림입니다. 만약, 이 원형 우주가 항상 일정한 크기라면 그 시공간 그림은 그림 19.4(왼쪽)와 같이 원기둥 모양이 될 것입니다. 반면, 그것이 팽창하는 우주라면 그것의 시공간 그림은 그림 19.4(오른쪽)와 같이 원뿔 모양이 될 것입니다.

이 그림들의 중요성은 공간과 시간을 함께 엮어서 시공간이라는 통합된 개념을 보여준다는 것입니다. 공간이 없는 곳에는 시간도 없습니다. 물론 그 역도 성립하지요. 덧붙이자면 아인슈타인의 상대성이론은 공간과 시간을 이런 식으로 생각하도록 '강제'합니다. '허용'하는 정도가 아니란 말이지요.

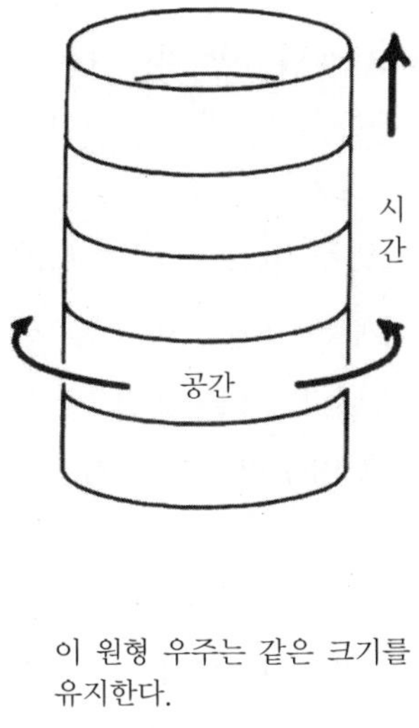

이 원형 우주는 같은 크기를 유지한다.

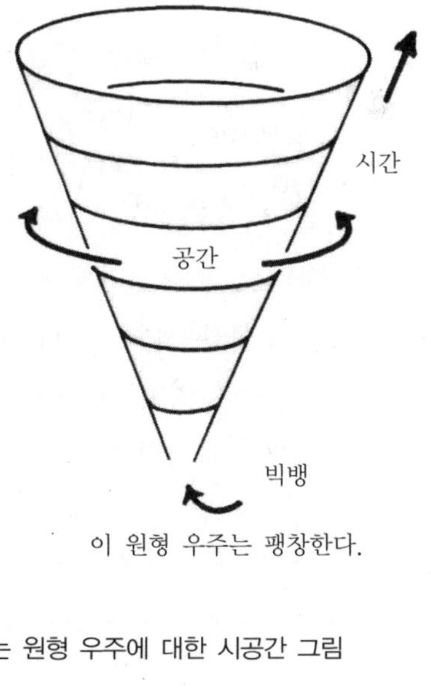

이 원형 우주는 팽창한다.

[그림 19.4] 정적인 원형 우주와 팽창하는 원형 우주에 대한 시공간 그림

사그레도: 이제 알겠습니다. 시공간은 모든 물질, 모든 공간 그리고 모든 시간을—한마디로는 모든 물리적 실재를—포함하는군요.

살비아티: 맞습니다.

사그레도: 그리고 모든 물리적 현상은 빅뱅에 뒤이어 일어나는 것이고요.

살비아티: 예, 정확합니다.

사그레도: 그러면 빅뱅을 일어나게 만든 것은 무엇입니까?

살비아티: 그런 것은 없습니다.

사그레도: 뭐라고요?! 분명히 빅뱅이 일어나게 한 원인이 있을 것입니다.

살비아티: 물리적 사건은 다른 어떤 물리적 사건으로 인해 일어납니다. 그러나 빅뱅은 일반적인 물리적 사건이 아니고 원인을 필요로 하지도 않습니다.

사그레도: 하지만 빅뱅은 시공간 그림 19.4(오른쪽)에 나타나 있지 않습니까. 그것은 빅뱅이 물리적 사건이란 말이 아닌가요?

살비아티: 미안합니다. 그 사실을 미리 설명해 드릴 걸 그랬군요. 당신이 참조한 시공간 그림은 꼭짓점이 없는 원뿔입니다. 따라서 정확하게 말하자면 이 그림에 빅뱅은 없습니다. 그에 뒤이어 일어나는 사건들이 존재할 뿐입니다. 모든 사건은 이전의 어떤 사건이 원인이 되어 일어나지요. 그러나 가장 작은 양의 실수가 없는 것과 같은 방식으로, 이 시공간 그림에서 최초의 사건은 없습니다. 물론 우리는 미래의 세대들이 빅뱅에 대해 더 깊은 이해를 하게 되어 이 그림의 빠진 부분을 채워 주기를 바랄 수는 있습니다. 예를 들어, 양자 우주론자들은 이미 이 원뿔이 조그만 반구로 마무리된다는 이론을 연구하고 있습니다.

사그레도: 그러면 무엇이 시공간을 만든 원인입니까?

살비아티: 음, 어려운 질문이군요! 저도 그것은 모릅니다. 사실, 나는 그 질문이 의미가 있는지조차 확신이 서질 않습니다. 적어도 시공간의 어

떤 사건은 또 다른 어떤 사건을 일으킨다는, 단어의 일반적인 의미 하에서는 그렇습니다. 그러나 신이 우주를 만들었음을 전제조건으로 받아들이려고 할 때, 상대성 이론은 신이 단지 빅뱅을 일으킨 것이 아니라, 시공간을 통째로 일으켰다고 상상해야 함을 말해줍니다.

사그레도: 신이 과거와 미래를 동시에 만들었다는 것입니까?

살비아티: 바로 그겁니다. 그러나 '동시에'라는 말은 오해의 여지가 있는 문구입니다. 신이 공간에서 위치를 차지하지 않는 것과 마찬가지로, 신은 시간도 경험하지 않습니다. 신은 시공간의 밖에 있어야 합니다. 그리고 시공간의 밖에 있다는 것은 공간 **그리고** 시간 모두의 바깥쪽에 있음을 의미합니다.

사그레도: 그것은 확실히 전통적인 견해—신은 우주의 창조자이지만, 우리와 마찬가지의 시간 속에 살아계신다는—와는 다른 것이군요.

괜찮으시다면, 이제 이런 신학적인 이야기는 그만하고 새로 질문 하나를 하겠습니다.

살비아티: 예, 그게 좋겠습니다.

사그레도: 아까 묘사하셨던 빅뱅의 모습이 올바르다는 것은 어떻게 알 수 있는지요?

살비아티: 알 수 없습니다! 빅뱅의 **본질**에 대해선 추측만 난무할 뿐입니다. 단, 그 **존재성**에 대해서는 22장에서 설명할 우주 초단파 배경 복사와 같은 확실한 증거들이 있습니다.

사그레도: 빅뱅의 모습에 대한 몇 가지 서로 다른 주장들을 소개해 주십시오.

살비아티: 좋습니다. 그림 19.5에 시공간 그림을 여러 개 그려보았습니다. 이것들은 각기 다른 형태의 우주를 나타냅니다. 처음의 그림은 어떤 한도까지 팽창하다가 다시 줄어들어 대붕괴(Big Crunch)에 이르는 원형의 우주입니다. 그리고 두 번째 것은 영원히 팽창하는 원형의 우주입니다. 세 번째와 네 번째 그림은 진동하는 우주를 보여주는

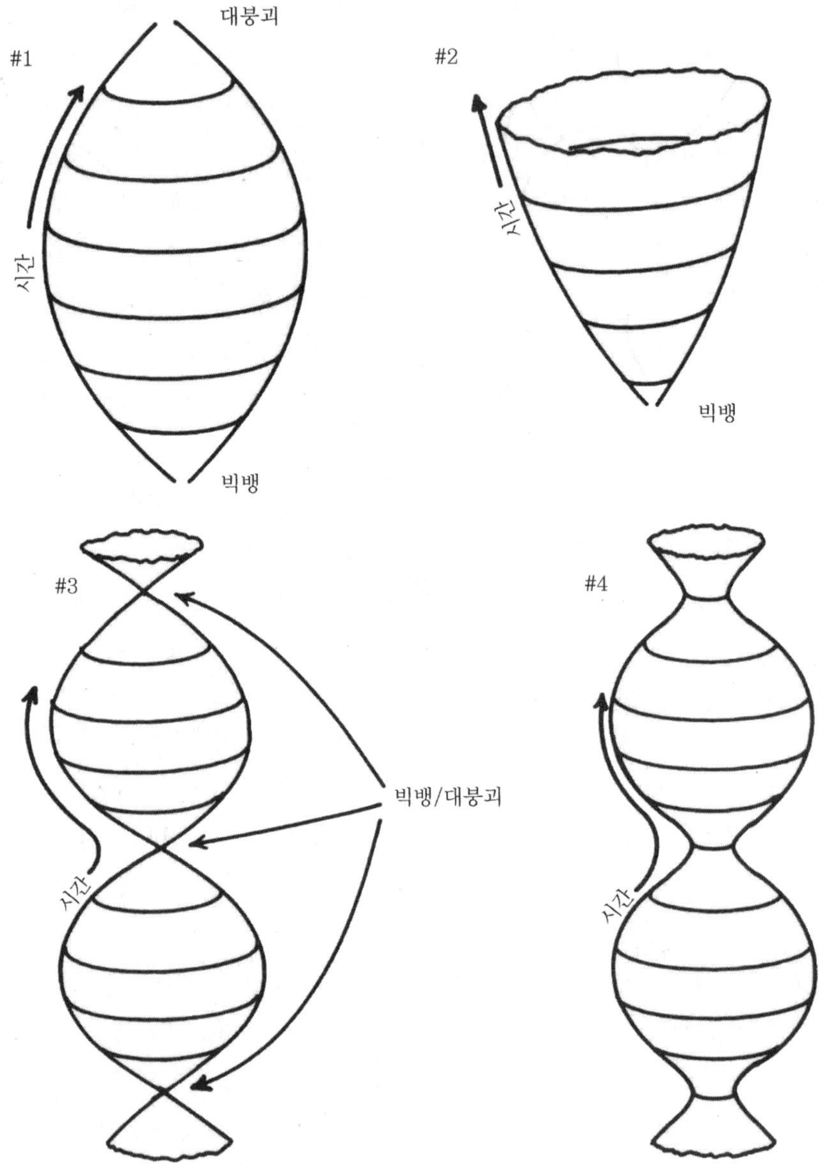

[그림 19.5] 빅뱅의 가능한 여러 가지 해석

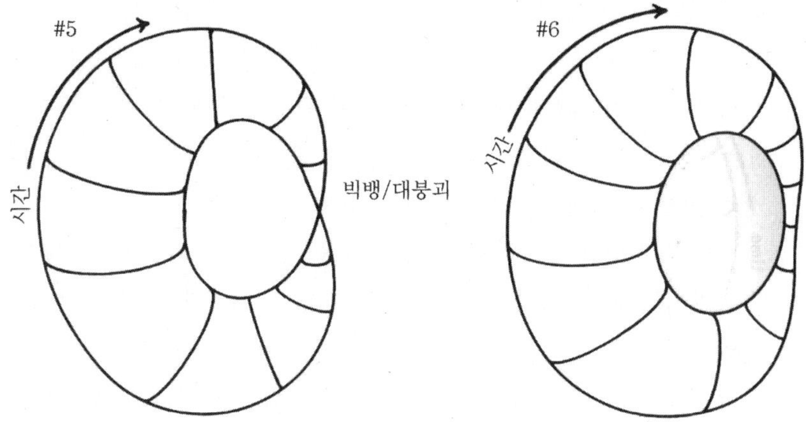

[그림 19.5] 앞에서 이어짐

데, 세 번째 그림에서 우주는 한 주기가 끝날 때마다 한 점으로 붕괴합니다. 네 번째 그림에서 우주는 그렇게 작게 되기 전에 다시 '튀어 오릅'니다. 마지막으로, 다섯 번째와 여섯 번째의 것은 대붕괴가 빅뱅의 원인이 되는 순환적인 우주를 보여줍니다.

사그레도: 이 모델 중 어떤 것이 정확한지 물리학의 법칙을 통해 알 수는 없습니까?

살비아티: 아쉽게도 그럴 수 없습니다. 이상한 사건들이 빅뱅 직후 수 억 조분의 일 초* 사이에 일어났습니다.

온도, 압력 그리고 밀도가 엄청나게 높았는데, 무한이라고 말할 수 있을 정도였습니다. 이러한 조건에서는 중력이 양자의 특성을 띠게 되지만 중력에 대한 양자이론은 아직 없습니다. 따라서 우리는 빅뱅 직후의 우주가 어땠는지 알 수 없습니다. 그래서 우리는 확실치 않은 추측에 만족해야 합니다.

---

* 좀 더 정확히는, $1/10^{43}$ 초

사그래도: 그러면 당신은 이 중 어느 그림을 지지하고 있습니까?

살비아티: 나는 그림 #1과 #2가 가장 그럴듯하다고 생각합니다. 이것들이 가장 단순하기 때문입니다. 최근 들어 관찰을 통해 확보한 증거들은 우주의 팽창은 점점 가속되고 있다고 암시합니다. 이는 그림 #2가 #1보다 더 정확하다는 것을 함의합니다.

나머지 그림들은 시간이 시작과 끝을 가지지 않는다는, 우리가 그동안 신봉해 온 인식을 버릴 필요가 없게 해준다는 점에서 매력이 있습니다. 그러나 그 그림들은 또 다른 복잡한 문제를 가져옵니다. 그 그림들을 선택하면 빅뱅을 나타내는 점의 의미를 해석해야 하거나(그림 #3, #5) 왜 우주가 다시 튀어 오르는지 (그림 #4, #6) 설명해야 합니다. 저로서는 차라리 우리의 과거가 유한할 수 있다는 것을 받아들이겠습니다.

CHAPTER 20

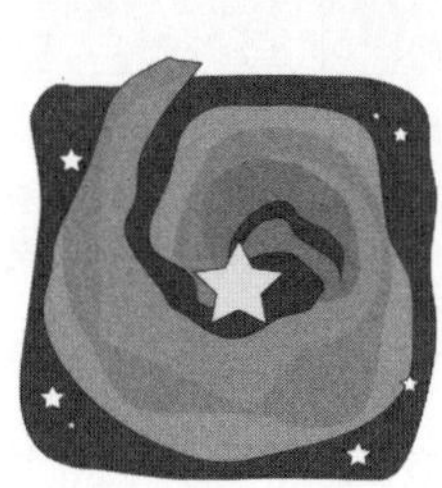

우주의 역사

고대 그리스인들은 우주의 본질에 대해 다양한 견해를 가지고 있었습니다. 루시퍼스Leucippus(약 480 B.C.–약 420 B.C.)와 데모크리토스Democritus(약 460 B.C.–약 370 B.C.)는 무한한 우주를 상상했습니다. 반면 아리스토텔레스Aristotle(약 384 B.C.–약 322 B.C.)는 지구가 가운데 들어박혀 있으며 구 모양의 경계를 가진 유한한 공 모양 우주를 상상했습니다. 아리스토텔레스의 견해는 널리 받아들여졌고, 2000년 동안이나 서구 사회에서 거의 의심받지 않았습니다. 하지만 중국, 그리고 아마도 다른 몇 곳에서는 우주가 무한하다는 믿음이 있었습니다.

1608년에 망원경이 발명되었습니다. 망원경을 통한 새로운 관찰 결과들은 우주의 중심에 지구가 있다는 믿음을 조금씩 허물었으며, 무한한 우주에 대한 관심을 다시 불러일으켰습니다. 어떤 사람들은 '무한한 우주'에 대해 만족하지 못했지만, 또한 아리스토텔레스가 가정한 '경계' 역시 좋아하지 않았습니다. 그 경계 건너편에는 그럼 무엇이 있다는 말입니까? 1854년, 리만Riemann은 그의 대학교수 취득 논문에서 삼차원 구를 우주의 모델로서 제시했습니다. 14장에서 삼차원 구는 사차원 공의 삼차원 표면임을 설명한 바 있습니다. 그것은 유한한 우주이지만 골칫거리인 경계를 가지지 않습니다.

1890년에 클라인은 훨씬 더 일반적인 해를 발견했는데, 그것은 다중연결된 우주입니다. 다중연결된 삼차원 다양체 중 가장 단순한 것은 바로 삼차원 토러스입니다. 대략적으로 말하자면, 삼차원 다양체가 다중연결되었다는 것은 그 다양체 안에서 여러분이 여러분 자신의 다중상을 보게 된다는 것입니다. 이는 그림 7.1과 7.2에서 설명하고, 그림 7.3에서 7.12까지에 걸쳐 추가로 묘사한 바와 같습니다. 이 책에 나오는 닫힌 삼차원 다양체 중 삼차원 구를 제외한 모든 것은 다중연결된 것입니다. 유명한 푸앵카레의 추측은 더 이상의 예외는 존재하지 않는다는 것을 주장합니다. 하지만 이 추측은 아직 증명되지 않았습니다.*

처음에 천문학자들은 다중연결된 우주라는 개념에 흥미를 가졌습니다. 이미 1900년대 초반에 칼 슈바르츠실트Karl Schwarzschild는 〈Vierteljahrschrift der Astronomischen Gesellschaft〉에 실은 논문의 후기에서 삼차원 토러스를 소개했습니다. 이 글은 독자들의 상상력을 자극했지요. 조금 인용해 보겠습니다.

> 엄청나게 확장된 천문학적 관찰 결과를 토대로, 전체 우주는 무한히 많은, 은하수와 동일한 복사본들로 구성되어 있고, 무한한 우주는 은하수와 완전히 동일한 복사물을 하나씩 담고 있는 정육면체들로 분할된다고 상상해 보라. 우리는 같은 세계가 무한히 많이 반복된다는 믿음에 집착할 것인가? 바라보는 주체인 우리 자신이 무한히 많은 복사본들로 존재해야 한다는, 이 믿음의 결론을 고려해 보면 이 생각이 얼마나 불합리한지 알 수 있을 것이다. 우리는 이 반복들이 착각이고, 실제로 우주는 우리가 임의의 한 정육면체를 한 면을 가로질러 떠나는 즉시 그 맞은편 면을 가로질러 다시 들어오게 되는 특별한 연결성을 가지고 있다고 생각하는 편이 더 행복할 것이다. 우리가 여기서 가정했던 공간은 다름 아닌 가장 단순한 클리포드-클라인 공간[삼차원 토러스]인데, 이것은 유클리드형 기하를 가진 유한한 공간이다. 천문학적인 관찰은 이 클리포드-클라인 공간에 단 하

* 역주 : 가장 유명한 수학적 난제 중 하나였던 푸앵카레의 추측은 이 책의 발간 이후인 2003년에 러시아 수학자 그리고리 페렐만(Grigori Perelman)에 의해 마침내 증명되었다.

나의 제약조건을 만드는데, 우리는 그것을 즉각 알아챌 수 있다: 은하수의 눈에 보이는 반복이 여태껏 관측되지 않았으므로 우주의 부피는 유클리드형 기하에 기초하여 은하수에 부여한 부피보다 훨씬 클 것임이 틀림없다. 다른 단순한 클리포드-클라인 공간들은 아직 그것들의 수학적 연구가 불완전하기 때문에 간략하게 다루어질 수 있다.* 그것들 모두 같은 세계의 명백히 동일한 복사물들을 통해 같은 방법으로 발생하는데, 지금 유클리드형, 타원형, 쌍곡형 공간에서 그것이 된다. 그리고 우리의 경험은 그것들의 부피가 눈에 보이는 항성계의 부피보다 클 것임이 틀림없다는 조건을 부과한다.**

1917년에 아인슈타인은 중력에 대한 그의 새로운 기하학적 해석(그 유명한 일반상대성이론)을 우주론의 문제에 적용하면서 리만의 삼차원 구를 우주의 모델로 선택했습니다. 그러나 아인슈타인의 동료인 드시터de Sitter는 구 모양 우주에 적용되는 아인슈타인의 방정식은 다중연결된 사영 삼차원 공간에도 똑같이 잘 적용된다는 사실을 그 해가 다 가기 전에 즉각 지적했습니다(14장의 마지막 단락을 보세요). 알렉산더 프리드먼은 쌍곡형 우주의 가능성에 대한 그의 1924년 논문에서 더 주목할 만한 단계에 올라섰습니다. 그 논문에서 그는 아인슈타인의 방정식이 원칙적으로 무한 쌍곡형 공간뿐 아니라 모든 닫힌 (다중연결된) 쌍곡형 삼차원 다양체에도 적용된다는 것을—비록 그 당시에는 단 하나의 예조차 알려지지 않았지만—지적했습니다. 그럼에도 불구하고 아인슈타인은 삼차원 구를 더 선호했는데, 이는 삼차원 구가 갖고 있는 단순성 때문이었습니다. 실제로, 우주가 편평하거나 쌍곡형인 것이 아니라 구 모양의 다양체라고, 아인슈타인이 생각하게 된 주된 동기는 오직 삼차원 구만이 우주가 유한한 동시에 단순연결되어 있을 가능성을 제공한다는 사실입니다.

---

* W. Threlfall과 H. Seifert가 1930년까지 구면 다양체를 분류하였고, W. Hantzsche와 H. Wendt가 1935년까지 편평 다양체를 분류하였다. 하지만 쌍곡 다양체는 지금까지도 분류되지 않고 있다.

** K. Schwarzschild, "On the permissible curvature of space," Vierteljahrschrift d. Astronom. Gesellschaft 35(1900) 337–347; 영문판 John and Mary Stewart역, Class. Quantum Grav. 15(1998) 2539–2544. 허락하에 사용.

20세기의 중반을 거치면서 우주론자들은 우주의 위상에 대한 의문에 흥미를 잃었습니다. 그것은 아마도 부분적으로는 아인슈타인의 절대적인 영향력과, 단순연결된 공간에 대한 그의 확고한 지지 때문일 것입니다. 그러나 한편, 우주의 위상을 실험적으로 발견하도록 해주는, 어떤 실행 가능한 방법이 없었다는 사실도 그만큼 중요하게 작용했을 것입니다. 우주론자들은 관찰을 통해 검토할 수 있는 질문에 주로 흥미가 있습니다. 실행 가능한 실험이 없었으므로, 우주론자들은 그들의 관심을 다른 곳으로 돌렸습니다. 한 세대 동안 그들은 위상적인 문제에 대해 너무 무지해서, 대부분의 교과서들은 곡률이 양인 공간은 삼차원 구여야 하고, 편평한 공간은 무한 유클리드형 공간이어야 하며, 곡률이 음인 공간은 무한 쌍곡형 공간이어야 한다고 (잘못!) 기술했습니다. 모든 다중연결된 다양체들은 빠뜨려져 왔습니다.

21세기의 마지막 10년 동안 우주론자들은 다중연결된 다양체들을 다시 살펴보게 되었습니다. 아마도 부분적으로는 그것들을 열심히 연구한 수학자들과의 교류 때문일 것이지만, 더 큰 이유는 실험을 통한 검토를 드디어 실행할 수 있게 되었기 때문일 것입니다. 21세기가 시작되는 시점에, 다중연결된 우주에 대해 검토하는 두 개의 연구 프로그램이 독립적으로 진행되고 있습니다. 우주 결정학(21장)에서는 은하의 분포에서 어떤 패턴을 찾으려고 하며, 하늘의 원(22장) 방법에서는 대폭발 이후로 남아 있는 초단파 복사선을 조사합니다. 우리는 이 연구들을 통해 우리 우주의 모양을 밝힐 수 있기를 기대하고 있습니다.

CHAPTER 21

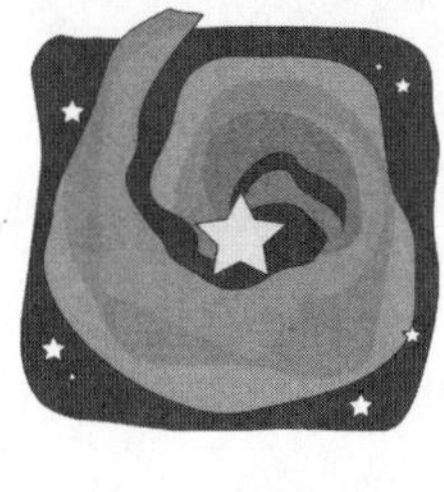

우주 결정학

다중연결된 공간에서 우리는 우리 자신에 대한 다중상을 보게 됩니다(그림 7.1, 7.2). 따라서 실재의 우주가 다중연결된 모양인지 아닌지 검사하는 일은 간단합니다. 그렇지요? 망원경으로 밤하늘을 봅시다. 만약 우리 은하가 보인다면 우주는 다중연결되어 있는 것입니다. 우리 은하를 보지 못할 때는 두 가지 경우가 있습니다. 하나는 공간이 단순연결되어 있는 경우이고, 다른 하나는 공간이 다중연결되어 있지만 우리가 관찰하기에는 규모가 너무 큰 경우입니다.

공간의 위상을 검사하는 일이 이렇게 쉬우면 얼마나 좋겠습니까! 실제로는 상황을 복잡하게 만드는 커다란 문제가 하나 있는데, 빛의 속도가 그것입니다. 멀리 떨어져 있는 은하로부터 우리가 받는 빛은 아주 아주 오래된 것입니다. 어떤 은하가 우리로부터, 예컨대 10억 광년 떨어져 있다면, 우리가 그것으로부터 받는 빛은 우리에게 도달하기까지 대략 10억 년이 걸렸습니다. 우리는 그 은하의 현재의 모습이 아닌, 그것의 대략 10억 년 전 모습을 봅니다. 은하는, 마치 자라는 아이가 그러한 것처럼, 세월이 지남에 따라 모습이 많이 변합니다. 그러니 우리가 우리 은하의 또 다른 상을 발견하더라도, 우리가 보고 있는 것은 그것의 10억 년 전 모습이므로, 지금의 것과는 매우 달라 보일 것입니다. 더욱이 우리가 하늘의 여러 다른 곳에서 그것의 서로 다른 모습을 보게 되는 경우에는, 아마 그것을 여러 다른 각도에서 보는 것일 겁니다. 즉, 우리는 하늘의 한 곳을 볼 때는 그것의 가장자리를 하늘의 다른 한 곳을 볼 때는 그것의 정면을 보는 것일지도 모릅니다.

같은 은하의 여러 가지 모습인 이런 다양한 상들을 인식하는 문제는 1000억 명의 군중 속에서 여러분 어머니의 수십 개의 상을 분간하는 문제와 비슷하게 어렵습니다. 어머니의 상이 모두 동일하다면 별로 어렵지 않을 것입니다. 하지만 군중 속의 한 곳에서 여러분이 정면에서 볼 때 20세로 보이는 여러분 어머니의 상을 보고, 군중 속의 다른 한 곳에서 발바닥 쪽에서 볼 때 3세로 보이는 어머니를, 또 다른 곳에서 머리 꼭대기에서 볼 때 57세로 보이는 어머니를 보는 경우라면, 이 일은 무척 어려울 것입니다. 이러한 세 개의 상을 동일한 사람의 여러 상으로 인식하는 것은 흥미로운 문제가 될 것입니다. 이 때 여러분은 모여 있는 수많은 사람 속의 다른 1000억 명과 여러분의 어머니를 구별해야 함을 명심합시다!

연습문제 21.1 우리로부터 10억 광년 떨어진 은하에서 출발한 빛이 우리에게 도달하기까지 **정확히** 10억 년 걸립니까? 왜 그렇습니까, 혹은 왜 그렇지 않습니까? ▮

은하수의 반복되는 상들을 분간해 내는 일은 모여 있는 수많은 사람들 속에서 여러분 어머니의 상들을 분간해 내는 일만큼 어렵습니다. 다행히 마르크 라시에즈 레이Marc Lachièze-Rey, 롤랑 르우크Roland Lehoucq, 장 피에르 뤼미네Jean- Pierre Luminet가 개별 은하들을 분간하지 않고도 반복하는 패턴을 검사하는 방법을 고안해 냈습니다. 그들의 아이디어는 상당히 단순합니다. 은하들(또는 그 밖의 빛의 근원)의 목록을 가지고 시작해서 모든 두 은하 사이의 거리를 계산합니다.

연습문제 21.2 목록에 세 개의 은하(A, B, C라 합시다)만 있다면, 계산해야 할 거리는 세 개 뿐입니다(AB, BC, CA). 목록에 네 개의 은하(A, B, C, D)가 있다면, 여섯 개의 거리(AB, AC, AD, BC, BD, CD)를 계산해야 합니다. 목록에 n개의 은하가 있다면, 몇 개의 거리를 계산해야 합니까? ▮

단순연결된 우주에서(그림 21.1) 거리를 계산된 결과에는 특별히 흥미로운 것이 없습니다. 이미 알려진 어떤 통계적 분포(소위 푸아송 분포라 불리는 것)를 따르기는 하지만, 그것말고는 관심을 끌 만한 것이 없습니다. 하지만 다중연결된 우주에서 어떤 거리는 한 번 이상 나타날 것입니다(그림 21.2). 특히, 은하 A의 두 상 사이의 거리는 은하 B의 두 상 사이의 거리와 정확히 같고, 은하 C의 두 상 사이의 거리와도 정확히 같습니다. 그 다음에, 우리는 실험을 통해 은하 목록에서 은하들 사이의 모든 가능한 거리들을 계산할 것입니다. 어떤 거리가 우연한 확률로 얻어지는 것보다 훨씬 자주 나타난다면, 이는 그 우주가 다중연결되어 있다는 단서가 됩니다. 다중연결된 우주를 발견하기 위한 이러한 방법을 우주 결정학Cosmic Crystallography이라고 부릅니다.

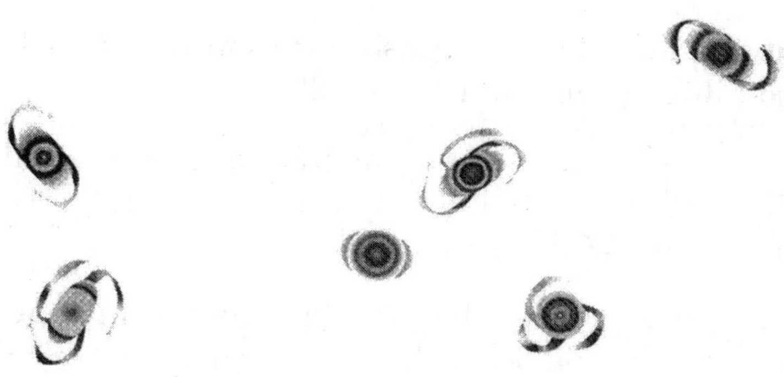

[그림 21.1] 단순연결된 우주에서 은하들의 배열은 임의적이다.

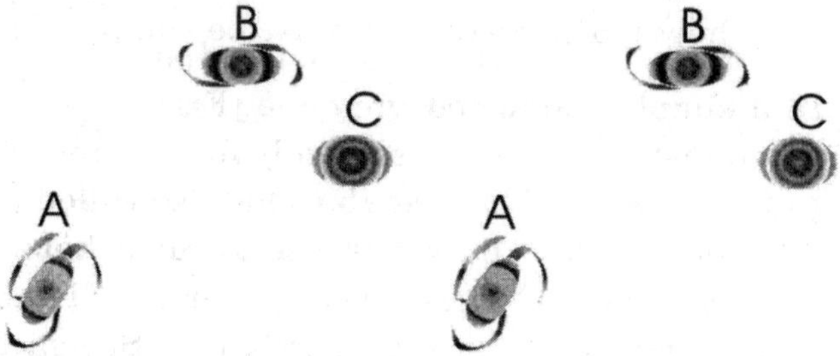

[그림 21.2] 다중연결된 우주에서 은하들의 상은 규칙적인 패턴으로 반복된다.

- **문제** 우주 결정학은 은하들을 다루지 않습니다. 은하들은 일정하게 움직입니다. 예를 들면, 은하수(우리 은하)는 약 600km/sec의 속도로 우주 속에서 이동하고, 다른 은하들도 이와 비슷한 속도로 움직입니다. 그래서 우리가 하늘의 다른 부분에서 하나의 우주의 여러 상들을 관찰할 때, 우리는 그 은하의 서로 다른 시대를 보게 되는 것이며, 위치 면에서도 우주의 약간 다른 지점에 놓인 것으로 보게 됩니다. 더욱이 관측의 불확실성 때문에 우리는 관측된 상들이 어디에 있는지 정확히 알지는 못합니다.

- **해결** 개별적인 은하들을 다루는 대신에 초은하단supercluster of galaxies을 다룹시다. 은하들은 은하단cluster 속에 모여서 존재합니다. 초은하단은 은하단들이 모인 것입니다. 우리가 개별적인 은하의 위치보다 더 정확하게 초은하단의 위치를 아는 것은 아닙니다. 중요한 것은 위치에 관한 같은 불확실성이 같은 정도라 하더라도, 그것은 개별 은하의 크기에 비교하면 크지만, 초은하단의 크기에 비교할 때는 작다는 것입니다.

초은하단을 대상으로 연구하는 것은 실제 적용에 있어서 또 하나의 장점을 지닙니다. 하늘에는 대략 1000억 개의 개별적인 은하들이 보이지만, 초은하단은 단지 몇백 개뿐입니다. 그림 21.3은 단순연결된 우주에서 초은하단들 사이의 떨어진 거리를 예상한 히스토그램입니다. 그림 21.4는 삼차원 토러스에

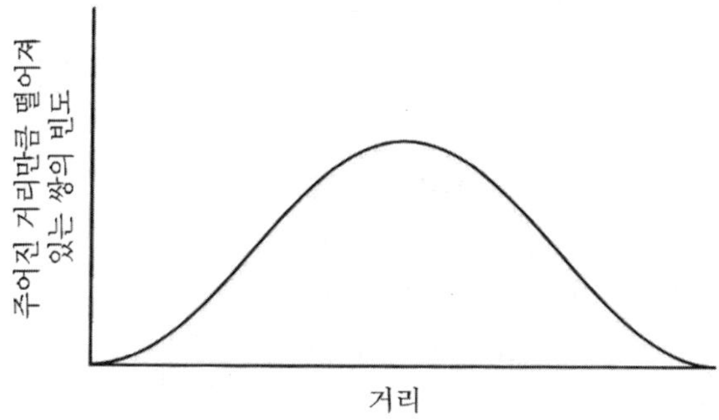

[그림 21.3] 이 히스토그램은 관찰 가능한 우주 안에서 초은하단들 사이 거리의 빈도를 그린 것이다. 여기에서 우리는 우주가 단순연결되어 있고, 모든 초은하단은 그림 21.1의 은하들처럼 서로 다르다고 가정한다.

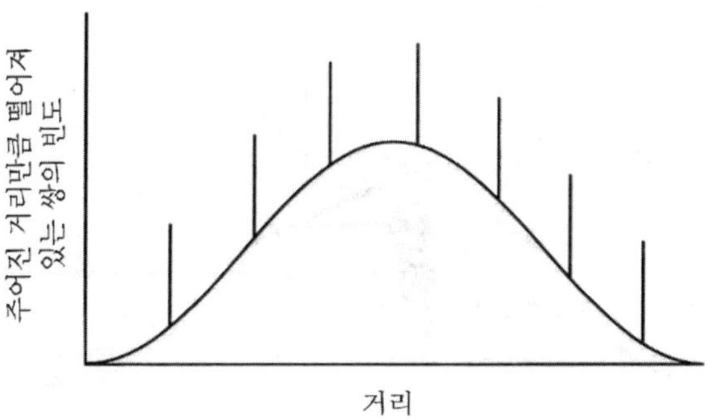

[그림 21.4] 이 히스토그램은 관찰 가능한 우주에서 초은하단들 사이 거리의 빈도를 나타낸 것이다. 여기에서 우리는 우주가 다중연결 되어 있고, 초은하단의 다중상들이 그림 7.3의 비행기들과 그림 21.2의 은하들처럼 규칙적인 패턴을 형성한다고 가정한다.

대한 같은 히스토그램입니다. 두 번째 히스토그램은 동일한 은하의 두 상 사이의 거리 때문에 만들어진, 긴 주사바늘처럼 삐쳐 나온 부분을 제외하고는 첫 번째 것과 유사합니다. 그 긴 주사바늘은 우주의 다중연결성을 나타냅니다. 자료를 보다 세밀하게 분석해 보면 기본적인 평행이동의 방향을 알 수 있습니다.

우주 결정학의 약점은 그것이 모든 다양체에 적용되지 않는다는 것입니다. 예를 들면, 클라인 병(그림 21.5)에서 초은하단 A의 두 상 사이의 거리는 초은하단 B의 두 상 사이의 거리와 같을 필요가 없습니다. 결정학의 방법은 반사된 상들을 발견하지 못하기 때문에, 클라인 병을 인식할 수 없습니다. 오히려 이 방법은 오직 순수한 평행이동 (그림 21.6)만을 발견하고는 우주가 토러스라고 잘못 결론내릴 수 있습니다.

삼차원에서의 상황도 이와 비슷합니다. 예를 들면, 우주가 1/4 회전한 다양체라면(연습문제 7.3), 결정학의 방법은 회전 상을 찾아내지 못할 것입니다. 이 방법은 오직 순수한 평행이동만을 찾아낼 것이고, 우주가 원래의 1/4 회전 우주의 부피보다 네 배 큰 3-토러스가 된다고 보고할 것입니다.

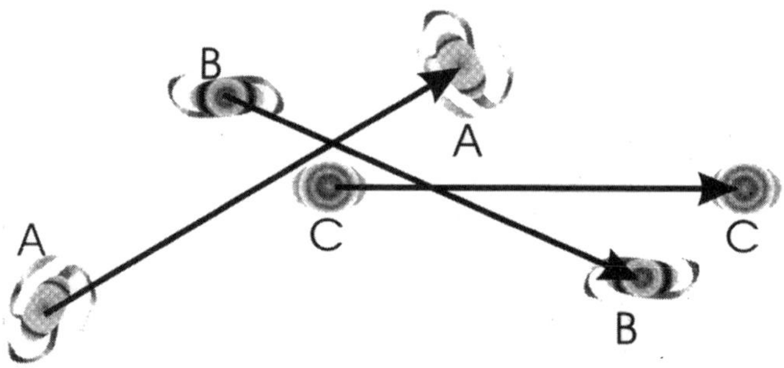

[그림 21.5] 연습문제 7.1에서는 클라인 병에서 상들이 반복하는 패턴을 형성하는데, 모든 다른 상들은 이전의 것의 반사된 모양이었다. 즉, 동일한 대상의 이웃한 상들은 미끄럼 반사glide reflections의 관계에 있으며, 순수한 평행이동의 관계가 아니다. 지금 보는 그림은 은하 A, B, C를 품고 있는 클라인 병 안의 광경의 일부이다. 각 은하의 두 번째 상은 미끄럼 반사에 의해 첫 번째 상과 합동이다. 은하 C의 하나의 상에서 다음 상까지의 거리는 짧은데, 은하 C가 미끄럼의 축 위에 혹은 축에서 가까이 있기 때문이다. 은하 B의 두 상 사이의 거리는 그보다 크다. 은하 B는 미끄럼의 축으로부터 더 멀리 있기 때문이다. 은하 A의 두 상 사이의 거리는 조금 더 크다. 은하 A는 미끄럼 축에서 더욱 더 멀리 있기 때문이다.

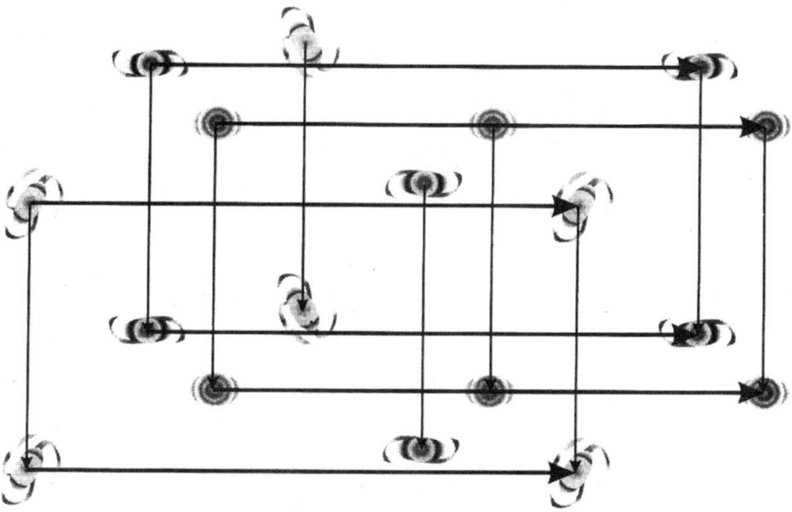

[그림 21.6] 연습문제 7.1의 답을 연구해 보면 여러분은 클라인 병 안의 광경이 미끄럼 반사뿐 아니라 순수한 평행이동도 포함한다는 사실을 발견할 수 있을 것이다. 순수한 평행이동의 관계에 있는 두 상의 쌍들은 결정학의 방법에 의해 쉽게 발견할 수 있다. 예를 들어, 현재 그림에서 두꺼운 수평 화살표는 같은 거리를 공유하는 여섯 쌍의 상들을 나타낸다. 얇은 수직 화살표들은 공통 거리를 공유하는 서로 다른 9개 쌍의 상들을 나타낸다. 결정학의 방법은 클라인 병에서 순수한 평행이동을 찾아낼 수 있지만, 미끄럼 반사는 찾아내지 못한다. 그래서 우주가 원래의 클라인 병보다 넓이가 두 배인 토러스라고 잘못 보고한다.

굽은 삼차원 다양체는 어떻습니까? 쌍곡형 삼차원 다양체에서 초은하단 A의 두 상 사이의 거리는 초은하단 B의 두 상 사이의 거리와 정확히 같을 수는 절대로 없습니다. 그래서 결정학의 방법은 완전히 실패하게 됩니다. 구형의 삼차원 다양체에서 이 방법은 어떤 상들은 발견하지만 다른 것들은 발견하지 못합니다. 다행히도 서로 가장 가까이 있는 상들은 찾아낼 수 있는 가능성이 가장 높습니다. 그래서 실제의 우주가 구형의 다양체라면—그리고 우리가 가장 가까운 상들을 볼 수 있을 만큼 충분히 작다면—결정학의 방법으로 우주의 위상을 발견하게 될 가능성은 매우 높습니다.

2001년 가을 현재까지, 결정학의 방법은 우주의 제한된 영역만을 아우르는, 은하의 소규모 목록에만 적용되어 왔고, 어떤 주기성도 관찰되지 않았습니다. 2010년 정도에 이르면 보다 큰 규모의 목록에 대해 이 방법을 적용할 수 있을 것이며, 결국 우주의 모양을 발견할 가능성도 더 높아질 것입니다.

CHAPTER 22

하늘의 원

빅뱅 이후 처음 30만 년 동안, 우주는 그림 19.2의 거의 가장 윗부분에 있는 첫 번째 구멍 두 개짜리 토러스처럼 작고 비좁았습니다. 은하들은 아직 형성되지 않았고 수소와 헬륨 기체가 우주 전체에 가득 차 있었습니다. 그런데 그것은 보통의 기체가 아니었습니다. 우주의 모든 에너지가 그런 작은 부피 안에 갇혀있었기 때문에 온도가 3000K를 넘을 정도로 대단히 높았습니다. 그렇게 높은 온도에서는 전자들이 원자에 묶이지 못하고, 기체는 이온, 전자, 복사로 구성되어 있는, 플라즈마라고 불리는 형태를 취합니다. 다시 말하면, 전체 우주는 현재 태양의 바깥층과 같이 뜨겁게 타오르는 물질로 채워져 있었습니다. 어떻게 해서든 (고열에 견디는!) 타임머신을 타고 그 당시로 되돌아갈 수 있다면, 여러분은 타오르는 듯이 뜨거운 안개 속에 있는 여러분 자신을 발견할 것입니다.

우주는 팽창하면서 식었습니다. 빅뱅으로부터 약 30만 년이 지나자, 우주는 뜨거운 플라즈마가 기체로 응축될 수 있을 정도로 식었습니다. 우주는 투명해졌고, 따뜻하지만 맑은 수소와 헬륨으로 채워지게 되었습니다. 왜 기체들이 갑자기 투명해졌을까요? 구체적으로 설명하자면 이렇습니다. 복사의 광자들은 입자들의 전하를 감지하므로 플라즈마 안의 대전된 입자들에 의해 쉽게 산란됩니다(그림 22.1). 그러나 광자들은 기체 안의 전기적으로 중성인 원자와는 반응하지 않습니다(그림 22.2).

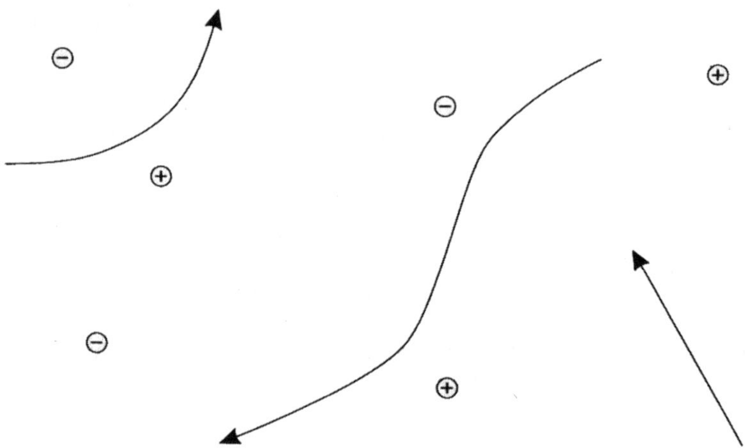

[그림 22.1] 플라즈마 안에서 광자들은 대전된 입자들에 의해 산란된다. 그래서 플라즈마는 뜨겁게 타오르는 안개처럼 불투명하다.

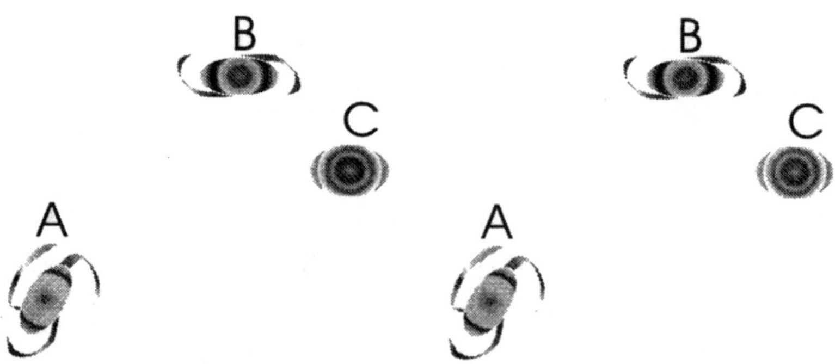

[그림 22.2] 기체 안에서 광자들은 원자와 상호작용하지 않는다. 그래서 그 기체는 투명하다.

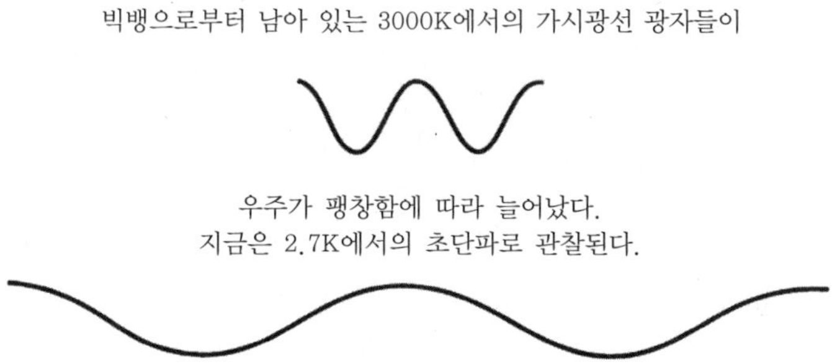

[그림 22.3]

자유롭게 풀려난 복사는 그 이후 지금까지 별로 방해받지 않고 우주를 가로지르고 있습니다. 원래 그 온도는 기체로 응축하기 시작한 때의 플라즈마와 같은 약 3000K였습니다. 그러나 우주는 그때부터 지금까지 약 1100배로 팽창했고, 3000K의 적외선 광자도 파장이 늘어나서 차가운 2.7K의, 즉 절대 영도보다 2.7도 높은 초단파가 되었습니다(그림 22.3). 이것이 우주초단파배경복사Cosmic Microwave Background(CMB) radiation입니다. 그것은 현재 1 세제곱센티미터 당 약 400개의 광자 밀도로 전체 우주를 채우고 있습니다.

CMB는 1965년에 벨 연구소의 아노 펜지어스Arno Penzias와 로버트 윌슨Robert Wilson이 처음 관측하였습니다. 그들이 CMB를 찾고 있었던 것은 아닙니다(사실, 초신성 잔해로부터 방출되는 라디오파를 측정하려고 했었습니다.) 그들이 "과도한 안테나 잡음"을 발표했을 때, 우주론자들은 그것이 무엇인지 곧바로 알았습니다. 우주론자들은 이미 자신들이 사용할 안테나를 만들고 있었기 때문입니다.

CMB는 두 가지 주목할 만한 특징을 가지고 있습니다. 첫 번째는 흑체 스펙트럼이라 불리는 것인데, 이는 복사와 물질이 열평형을 이루는 플라즈마 상태에 있는 동안 CMB에 새겨졌습니다. 그림 22.4에 보이는 곡선은 흑체 스펙트럼의 이론적인 그래프인데, 복사의 세기를 파장에 대한 함수로서 보여 줍니다. 1991년에 우주배경복사 탐사위성Cosmic Background Explorer(COBE)은 43개의 파장에서 CMB를 측정했습니다. 그 데이터들은 그림 22.4에서 정밀하고 촘촘한 오차 막대들을 통해 나타나 있습니다. 이 오차 막대들은 400σ수준(평균으로부터 400 표준편차)에서 그렸습니다. 만약 이 대신에 여러분이 전통적인 2σ 오차 막대들을 그렸다면 그것들은 그림에서 보이지도 않을 것입니다! 그것들 모두, 곡선을 그리기 위해 사용된 점들보다 작을 것이기 때문입니다. 이 놀랄 만큼 정확한 흑체 스펙트럼은—인류가 측정한 가장 정확한 흑체 스펙트럼이라고 말할 수 있습니다—뜨거운 빅뱅 모델(그림 19.2에서 묘사됨)이 옳다는 강한 확신을 줍니다.

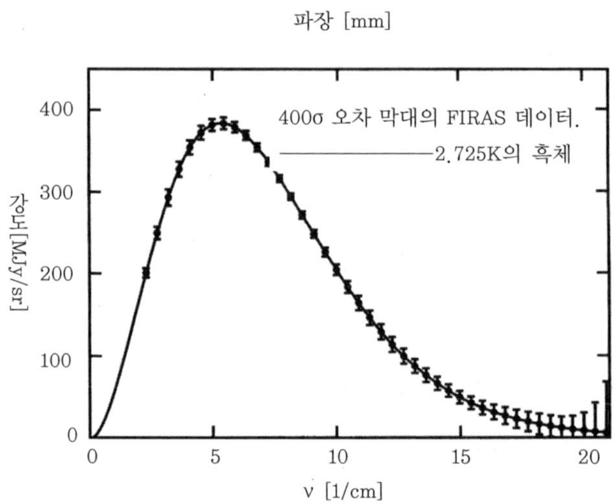

[그림 22.4] 1991년에 COBE는 우주배경복사가 뜨거운 빅뱅 이론이 예견한 정확히 그대로의 흑체 스펙트럼을 가진다는 사실을 관측하였다. ⓒ Edward L. Wright. 허락하에 사용

CMB가 가진 주목할 만한 특징 두 번째는 그것의 균질성입니다. 즉, 그 온도는 하늘 전역에서 10^5의 몇 정도의 차이로 일정합니다. 이 균질성은 관찰할 수 있는 우주의 곡률이 10^4의 1 범위 이내로 일정하다는 사실을 함의합니다.

그렇지만, 우리에게 보이는 부분의 관찰에 근거해서 전체 우주에 대한 결론을 이끌어낼 때는 신중해야 합니다. 당연히 전체 우주는 일정한 곡률을 가질 수 있고, 미적으로 이때가 가장 만족스러울 것입니다. 그러나 전체 우주는 곡률이 일정치 않으며, 우리가 관찰한 부분이 편평해 보이는 것은 단지 그것이 전체 부피의 작은 부분이기 때문이라는 것도 똑같이 그럴듯해 보입니다. 그것은 얼어있는 호수 하나의 표면을 측정하고는 지구의 표면은 거의 편평하다고 판단하는 것과 같습니다. 호수가 편평하게 보이는 것은 단지 그것이 거대한 구의 아주 작은 부분만 차지하고 있기 때문입니다.

CMB의 균질성은 인상적이지만, 실제로 우주의 위상을 드러내는 것은 균질함으로부터의 작은 편차입니다. 어떻게 이것이 가능한지 이해하기 위해서, CMB 요동과 그것들이 나타내는 바에 대해 보다 면밀하게 알아봅시다.

그림 22.5에 그려진 것처럼, CMB는 균질하고(그것은 우주에 일정하게 분포되어 있습니다) 등방적(그것은 모든 방향을 향하고 있습니다)입니다. 첫눈에 보기에, 여기에 대단한 정보가 담긴 것 같지는 않습니다. 하지만 우리가 탐지기로 관찰하는 CMB 광자들은 *지금* 그리고 *여기*에 도달한 것이라는 사실에 주목하세요. 이 광자들 모두는 (최초의 플라즈마가 중성의 기체로 응축된 이후로) 같은 길이의 시간동안 같은 속도(빛의 속도)로 여행하였습니다. 모두 같은 거리를 이동한 것이지요. 이것은 오늘날 지구에 도달한 CMB 광자들의 여행이 하나의 거대한 구, 즉 최후 산란면Last Scattering Surface(LSS)이라 불리는 구에서 시작했다는 것을 의미합니다(그림 22.6). LSS의 중심에 당당하게 앉아있는 인간이라니, 이것은 코페르니쿠스의 사상에 반하는 것일까요? 그렇지 않습니다. 우주의 다른 부분에 있는 외계 문명의 사람들은 그들 자신의 CMB 광자들을 관측할 것입니다. 이 때 그 광자들은 그들 자신의 문명이 당당하게 중심에 놓여있는 그들만의 LSS에서 출발해서 그들에게 도달하였습니다. LSS는 관찰자의 위치와 관찰자의 시간 둘 다에 의존해서 정의되는 것입니다.

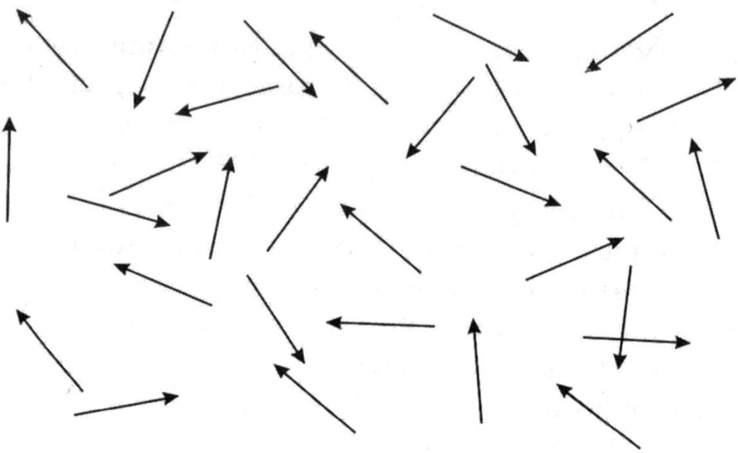

[그림 22.5] 우주초단파배경복사의 광자들은 모든 방향으로 여행하며 우주를 고르게 채운다.

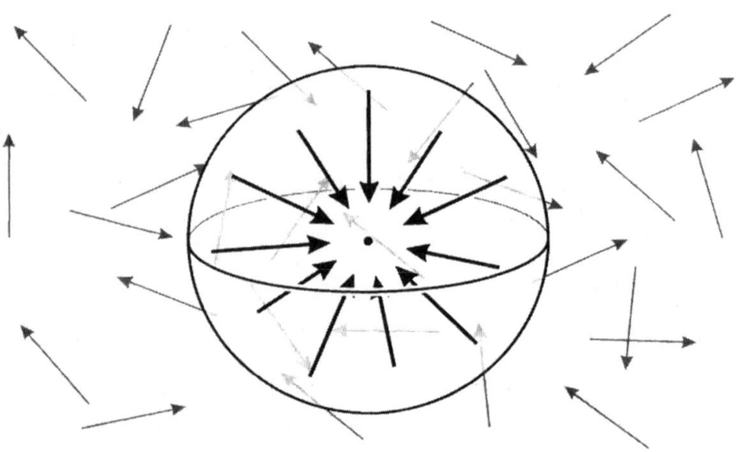

[그림 22.6] 우리가 관찰한 CMB 광자들은 지금 그리고 여기에 도달하고 있다. 이 특별한 광자들은 최후 산란면이라고 불리는 거대한 구에서 출발해 우주를 가로지르는 100억 년 동안의 여행을 시작했다.

연습문제 22.1 우리의 LSS가 앞으로 더 커질까요? 더 작아질까요? 아니면 모든 시간에 걸쳐 같은 크기일까요?

우리가 CMB를 관찰할 때, 우리는 그야말로 시간을 거슬러 보는 것이며, 최초의 플라즈마를 보는 것입니다. 빅뱅 이후 대략 30만 년이 지났을 때 우주는 매우 균질한 곳이었지만, 완전히 균질하지는 않았습니다. 10^5의 1 정도 차이로 밀도의 작은 요동이 있었습니다. 플라즈마 속의 밀도가 좀 더 높은 지역에서 출발해서 우리에게 도달한 광자들은 중력을 거슬러서 약간 더 추가적인 일을 하게 되고, 따라서 100억 년 동안의 여행을 통해 평균보다 좀 더 차가워집니다. 역으로, 밀도가 좀 더 낮은 지역에서 출발해서 우리에게 도달한 광자들은 중력에 거스르는 일을 덜하게 되어 평균보다 좀 더 따뜻한 상태로 도달합니다. 그러므로 CMB에서 온도의 요동은 최초의 플라즈마 안의 밀도 차이를 드러냅니다.

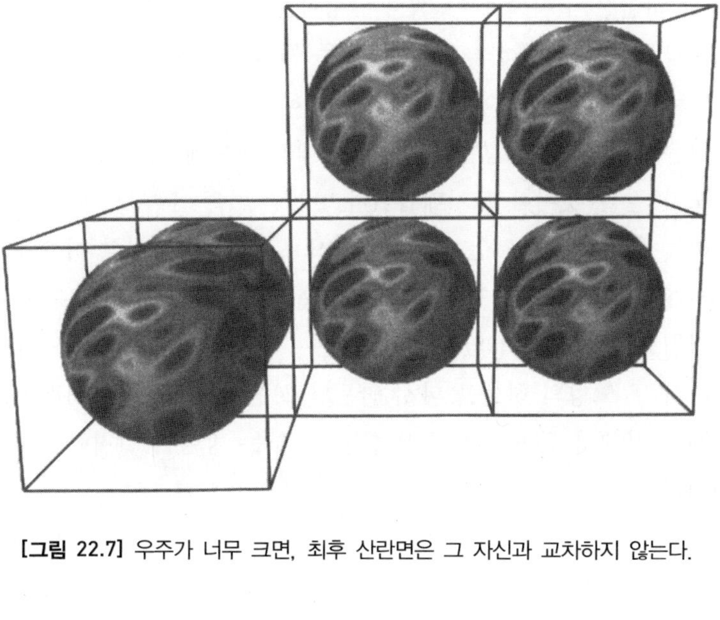

[그림 22.7] 우주가 너무 크면, 최후 산란면은 그 자신과 교차하지 않는다.

이 요동을 통해 어떻게 우주의 모양을 알 수 있을까요? 그림 22.7은 삼차원 토러스 우주에서의 LSS입니다. LSS는 오직 하나뿐이지만, 우리가 그림 7.1–7.3에서 보았던 비행기의 다중상, 그리고 그림 7.4에서 보았던 아인슈타인의 다중상처럼 우리는 LSS의 다중상을 봅니다. 그림 22.7에서 우주는 LSS보다 약간 더 크며, 이 경우 우리는 우주의 위상적 성질에 대해 아무것도 얻지 못합니다.

그림 22.8의 상황은 좀 더 운이 좋습니다. 여기에서 삼차원 토러스 우주는 LSS보다 약간 더 작습니다. LSS는 우주를 둘러싸고 있으며 그 자신과 교차합니다. 교차로 만들어지는 곡선 각각은 원입니다. 우리가 LSS의 중심에 앉아서, 예를 들어, 서쪽을 보면 교차로 만들어지는 원들 중 하나를 보게 됩니다. 또한 우리가 동쪽을 본다면 교차로 만들어지는 똑같은 원을 보게 됩니다. 즉, 우주의 동일한 점들로 만들어진 원이 서쪽 하늘에서 한번, 동쪽 하늘에서 한 번 나타납니다.

그림 22.9는 그림 22.8에서의 LSS의 중심에 있는 관찰자가 본 초단파 하늘입니다. 그 하늘은 구이므로 이 책의 편평한 종이 위에 그리기는 어렵습니다. 그래서 그림 22.9에서는 하늘을 서쪽과 동쪽 반구로 분리시켰습니다. 교차로 만들어지는 원들이 표시되어 있지요. 서쪽 하늘 가운데의 원과 동쪽 하늘 가운데의 원은 우주에서 동일한 점들을 나타내기 때문에, 우리는 대응하는 점들끼리 온도가 같을 것이라고 기대합니다.

서쪽 하늘에 있는 원에서는 반시계방향으로 도는 반면 동쪽 하늘에 있는 원에서는 시계방향으로 도는 것 때문에 여러분이 오해할 수 있겠네요. 두 개의 반구가 경첩으로 연결되어 있는데, 여러분이 중심에 들어가 앉은 채로 그 경첩을 닫아서 구 모양의 하늘을 다시 만든다고 상상해 보세요. 여러분은 두 원이 삼차원 공간에서 똑바로 서로 마주보며, 도는 방향이 일치하는 모습을 보게 것입니다.

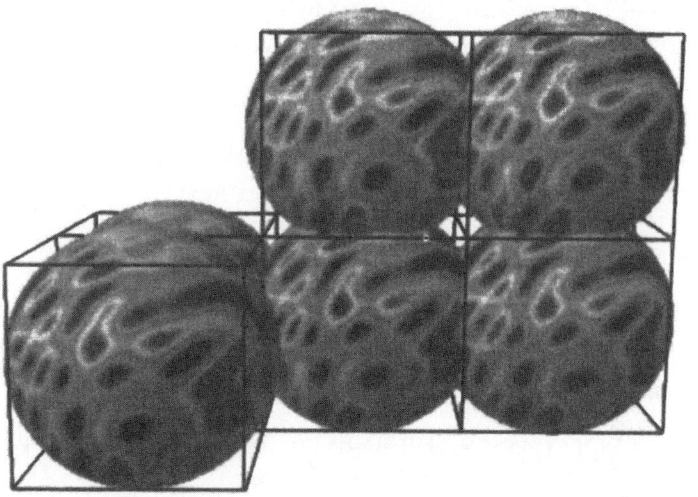

[그림 22.8] 우주가 최후 산란면보다 더 작다면, 최후 산란면은 그 자신과 겹쳐질 것이다.

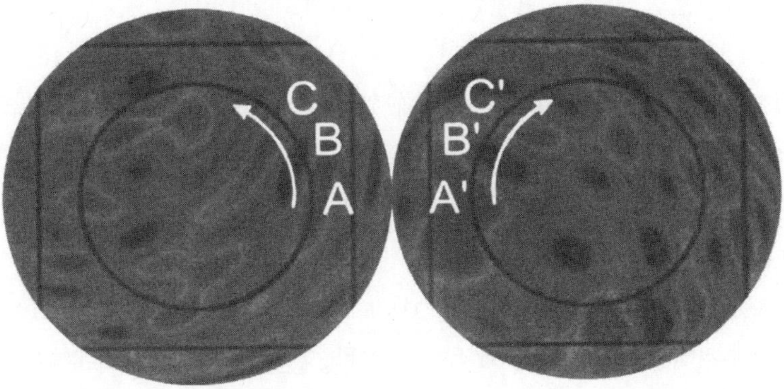

[그림 22.9] 여러분이 서쪽 하늘(왼쪽)에 있는 원의 둘레를 손가락으로 따라갈 때, 동쪽 하늘(오른쪽)에 있는 원 위의 대응하는 점에서와 같은 온도를 통과할 것이다. 두 반구 전체의 온도 패턴은 매우 다르다. 온도는 오직 두 원을 따라서만 일치한다.

연습문제 22.2 (a) 왼쪽 검지로 그림 22.8의 서쪽 하늘 가운데 있는 원을 따라 돌아봅시다. 점 A에서 시작해서 반시계방향으로 갑니다. 그 동시에 오른쪽 검지로 동쪽 하늘 가운데 있는 원을 따라 도는데, 점 A'에서 출발해서 시계방향으로 갑니다. 여러분의 손가락은 대응하는 점에서 같은 온도를 통과합니까?
(b) 북쪽과 남쪽 하늘 각각의 가운데에 원을 위치시킵시다. 그 두 원도 대응하는 점에서 온도가 같습니까? ▮

연습문제 22.3 (a) 그림 22.8의 우주가 삼차원 토러스가 아니라 1/4 회전 다양체라고 하면 들어맞는 원들은 어떻게 됩니까?
(b) 만약 그것이 $K^2 \times S^1$이라면 들어맞는 원들은 어떻게 됩니까? ▮

연습문제 22.4 푸앵카레 십이면체 공간에서는 그 들어맞는 원들이 어떻게 됩니까? 사이페르트-베버 공간에 대해서는 어떻습니까? 들어맞는 원들을 조사하는 것만으로 여러분이 푸앵카레 우주에서 살고 있는지 아니면 사이페르트-베버 우주에 살고 있는지 판단할 수 있습니까? ▮

닐 코니시Neil Cornish, 데이비드 스페르겔David Spergel, 글렌 스타르크만Glenn Starkman은 충분히 작은 다중연결 우주에서는 최후 산란면이 그 자신과 교차하며, 그 교선인 원들이 우주의 모양을 드러낸다는 것을 깨달은 최초의 사람들입니다.

2001년 6월 30일 오후 3시 46분, 한 대의 Delta II 로켓이 NASA의 초단파 비등방성 탐사선Microwave Anisotropy Probe (MAP)(그림 22.10)을 우주로 올렸습니다. 두문자어 “MAP”는 이 탐사선에 대한 아주 적절한 이름인데, MAP은 2년간에 걸쳐 CMB의 지도를 아주 정확하게 그릴 예정이기 때문입니다. 몇 년 후에 유럽 우주기구European Space Agency도 비슷한 목적을 가지고, 더욱 정확한 지도를 목표로 플랑크Planck 위성을 발사할 것입니다. 이렇게 하늘의 지도를 그리는 주된 목적은 우주의 모양을 판단하려는 것이 아니라, 팽창률, 우주의 곡률, 진공 에너지의 양에 대한 정확한 값을 찾고, 은하들이 어떻게 형성되는지를 연구하는 것입니다. 운 좋게도 초단파 하늘을 그린 MAP의 지도는 우주의 위상을 찾는데도 동등하게 도움이 될 것입니다. 연구자들은 초단파 하늘을 꼼꼼히 훑어서 거의 동일한 온도 분포를 가지는 원들을 찾기 위해 대규모의 컴퓨터 작업을 수행할 것입니다. 물론, 우주가 LSS보다 더 크다면 들어맞는 원들은 발견되지 않을 것입니다. 그러나 우주가 충분히 작아서 LSS가 그 자신과 겹치고, MAP이 찾은 데이터의 잡음 혹은 결국 플랑크 위성이 얻은 데이터가 너무 나쁘지 않다면, 우리는 들어맞는 원들을 찾아 낼 것이고, 그것들로부터 우주의 모양을 이끌어 낼 것입니다.

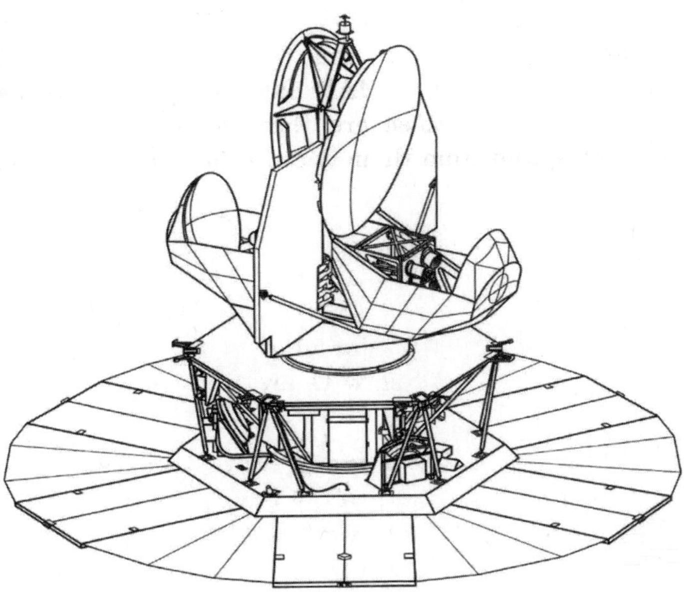

[그림 22.10] 초단파 비등방성 탐사선Microwave Anisotropy Probe(MAP)은 우주 초단파 배경복사cosmic microwave background radiation에 대한 완전한 하늘 지도를 만들 것이다. NASA MAP Science Team의 말.

Appendix

- 연습문제 풀이
- 참고문헌
- 콘웨이의 Zip 증명

Appendix 01

연습문제 풀이

CHAPTER 02

2.2 X의 차례라면 가장 아래 줄의 가운데 정사각형을 차지하면 이깁니다. O의 차례라면 가장 아래 줄의 왼쪽 정사각형을 차지하면 이깁니다.

2.3 위치 a, b, c, d, e, g는 모두 동등합니다. 또, d, f, h는 모두 동등합니다. c는 a에서 모든 말을 한 칸씩 아래로 옮김으로써 얻어집니다. g는 a에서 모든 말을 왼쪽으로 한 칸씩 옮김으로써 얻어집니다. b는 a에서 모든 말을 아래로 한 칸씩 옮기고 왼쪽으로 한 칸씩 옮김으로서 얻어집니다. e는 a를 1/4 바퀴 회전시킴으로써 얻어집니다. f는 d를 반 바퀴 회전시킴으로써(혹은 아래로 한 칸 오른쪽으로 한 칸 옮김으로써) 얻어집니다. h는 f에서 모든 말을 오른쪽으로 한 칸씩 옮김으로써 얻어집니다.

2.4 먼저 두는 사람이 놓을 수 있는 위치는 결국 하나뿐입니다. 상대편의 대응은 두 가지가 가능합니다: 먼저 두는 사람의 바로 옆 혹은 대각선 위치입니다. 최선의 경기를 하면 먼저 두는 사람이 반드시 이길 수 있습니다.

2.5 흰색 나이트는 비숍, 킹, 두 개의 나이트를 위협합니다. 반대로, 퀸,

룩, 비숍, 나이트가 흰색 나이트를 위협합니다.

2.6 모든 검은 말이 흰색 나이트와 흰색 퀸 양쪽으로부터 위협받습니다.

2.8 아래 왼쪽 모퉁이. (그가 일단 위로 한 칸 위로 이동한 다음 오른쪽으로 한 칸 이동한다고 상상해 보세요.)

2.9 그럴 수 없습니다. 보통의 체스에서와 같은 이유에서입니다: 비숍은 오직 같은 색깔의 정사각형 위의 말만 위협할 수 있는 반면, 나이트는 오직 반대 색깔의 정사각형 위의 말만 위협할 수 있습니다.

2.10 여러분은 벽을 통해 그 방의 또 하나의 복사본처럼 보이는 것을 보게 됩니다. 여러분은 바닥을 통해 여러분의 머리 꼭대기를 보게 되며, 천장을 통해 여러분의 발바닥을 보게 됩니다.

2.12 공을 던지고 재빨리 돌아서세요. 충분히 재빠르게 하면, 여러분은 타격연습까지도 할 수 있습니다.

CHAPTER 03

3.1 곡면 a와 c는 같은 위상을 가집니다. 또한, b, d가 그렇고, e, f, g가 그렇고, h가 그렇습니다. 곡면 h는 네 개의 구멍을 가진 것으로 보일 수도 있겠으나, 그것을 납작하게 만들면 그것이 단지 세 개의 구멍만 가진다는 것을 알게 될 것입니다. g에 대해서 여러분은 교차된 부분을 풀기 위해 그것을 변형해야 할 필요가 있을 것입니다.

3.2 위상적인 성질을 발견한 것입니다. 그 성질은 플랫랜드가 찌그러지더라도 보존됩니다.

3.3 곡면 a, c, d, f는 같은 외적인 위상을 가집니다. b와 e도 그렇습니다. 여기서 가장 알기 어려운 것은 c와 f가 a와 동일하다는 것입니다: f의 연

결부분을 축소시켜서 c와 같이 보이도록 만드세요, 그리고 안쪽의 고리를 바깥쪽 고리 밖으로 끌어내어서 c를 a처럼 보이도록 만드세요. 행운을 빕니다!

3.4 띠에 한 바퀴의 비틀림 대신 반 바퀴의 뒤틀림을 주어 다시 붙이면 됩니다. (이것은 '뫼비우스 띠'입니다.)

3.5 여러분은 종이를 말아 뿔로 만들 수 있지만, 그것으로 농구공을 매끈하게 감쌀 수는 없습니다. 해보세요! 농구공이 없다면 친구의 머리를 이용하세요. 종이, 원통, 뿔은 내적인 기하가 서로 같지만, 농구공의 내적인 기하는 그것들과 다릅니다.

3.6 우주가 마주보는 벽이 붙어있는 방이라고 상상하세요. 집은 한쪽 벽에 붙어 있고, 여러분의 친구는 가운데에 있습니다. 여러분은 그 반대편 벽에서 탐험을 끝냅니다. 여러분이 탐험을 끝낸 후 벽을 넘어가기만 하면 여러분은 집에 도착해 있습니다.

3.7 발견 1은 국소적이지만 발견 2와 3은 전역적입니다.

3.8 일차원 다양체는 직선과 같은 국소적 위상을 가진 공간입니다. 원은 일차원 다양체의 예가 됩니다. (사실, 원은 유일한 '닫힌' 일차원 다양체입니다.)

3.9 원통과 평면은 서로 같은 내적인 국소적 기하를 가집니다(그러나 외적인 국소적 기하는 서로 다릅니다). 그것들은 서로 다른 전역적 위상을 가지지만, 모든 곡면과 마찬가지인, 서로 같은 국소적 위상을 가집니다. 발견 2를 통해서만 원기둥을 평면과 구별할 수 있습니다. 단 그때 원기둥 위의 플랫랜드 사람은 방향을 벗어남 없이 똑바르게 여행해야 합니다.

3.10 그것들은 모든 삼차원 다양체와 마찬가지인, 서로 같은 국소적 위상을 가지며, 서로 같은 국소적 기하(즉, 일반적인 유클리드 공간의 기하)를 가집니다. 또한, 서로 같은 전역적 위상을 가집니다(하나를 다른 하나와 완전히 같은 모양과 비례를 가지도록 쉽게 변형할 수 있습니다). 그러나 그것들의 전체 치수가 서로 다르므로 그것들의 전역적 기하는 서로 다릅니다.

3.11 예. 삼차원 토러스는 모든 지점에서 일반적인 유클리드 공간과 같은 국소적 기하를 가집니다.

3.12 1, 3, 4, 7, 9는 닫혀 있습니다. 2, 5, 6, 8은 열려 있습니다.

3.13 그는 그 자신에 부딪칩니다.

CHAPTER 04

4.2 그것들 모두입니다!

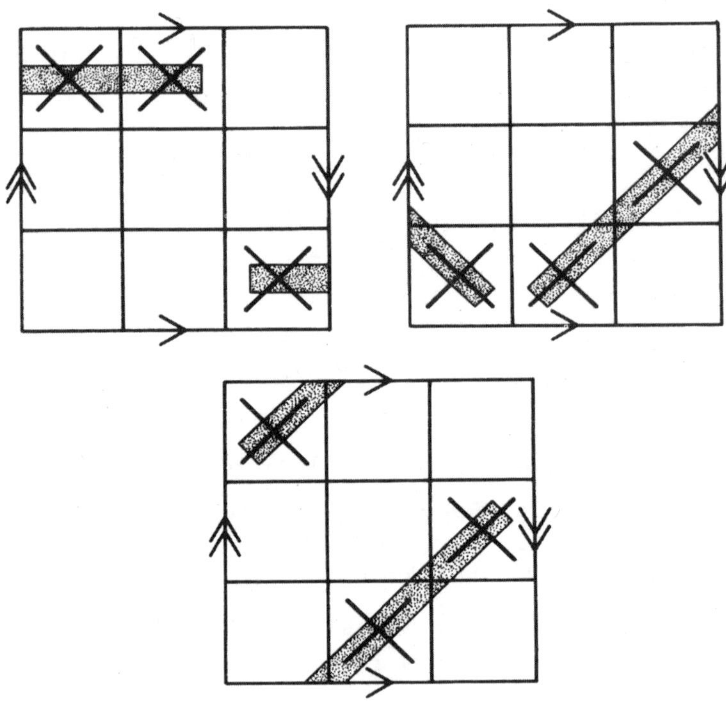

4.3 흰색 나이트는 하나의 비숍, 하나의 나이트, 하나의 룩을 위협합니다. 같은 비숍, 나이트, 룩이 흰색 나이트를 위협합니다.

4.4 모든 말판에서 X는 즉시 이길 수 있습니다. 다음 그림을 보세요. (덧붙이자면, 처음 네 개의 말판에서 X가 O를 막으려 한다면 X는 질 것입니다. O는 두 개의 서로 다른 이기는 방법을 가지고 있기 때문입니다.)

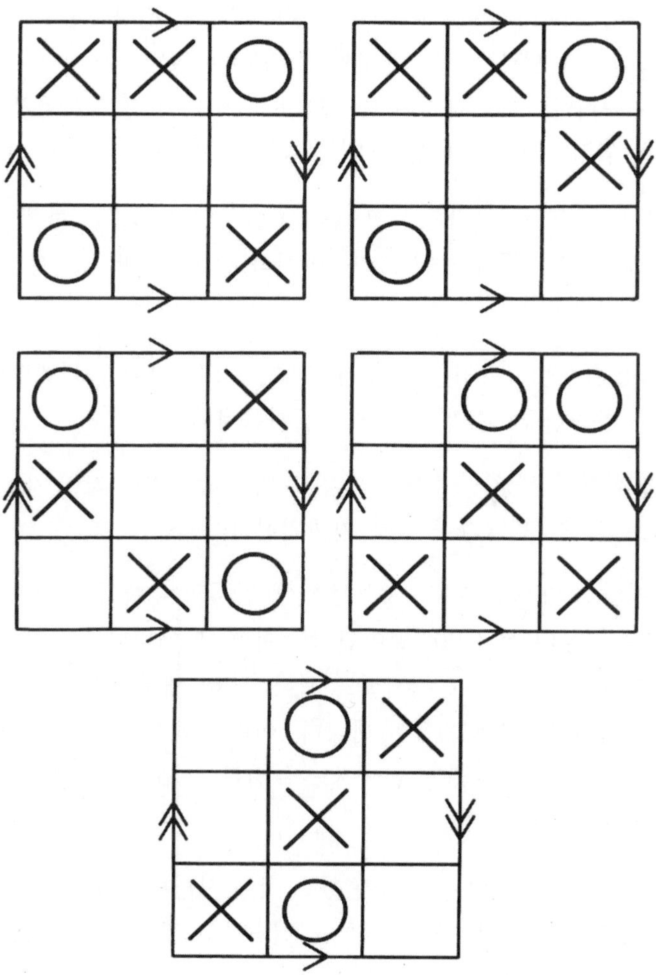

4.7 비숍은 왼쪽 위의 모퉁이로 돌아옵니다.

4.8 체스판의 오른쪽 가장자리에 있는 정사각형들 각각은 그 체스판의 왼쪽 가장자리에 있는, 같은 색깔의 정사각형에 인접해 있습니다. 따라서 비숍이 한쪽 가장자리에서 다른 쪽 가장자리로 건너갈 때 그것은 반대 색깔의 정사각형에 돌아옵니다. 이 현상은 그림 4.8의 클라인 병 체스판에서는 더 이상 일어나지 않는데, 여기서 모든 정사각형은 반대 색깔의 정사각형과만 인접해 있기 때문입니다. 이 새로운 체스판에서 나이트와 룩은 여전히 동시에 서로를 위협할 수 있습니다: 룩을 체스판 중심의 바로 윗줄 어딘가에 위치시키고, 나이트를 룩의 위치에서 한 칸 옆의 두 칸 아래에 위치시키면 됩니다.

4.9 뒤쪽 벽을 통해, 여러분은 그 방의 거울상인 복사본을 보게 됩니다. 다른 벽을 통해, 여러분은 삼차원 토러스에서와 같이 그 방의 정상적인 복사본들을 보게 됩니다.

4.11 사영평면은 비가향적입니다: 테두리를 가로지르는 플랫랜드 사람은 그의 왼쪽과 오른쪽이 서로 바뀐 상태로 돌아옵니다.

4.12 그가 집에서 가장 멀리 떨어져 있게 되는 것은 테두리를 가로지르는 순간입니다. 그 후에 그는 다시 점차 가까워집니다.

4.13 두 개의 소방서는 서로 '90° 떨어져' 위치해야 합니다. 예를 들어, 두 소방서가 테두리상의 서로 90° 떨어진 위치에 오면 됩니다. 혹은 하나는 테두리상에, 다른 하나는 남극에 위치해도 됩니다. 세 개의 소방서는 그 중 어떤 두 개도 90° 떨어지도록 위치해야 합니다. 이렇게 하는 한 가지 방법은 그 중 두 개를 테두리 상에 서로 90° 떨어지도록 위치시키고, 세 번째 것은 남극에 위치시키는 것입니다.

4.14 어떤 플랫랜드 사람이 자신이 있는 곳이 사영평면인지 구인지 알고 싶다면, 출발점에 돌아올 때까지 똑바른 직선경로로 걸어 가보면 됩니다. 사영평면이라면 그는 자신의 거울상이 되어 돌아올 것이지만, 구라면 그러지 않을 것입니다. 이 방법은 사영평면을 클라인 병과 구별하는 데에는 쓸 수 없을 것

입니다. 그 대신, 두 번째의 플랫랜드 사람은 삼각형의 내각을 측정하여 그 합이 180°인지 아닌지 확인하면 됩니다.

4.15 구: 굽었으며 가향적. 토러스: 편평하고 가향적. 클라인 병: 편평하고 비가향적. 사영평면: 굽었으며 비가향적

4.16 사영 삼차원 공간은 가향적입니다. 여러분이 '봉합선'을 가로질러 나가면 180° 회전한 상태로 돌아오게 되지만, 거울상이 되는 것은 아니기 때문입니다. 설명이 더 필요하다면, 14장의 그림 14.8 및 이와 관련된 본문 중의 단락을 참조하세요.

4.17 가향성은 전역적인 성질입니다. 그것은 전체로서의 다양체에 대한 어떤 것이기 때문입니다. 또한, 가향성은 위상적 성질입니다. 다양체를 변형할 때 영향을 받지 않기 때문입니다.

CHAPTER 05

5.1 구멍 두 개짜리 도넛표면과 구멍 하나짜리 도넛표면의 연결합은 구멍 세 개짜리 도넛표면입니다(여러분은 그림 5.4와 같은 그림을 그릴 수 있습니다). 비슷하게, 구멍 여섯 개짜리 도넛표면과 열한 개짜리 도넛표면은 구멍 열한 개짜리 도넛표면을 이룹니다.

5.2 임의의 곡면과 구의 연결합은 처음의 곡면 그 자체인데, 이유는 다음과 같습니다. 하나의 원판이 잘려나간 구는 위상적으로 하나의 원판입니다. 따라서 여러분이 그 연결합을 만들 때, 원판 하나를 제거하고 그것을 다른 원판으로 교체하는 셈입니다.

5.3 원판이 잘려나간 사영평면은 뫼비우스 띠입니다.

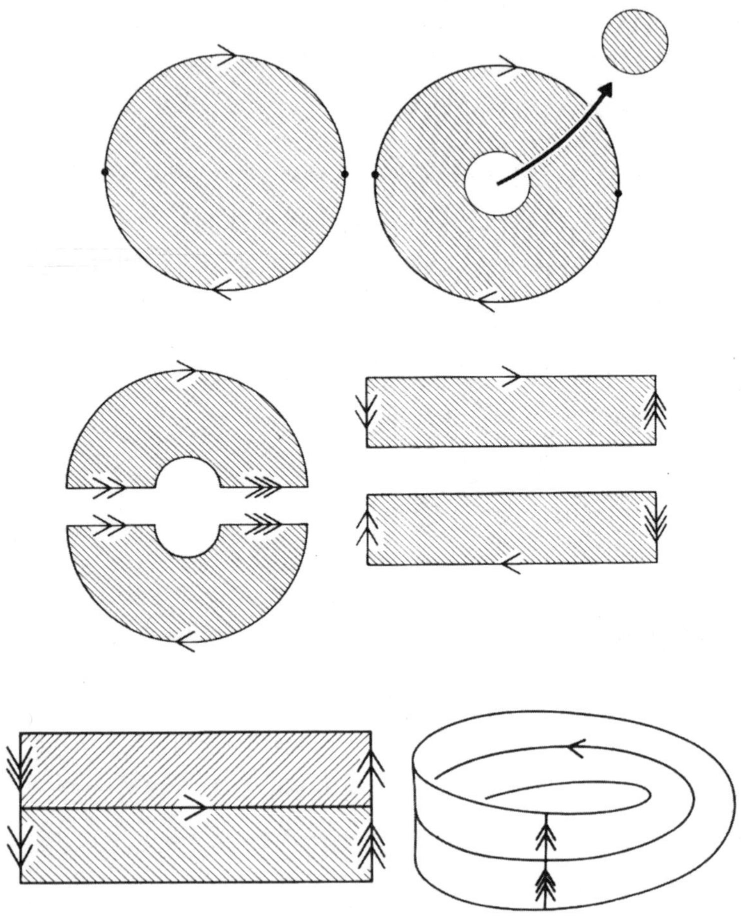

5.4 사영평면 두 개의 연결합은 클라인 병입니다. 두 개의 사영평면에서 시작하여, 그 각각으로부터 하나씩의 원판을 잘라내어 두 개의 뫼비우스 띠를 얻은 다음(연습문제 5.3), 그 뫼비우스 띠들의 가장자리를 맞붙이면 클라인 병을 얻게 됩니다(그림 5.6).

5.5 플랫랜드는 토러스와 사영평면의 연결합이었습니다. 그것의 안전한 지역은 원판 하나가 잘려나간 토러스였습니다. 그리고 뒤집힘 지역은 뫼비우스 띠였는데, 이것은 원판 하나가 잘려나간 사영평면입니다.

5.6 $(T^2\#T^2)\#S^2 = T^2\#T^2$, $K^2\#S^2 = K^2$, $P^2\#S^2 = P^2$.
(일반적으로 임의의 곡면 X에 대해, $X\#S^2 = X$ 입니다.)

5.7 (a) $K^2\#P^2 = P^2\#P^2\#P^2$,
(b) $K^2\#T^2 = P^2\#P^2\#T^2 = T^2\#P^2\#P^2$,
(c) $K^2\#K^2 = P^2\#P^2\#P^2\#P^2$.

5.9 연습문제 5.8에서 $T^2\#P^2 = K^2\#P^2$ 임을 알았습니다. 또, 연습문제 5.4에 의해 $K^2\#P^2 = P^2\#P^2\#P^2$ 입니다.

5.10 토러스와 사영평면들의 연결합으로 표현되는 곡면은 언제나 사영평면들만의 연결합으로 고쳐 표현할 수 있습니다. 여러분은 주어진 곡면의 전역적 위상은 변하지 않게 하면서 토러스들을 클라인 병들로 바꿀 수 있습니다(연습문제 5.8). 또한 이어서 클라인 병들을 사영편면들로 바꿀 수 있습니다(연습문제 5.4). 이때 오직 토러스만으로 구성된 곡면을 사영평면만으로 구성된 곡면으로 바꿀 수는 없음에 주의해야 합니다. 연습문제 5.8은 사영평면이 사용되지 않은 곡면에 대해서는 적용되지 않기 때문입니다. (게다가 여러분들은 토러스들의 연결합은 가향적이지만 사영편면들의 연결합은 비가향적이므로 그 둘은 같을 수 없음을 알고 있습니다.) $T^2\#P^2 = K^2\#P^2 = P^2\#P^2\#P^2$, $T^2\#K^2 = T^2\#P^2\#P^2 = K^2\#P^2\#P^2 = P^2\#P^2\#P^2\#P^2$, $P^2\#S^2 = P^2$, $S^2\#S^2 = S^2$. 구는 가향적입니다. 토러스들의 연결합도 가향적입니다. 반면, 사영평면들의 연결합은 비가향적입니다.

5.11 $T^2\#S^2 = T^2$, $K^2 = P^2\#P^2$, $S^2\#S^2\#S^2 = S^2\#S^2$, $P^2\#T^2 = K^2\#P^2$, $K^2\#T^2\#P^2 = P^2\#P^2\#P^2\#K^2$.

CHAPTER 06

6.1 1. 정사각형, 2. 평면, 3. 무한 원기둥, 4. 무한 띠.

6.2 아니오. 그것은 구간들의 원이지만 원들의 구간은 아닙니다. (17장에서 이 주제에 대해 좀 더 상세히 다룹니다.)

6.3 $D^2 \times S^1$는 위상적으로 속이 찬 도넛입니다. 다음 페이지의 그림은 그것이 원판들의 원임을 보여줍니다. 그것은 또한 원들의 원판이기도 하지만, 이렇게 생각하면 그리기가 좀 더 어려워집니다.

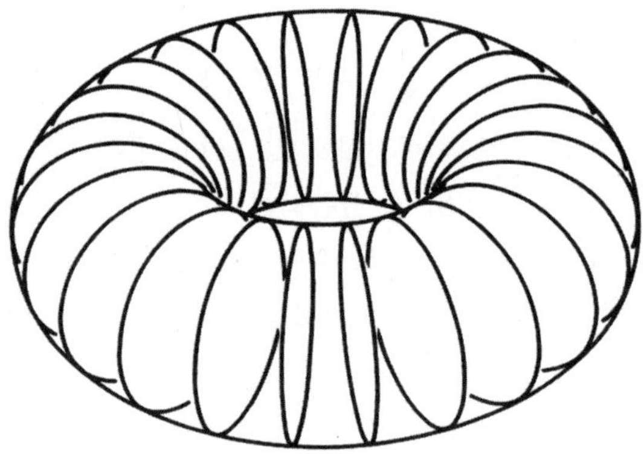

6.4 처음의 예에서는 원들의 크기가 일정하지 않습니다. 마지막 예에서는 구간들의 길이가 일정하지 않습니다. 가운데 예에서는 원들이 구간들에 수직이 아닙니다.

6.5 완벽한 정사각형이 기하적 곱입니다. 모든 변형된 정사각형은 위상적 곱만 됩니다.

6.6 그것은 클라인 병과 원의 곱($K^2 \times S^1$)입니다. (그림 6.5에서 정육면체의 면들이 붙을 때, 각각의 수평 층은 클라인 병이 됩니다.) 그것은 기하학적인 곱입니다. 수평의 클라인 병들은 모두 같은 크기이고, 수직의 원들이 모

두 같은 크기이고, 클라인 병들과 원들은 서로 수직이기 때문입니다.

6.7 $P^2 \times S^1$. 아래 그림과 같이, 여러분은 $P^2 \times S^1$를 두꺼운 반구로서 시각화시킬 수 있습니다. 안쪽 표면은 바깥쪽 표면에 단순한 방법으로 붙어있으며, '테두리 표면'은 각각의 반구 층들이 사영평면이 되도록 붙어있습니다. 이 다양체는 국소적으로 $S^2 \times S^1$와 동등하지만, 그것의 전역적 위상은 다릅니다. 여러분은 여기서 방향 뒤집기 경로 하나를 찾을 수 있겠습니까?

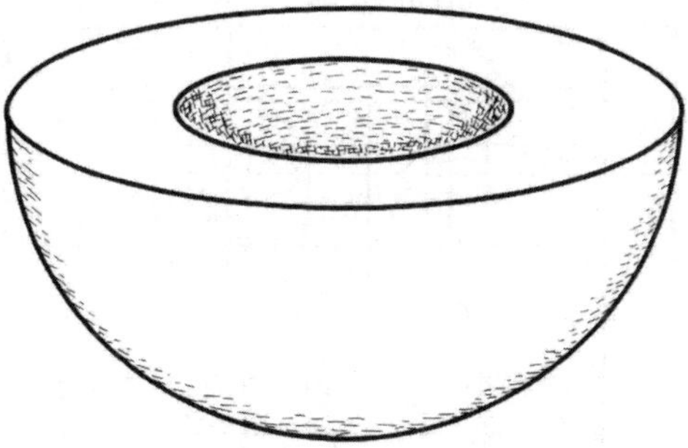

CHAPTER 07

7.1

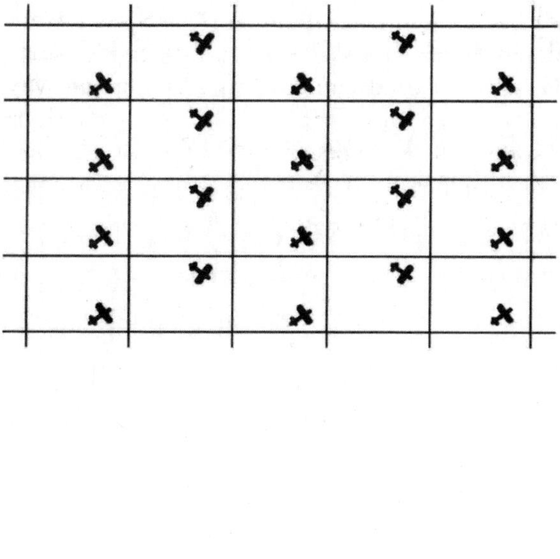

7.2

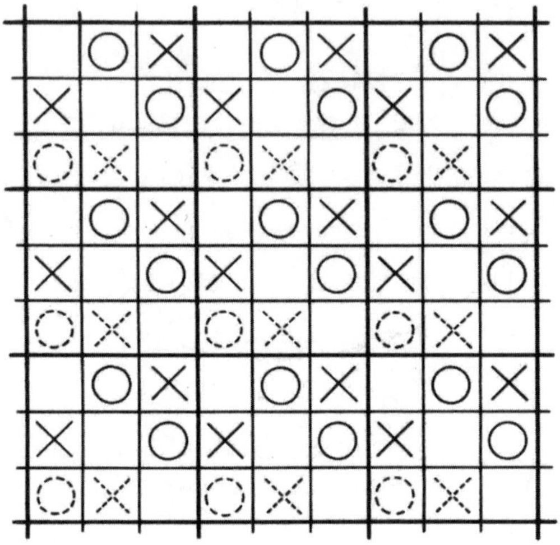

7.3 1/4 회전 다양체에서 여러분은 정육면체의 무한한 격자처럼 보이는 것을 보게 됩니다: 주어진 층에 있는 모든 정육면체들은 동일하게 색칠되어 있고, 하나 더 높은 층에 있는 모든 정육면체들은 1/4 바퀴 회전된 것처럼 보이고, 그 다음의 층에 있는 정육면체들은 1/4 바퀴 더 회전된 것처럼 보이고, 등등. 반 바퀴 회전한 다양체 그리고 3/4 회전한 다양체에서의 광경도 이와 비슷합니다. 1/4 바퀴 회전한 다양체와 3/4 바퀴 회전한 다양체에서의 광경은 서로 거울상입니다. 놀랍게도, 여러분은 내적으로는 하나를 다른 하나와 구별할 수 없습니다. 여러분은 시계방향과 반시계 방향을 구별할 기준을 가지고 있지 않기 때문입니다. 손목시계를 쳐다보아도 소용이 없습니다. 여러분은 자신이 그 다양체에서 '정상적인 자신'으로 나타났는지, 혹은 '거울상'으로 나타났는지 알지 못하기 때문입니다. 철학에 관심이 있는 독자들은 이 사실에 대해 좀 더 숙고하고 싶을 수도 있겠습니다: 문제의 핵심은 일상생활에서 우리는 시계방향, 반시계방향, 오른쪽, 왼쪽과 같은 용어들을 절대적인 뜻을 가진 것처럼 사용하지만, 사실 그것들은 상대적인 용어이어서 같은 장소의 한 물체를 다른 물체와 비교하는 데에만 사용될 수 있다는 것입니다.

7.4 그림 7.10: 앞면은 뒷면에 좌우 뒤집혀 붙어 있고, 천장은 바닥에 좌우 뒤집혀 붙어 있지만, 왼쪽 면은 오른쪽 면에 정상적으로 붙어 있습니다. 그림 7.11: 앞면은 뒷면에 좌우 뒤집혀 붙어 있고, 천장은 바닥에 앞뒤 뒤집혀 붙어 있고, 왼쪽 면은 오른쪽 면에 정상적으로 붙어 있습니다. 그림 7.12: 앞면은 뒷면에 좌우 뒤집혀 붙어 있고, 천장은 바닥에 반 바퀴 회전하여 붙어 있고, 왼쪽 면은 오른쪽 면에 정상적으로 붙어 있습니다. (만약 여러분이 천장은 바닥에 좌우가 뒤집히고, 또한 앞뒤가 뒤집혀서 붙어 있다고 말했어도 정답입니다. 이것은 반 바퀴 회전과 똑같기 때문입니다.)

7.5 연습문제 7.3의 다양체들은 모두 가향적입니다. 만약 그 중 하나 안에서 여행을 떠날 때, 여러분은 회전한 상태로 돌아올 수는 있지만, 거울 반전된 상태로 돌아오지는 않습니다. 연습문제 7.4의 다양체들은 모두 비가향적입니다; 그 각각의 안에서 최소한 한 쌍의 면은(예를 들어, 앞면과 뒷면이) 뒤집혀서 붙어 있습니다.

7.6

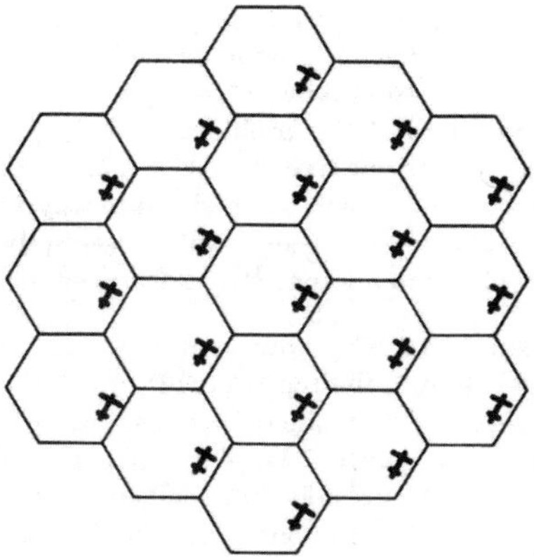

또 한 대의 비행기가 육각 토러스 안을 날아다닌다면, 그것은 당연히 각각의 육각형 조각마다 한 번씩 나타날 것입니다.

7.7 처음의 곡면에서 육각형의 모퉁이들은 각각 두 개의 모퉁이를 가지는 세 묶음으로 만납니다. 두 번째 곡면에서 육각형의 모퉁이들은 각각 세 개의 모퉁이를 가지는 두 묶음으로 만납니다. 세 번째 곡면에서 육각형의 여섯 모퉁이들은 한 점에서 만납니다! 이때, 여러분은 뾰족한 것과 반대 모양의 점을 얻게 됩니다: 꼭짓점을 둘러싸는 각이 너무 작은 것이 아니라 너무 큽니다.

뾰족한 것과
반대 모양의 점

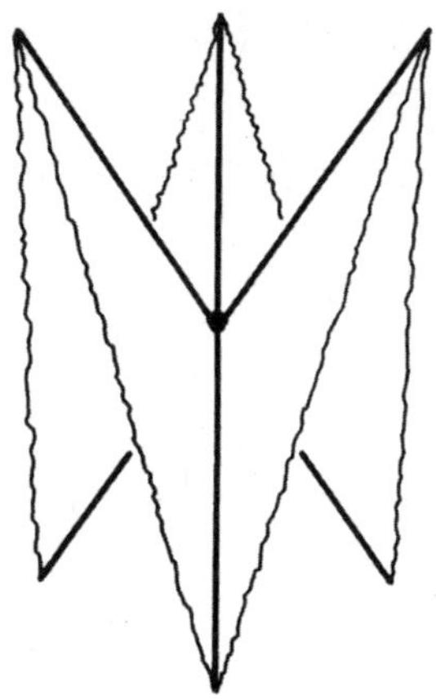

7.8 그 곡면들 중 가향적인 것은 없습니다.

7.9 그 곡면은 육각 클라인 병입니다.

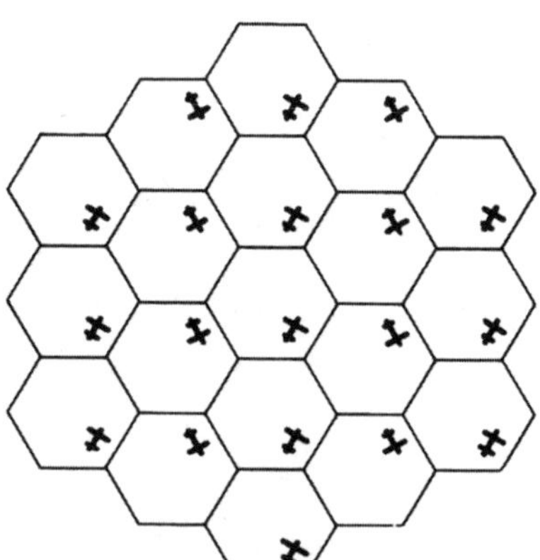

7.10 육각 토러스와 원래의 편평 토러스는 같은 국소적 위상을 가지며(모든 곡면의 국소적 위상은 같습니다), 같은 국소적 기하를 가지며(둘 다 편평합니다), 같은 전역적 위상을 가집니다(둘 다 도넛 모양으로 변형될 수 있습니다). 한편, 그것들은 연습문제 7.6에서 그린 그림의 패턴에서 확인할 수 있는 바와 같이, 다른 전역적인 기하적 성질을 가집니다.

7.11 두 번째 곡면만 편평한 것으로 간주됩니다. 처음의 것은 그것의 뾰족한 점 때문에 탈락입니다. 세 번째 것은 뾰족한 것과 반대 모양의 점 때문에 탈락입니다.

7.12 육각 삼차원 토러스와 일반적인 삼차원 토러스는 같은 국소적 기하를 가집니다: 둘 다 편평합니다. 즉, 그것들은 보통의 유클리드 공간과 같은 국소적 기하를 가집니다. 그것들은 같은 전역적 위상을 가집니다. 그 각각은 토러스와 원의 곱이기 때문입니다(한 가지 경우는 육각 토러스와 원의 곱이지만, 그것들은 기하적인 차이이지 위상적인 차이는 아닙니다). 그것들의 전역적 기하는 방금 말한 이유 때문에 다릅니다. 여러분이 육각 삼차원 토러스 안을 둘러보면 여러분은 여러분 자신의 복사본들이 여러 층들에 정렬된 것을 보게 됩니다. 이 층 각각은 육각형 격자를 이룹니다.

7.13 여러분은 여러분 자신의 복사본들이 층을 지어 있는 것을 보게 됩니다. 각 층은 육각 삼차원 토러스에서와 마찬가지로 여전히 육각 격자입니다. 단, 지금은 각 층에 있는 여러분의 복사본들은 바로 아래층의 복사본들에 비해 1/3 바퀴(1/6 바퀴) 회전한 상태입니다.

CHAPTER 08

8.1 (1) 토러스, 가향적이고 양면적. (2) 클라인 병, 비가향적이고 양면적. (3) 토러스, 가향적이고 단면적. (4) 클라인 병, 비가향적이고 단면적.

8.2 단면성은 곡면의 외적인 성질입니다. 그 곡면이 삼차원 다양체 속에 어떻게 묻혀 있는지와 관계가 있는 성질이기 때문입니다 (구체적인 예를 들자면, 그림 8.2의 첫 번째와 세 번째의 토러스 중 하나는 양면적이고 다른 하나는 단면적이지만, 내적으로는 동일합니다). 가향성은 곡면의 내적인 성질입니다. 곡면에 사는 플랫랜드 사람 입장에서 그 곡면이 가향적인지 아닌지를 구별할 수 있기 때문입니다. 모든 클라인 병은 비가향적이지만, 어떤 것은 단면적이고(예컨대, 그림 8.2에서 마지막 것) 어떤 것은 양면적입니다 (예컨대, 그림 8.2에서 두 번째 것).

8.3 그림 8.2의 두 번째 그림에 포함된 양면적인 클라인 병의 가운데에 (앞뒤 방향의) 띠를 만들어 보세요.

CHAPTER 09

9.1 처음 삼각형: 넓이= $\pi/2$, 내각의 합= $3\pi/2$. 두 번째 삼각형: 넓이 = $\pi/6$, 내각의 합= $7\pi/6$. 세 번째 삼각형: 넓이= $2\pi/3$, 내각의 합= $5\pi/3$. 네 번째 삼각형: 넓이= π, 내각의 합= 2π. 다섯 번째 삼각형: 넓이= $\pi/2$, 내각의 합= $3\pi/2$. 여섯 번째 삼각형: 넓이= 2π, 내각의 합= 3π.

9.2 처음 삼각형의 내각의 합은 $\pi/2 + \pi/3 + \pi/4 = 13\pi/12$. 따라서 그 넓이는 $13\pi/12 - \pi = \pi/12$. 두 번째 삼각형에 대해서 여러분은 각각의 각에 $\pi/180$를 곱함으로써 각의 단위를 라디안으로 바꾸어야 합니다. 그 넓이는 $A = (1.065 + 1.082 + 1.100) - \pi = 3.247 - 3.142 = 0.105$가 됩니다. (계산상의 참조: 각이 도 단위로 주어졌을 때, 내각의 총합에서 180°를 뺀 다음 그 값을 라디안 단위로 전환하는 것이 더 편리할 수 있습니다. 이 문제의 경우 여러분은 먼저 $(61° + 62° + 63°) - 180° = 6°$ 를 구한 후, $6°$ 를 라디안 단위로 바꾸어 답을 얻으면 됩니다. 즉, $6° \times (\pi/180) = 0.105$.)

9.3 직접적인 방법: $A = (\alpha + \beta + \gamma) - \pi$라는 공식을 얻어내는 이 책의 방법을 반지름 2인 구에 대한 것으로, 반지름 3에 대한 것으로, 반지름 r에 대한 것으로 변경합니다. 이중활꼴의 넓이에 대한 공식을 찾아내는 것으로부터 출발하여 거기서부터 공식을 유도합니다. 여러분의 최종 결론은, 반지름 r인 구 위의 삼각형에 대해 $A = r^2[(\alpha + \beta + \gamma) - \pi]$가 되어야 합니다.

멋진 방법: 반지름 1인 구 위의 삼각형을 고려하세요. 이제 그 구를 2배로 확대시켜서 그 삼각형이 구를 따라 확대되도록 합니다. 그 삼각형의 내각들은 변하지 않지만, 그 넓이는 네 배만큼 늘어납니다(그 높이와 그 폭이 두 배가 되기 때문입니다). 일반적으로, 여러분이 구의 반지름을 r배로 늘리면 그 위의 삼각형의 넓이는 구 전체와 마찬가지로 r^2배로 늘어납니다. 즉, 반지름 r인 구 위의 삼각형의 넓이는 반지름 1인 구 위의 닮은 삼각형 넓이의 r^2배입니다. 따라서 그 넓이에 대한 공식은 $A = r^2[(\alpha + \beta + \gamma) - \pi]$가 됩니다.

9.4 밭의 넓이는
$A = r^2[(\alpha + \beta + \gamma) - \pi]$
$= (1000\text{ m})^2[(0.76138 + 1.48567 + 0.89483) - 3.14159]$
$= (1{,}000{,}000\text{ m}^2)[0.00029] = 290\text{ m}^2$ 입니다. 유효숫자는 처음에 다섯 개였지만, 뺄셈 후에는 단지 두 개만 남게 됩니다! 따라서 여러분은 정확한 답을 몇 퍼센트 범위까지만 알 수 있습니다. 원래의 자료가 세 개의 유효숫자만 가졌었다면 어떻게 되었을까요?

9.5 $A = r^2[(\alpha + \beta + \gamma) - \pi]$라는 공식에 대입하여 구의 반지름을 구하면 $r = 10{,}000$ 미터가 됩니다. 따라서 그 구의 넓이는 $A = 4\pi r^2 = 1.2 \times 10^9$ 제곱미터가 됩니다.

9.6 (1) $\pi + (2 \times 10^{-5})$ 라디안, (2) $\pi + (0.01)$ 라디안, (3) $\pi + 1/2$ 라디안.

9.7 사영평면은 구와 같은 국소적 기하를 가지며, 구면삼각형에 대한 공식

도 여전히 적용됩니다. 사영평면 위의 플랫랜드 사람은 국소적으로는 자신이 구에 있는지 사영평면에 있는지 구별할 수 없지만, 전역적으로는 구별할 수 있습니다. 사영평면은 비가향적이어서 장거리 여행자는 자신의 거울상이 되어 돌아올 수도 있기 때문입니다.

CHAPTER 10

10.2 여러분은 정이십면체를 얻게 됩니다. (정이십면체는 스무 개의 정삼각형으로 구성된 정다면체입니다.) 정이십면체의 기하는 구의 기하에 가까운데, 이것은 쌍곡형 종이의 기하가 쌍곡평면의 기하에 가까운 것과 완전히 같은 방식입니다.

10.3 $A = \pi - (\pi/3 + \pi/4 + \pi/6) = \pi - 3\pi/4 = \pi/4$.

CHAPTER 11

11.1 뾰족한 점을 없애려면, 그 정사각형을 구에 올려놓고 모퉁이들이 잘 맞추어질 때까지 늘이면 됩니다(그 정사각형이 반구 전체를 채워서 각 모퉁이의 각이 180° 가 될 때 이렇게 됩니다). 이때 이 곡면은 균질한 타원형 기하를 가지게 됩니다. 여러분은 이것이 사영평면임을 알아볼 수 있을 것입니다(그 정사각형은 처음부터 사영평면과 같은 전역적 위상을 가지고 있었지만, 이제는 말쑥한 기하까지 가지게 되었습니다). 그림 11.1의 첫 번째 그림 또한 사영평면입니다.

11.2 **첫 번째 곡면:** 여섯 개의 모퉁이들이 한 점에서 모두 만나며, 쌍곡형 기하가 뾰족한 것과 반대 모양의 점을 없애줍니다. **두 번째 곡면:** 모퉁이들은 세

개씩 두 묶음으로 만나며, 뾰족한 점이 없으므로 그 곡면은 유클리드형(=편평한) 기하를 가집니다. **세 번째 곡면:** 여덟 개의 모퉁이들이 한 점에서 모두 만나며, 쌍곡형 기하가 뾰족한 것과 반대 모양의 점을 없애줍니다. **네 번째 곡면:** 여덟 개의 모퉁이들이 한 점에서 모두 만나며, 쌍곡형 기하가 뾰족한 것과 반대 모양의 점을 없애줍니다.

11.3 n구멍 도넛표면을 잘라, 그 모퉁이들이 네 개씩 한 묶음으로 만나는 육각형으로 만들면 여러분은 언제나 $4n-4$개의 육각형을 얻게 됩니다. (이러한 자르기를 하는 다른 방법도 있지만, 여러분은 언제나 같은 수의 육각형을 얻게 됩니다!)

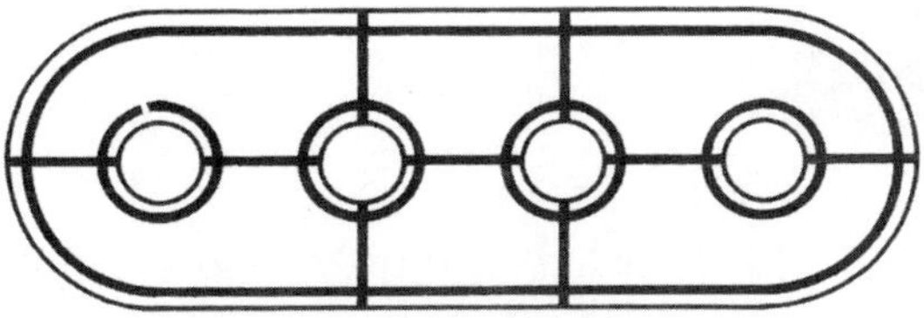

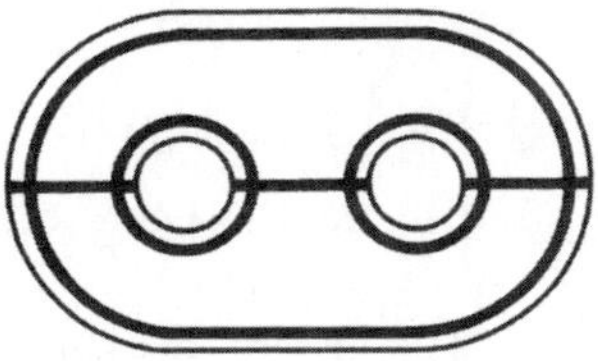

11.4 P^2는 타원 기하를 가집니다. $P^2 \# P^2$는 네 개씩 맞추어지는, 편평한 정사각형과 같은 $90°$짜리 모퉁이들을 가지므로 이 곡면은 유클리드형 기하를 가질 수 있습니다. ($P^2 \# P^2$는 위상적으로 K^2와 같습니다. 따라서 우리는 이 곡면이 유클리드형 기하를 가질 수 있다는 것을 처음부터 알 수 있습니다.) 다른 모든 경우에 대해서, 그 다각형들의 모퉁이가 네 개씩 한 묶음으로 맞추어지기 위해서는 그 모퉁이들이 줄어들어야 합니다. 따라서 모든 다른 연결합들은 쌍곡형 기하를 가질 수 있습니다.

11.5

	가향적	비가향적
타원형	S^2	P^2
유클리드형	T^2	$P^2\#P^2$
쌍곡형	$T^2\#T^2$ $T^2\#T^2\#T^2$ 등등	$P^2\#P^2\#P^2$ $P^2\#P^2\#P^2\#P^2$ 등등

CHAPTER 12

12.1 그 셀 분할은 아홉 개의 꼭짓점, 열다섯 개의 변, 일곱 개의 면을 가집니다.

12.2 n각형은 $n-2$개의 삼각형으로 쪼개집니다. n각형의 내각의 합은 이 삼각형들의 내각들을 모두 더한 것과 같고, 삼각형 하나의 내각의 합은 π입니다.

12.3 n각형의 넓이는 $n-2$개의 삼각형 넓이의 합과 같습니다. 각 삼각형의 넓이는 그 삼각형 내각의 합에서 π를 뺀 것입니다. 따라서 n각형의 넓이는 모든 내각의 합에서 $(n-2)\times\pi$를 뺀 것입니다.

12.4 구 위의 다각형에서와 같은 방법으로 하면 되지만, 여기서는 각 삼각형의 넓이가 $(\alpha+\beta+\gamma)-\pi$가 아니라 $\pi-(\alpha+\beta+\gamma)$입니다. 따라서 최종적으로 $A=(n-2)\pi-$(내각의 총합)이라는 공식을 얻게 됩니다.

12.7 고칠 필요가 있는 부분은 단계 2에서 공식 $A=$(내각의 총합) $-(n-2)\pi$ 대신 공식 $A=(n-2)\pi-$(내각의 총합)을 사용해야 한다는 것입니다. 따라서 최종적으로 $A=-2\pi\chi$라는 공식을 얻게 됩니다.

12.8 그림 12.1(b)의 셀 분할을 이용하면 $\chi(T^2\#T^2)=8-16+6=-2$

입니다. 연습문제 11.3의 셀 분할을 통해 다른 방법으로 같은 답을 얻을 수 있습니다. 즉, $\chi(T^2 \# T^2) = 6 - 12 + 4 = -2$.

12.9 $A = -2\pi\chi = -2\pi(-2) = 4\pi$.

12.10 여러분이 그림 11.3의 셀 분할을 이용한다면 $\chi = 12 - 24 + 8 = -4$를 얻습니다. (셀 분할을 다르게 하면 꼭짓점의 수, 변의 수, 면의 수는 달라지지만, 오일러 수는 변하지 않습니다.) 넓이 $= -2\pi\chi = -2\pi(-4) = 8\pi$.

12.11 $\chi(T^2) = v - e + f = 1 - 2 + 1 = 0$. 클라인 병의 오일러 수 역시, 여러분이 어떤 셀 분할을 하더라도 0이 됩니다.

12.12 오일러 수는 한 번에 2씩 감소합니다. $T^2 \# T^2 \# T^2 \# T^2$의 오일러 수는 -6입니다.

12.13 토러스의 연결합에 대한 오일러 수를 구할 때와 같은 추론 과정을 따르면 됩니다. 사영평면의 연결합에 대한 셀 분할에 대해, $v = 2n \times 2 \div 4 = n$, $e = 2 \times 2n \div 2 = 2n$이고, 물론 $f = 2$입니다. 따라서 $\chi = v - e + f = n - 2n + 2 = 2 - n$입니다.

오일러 수	가향성: 가향적	가향성: 비가향적
2	S^2	
1		P^2
0	T^2	$P^2 \# P^2$
−1		$P^2 \# P^2 \# P^2$
−2	$T^2 \# T^2$	$P^2 \# P^2 \# P^2 \# P^2$
−3		$P^2 \# P^2 \# P^2 \# P^2 \# P^2$
−4	$T^2 \# T^2 \# T^2$	…
−5		
−6	$T^2 \# T^2 \# T^2 \# T^2$	
−7		
−8	$T^2 \# T^2 \# T^2 \# T^2 \# T^2$	
.		
.	…	
.		

12.14 그림 11.1: 처음의 곡면은 $\chi = 3 - 3 + 1 = 1$이고, 또한 비가향적이므로 P^2입니다. 두 번째 곡면은 $\chi = 2 - 3 + 1 = 0$이고, 또한 비가향적이므로 $P^2 \# P^2$입니다 (즉, 위상적으로 클라인 병입니다). 세 번째 곡면은 $\chi = 1 - 3 + 1 = -1$이고, 또한 비가향적이므로 $P^2 \# P^2 \# P^2$입니다. 그림 11.2: 처음의 곡면은 $\chi = 1 - 3 + 1 = -1$이고, 비가향적이므로 $P^2 \# P^2 \# P^2$입니다. 두 번째 곡면은 $\chi = 2 - 3 + 1 = 0$이고, 비가향적이므로 $P^2 \# P^2$입니다. 세 번째 곡면은 $\chi = 1 - 4 + 1 = -2$이고, 가향적이므로 $T^2 \# T^2$입니다. 네 번째 곡면은 $\chi = 1 - 4 + 1 = -2$이고 비가향적이므로 $P^2 \# P^2 \# P^2 \# P^2$입니다.

12.15 곡률은 $k = 1/r^2$이므로 그 단위는 $(\text{미터})^{-2}$입니다. 그 곡면의 넓이 A는 $(\text{미터})^2$으로 측정되며, 따라서 kA는 $2\pi\chi$와 마찬가지로 단위가 없는 양입니다.

12.16 사영평면의 곡률은 같은 반지름을 가진 구의 곡률과 같습니다. 이 경우에 대해서는 $k = 1/r^2 = 1/(2\,\text{미터})^2 = 1/4\ \text{m}^{-2}$입니다. 사영평면의 넓이는 같은 반지름을 가진 구의 넓이의 절반입니다. 이 경우에 대해서는 $A = 2\pi r^2 = 2\pi(2\ \text{m})^2 = 8\pi\ \text{m}^2$입니다. 사영평면은 그 반지름에 상관없이 오일러 수가 1입니다. 따라서 가우스-보네 정리는 $(1/4\ \text{m}^{-2})(8\pi\ \text{m}^2) = 2\pi(1)$이 됩니다.

12.17 지금까지와 마찬가지로, 공식 $kA = 2\pi\chi$을 이용합니다. $k = -0.00001\ \text{m}^{-2}$, $\chi = -4$를 대입하면 넓이가 $2{,}500{,}000\ \text{m}^2 = 2.5\ \text{km}^2$임을 알 수 있습니다.

12.18 $k = -3.1658 \times 10^{-6}\ \text{m}^{-2}$과 $A = 1{,}984{,}707\ \text{m}^2$을 $kA = 2\pi\chi$에 대입하면 $\chi = -1$ 임을 알 수 있습니다. 그림 12.3의 표를 보면 $\chi = -1$ 은 곡면은 $P^2 \# P^2 \# P^2$ 뿐임을 알 수 있습니다. (이렇게 적은 정보만으로 이 사실을 알 수 있다는 것은 놀라운 일입니다.)

12.19 $T^2 \# T^2$가 더 많이 굽어있습니다. 두 곡면의 곡률을 직접 계산해도 되지만, $T^2 \# T^2$가 $P^2 \# P^2 \# P^2$보다 오일러 수는 두 배이지만 넓이는 두 배보다 작다는 사실로부터 이를 좀 더 쉽게 알 수도 있습니다.

12.20 공식 $kA_{\Delta} = (\alpha + \beta + \gamma) - \pi$에 대입하면 $k = -1.02 \times 10^{-4}\ \mathrm{km}^{-2}$임을 알 수 있습니다. 그 다음 공식 $kA = 2\pi\chi$ 로부터 $\chi = -4.05$ 를 얻습니다. 아마 χ는 -4일 것이고, 그 플랫랜드 사람들의 (가향적인!) 우주는 전역적인 위상이 $T^2 \# T^2 \# T^2$와 같을 것입니다 (그림 12.3의 표를 참조). χ의 계산상 오차는 이 문제에서 넓이가 대략적인 값이기 때문에 주로 생긴 것입니다.

CHAPTER 13

13.1 영혼은 사차원 안에서 밧줄의 한 부분을 다른 한 부분 '위'로 넘길 수 있습니다. 다음의 그림을 보세요. 그 결과는 한 부분이 상대편 부분을 통과해 나간 것과 같습니다. 결국 이 고리의 매듭이 풀어집니다.

13.2 클라인 병의 '목'을 사차원 공간으로 밀어 넣으면 됩니다.

CHAPTER 14

14.3 여러분은 자신이 풍선의 바깥쪽이던, 그러나 지금은 결국 그 안쪽인 부분에 갇히게 되었음을 알게 될 것입니다! 탈출하기 위해서는 어떻게 해야 할까요? (여러분이 풍선의 주둥이를 통과할 수 없으며, 풍선을 상하게 하고 싶지는 않다고 가정합니다.)

14.4 우선, 호의 10분이란 1/6 도 ≑ 0.003 라디안입니다. 삼각형의 내각의 합이 π를 최소한 0.003 라디안만큼은 넘어야 가우스가 그의 도구로써 그 차이를 발견할 수 있습니다. 이 삼각형의 넓이는 약 4000 km^2이어서, 가우스는 공식 $kA_\Delta = (\alpha + \beta + \gamma) - \pi$를 통해 곡률 k는 최소한 $[(\alpha+\beta+\gamma)-\pi]/A_\Delta$ ≑ $[0.003]/(4000\ \mathrm{km}^2)$ ≑ $0.000001\ \mathrm{km}^{-2}$가 되어야 한다는 사실을 유도할 수 있습니다. 이 결과는 반지름이 약 1000km인 우주에 해당합니다! (공식 $k = 1/r^2$를 이용하세요.) 실재의 우주가 이렇게 작지 않다는 것은 명백합니다!

14.5 원기둥의 양끝은 서로 (뒤집혀서가 아니라) 180° 회전을 가지고 붙어 있습니다. 따라서 붙여진 원기둥은 위상적으로 토러스입니다. 이것은 가향적인데, 이 위의 플랫랜드 사람이 그의 출발점에 거울상이 되어 되돌아올 수는 없기 때문입니다. 그리고 이것은 양면적인데 삼차원적인 개미가 한쪽 면에서 다른 쪽 면으로 넘어갈 수 없기 때문입니다.

14.6 그 구의 중심을 지나는 원판은 P^3 안에서 사영평면을 이룹니다. 그러한 사영평면은 어느 것이던 비가향적이며 단면적입니다. (P^3와 같은 가향적인 삼차원 다양체에서 모든 가향적인 곡면은 양면적이며 모든 비가향적인 곡면은 단면적입니다.)

CHAPTER 15

15.1 우리 우주가 H^3의 국소적 기하를 가지지만, 단지 그 곡률이 너무 작기 때문에 아직 관측하지 못했을 수도 있습니다. (그런데, 가우스가 발견할 수 있었던 최소의 음의 곡률은 얼마입니까? 연습문제 14.4를 보세요.)

15.2 그들에게는 무한한 것으로 보일 것입니다. 경험을 통해 그들의 두뇌는 그들의 두 눈이 얼마나 사시가 되는가에 의존하여 거리를 정확하게 판단할 것입니다. 우리 우주는 그들에게 어떻게 보일까요?

CHAPTER 16

16.1 모든 네 개의 모퉁이가 한 묶음으로 모입니다. (붙이기를 할 때 각 모퉁이들이 다른 세 개의 모퉁이들과 '인접'하게 된다는 것을 보면 알 수 있습니다.) 알맞게 들어맞기에 이 모퉁이들은 너무 뾰족하며, 따라서 이 사면체는 초구에서 확장되어야 합니다. 이것은 이 다양체에 타원형 기하를 줍니다.

16.2 이 정육면체의 모퉁이들은 네 개씩 두 묶음으로 모입니다. (각각의 모퉁이는 그것이 속한 묶음의 다른 세 개의 모퉁이와 인접하지만, 다른 것들과는 인접하지 않습니다.) 이 모퉁이들은 네 개씩 모여서 알맞게 들어맞기에는 너무 작고, 따라서 이 다양체는 타원형 기하를 가져야 합니다.

16.3 이 팔면체의 여섯 모퉁이들은 하나의 묶음으로 만납니다. 정확하게 어떤 식으로 만나는지는 아래의 처음 두 그림에 나와 있습니다. 각각의 모퉁이들은 남은 다섯 개의 모퉁이들 중 네 개와 인접하며, 그 네 개는 다섯 번째 것과 인접합니다. 여기서의 의문은 그 모퉁이들이 너무 날씬한가, 너무 뚱뚱한가, 딱 맞는가 하는 것입니다. 그 모퉁이들이 가운데 그림의 정육면체를 구성하는 여섯 개의 사각뿔 중 하나와 정확히 같은 정도로 뾰족 하면 그 모퉁이들

이 정확히 들어맞을 것입니다. 그 여부를 판단하는 몇 가지 방법 중 한 가지는 피타고라스의 정리를 이용하여 팔면체의 위쪽 절반은 그 높이가 밑면의 한 변의 길이보다 약 0.7 배인 사각뿔이라는 사실을 발견하는 것입니다. 반면, 가운데 그림의 여섯 사각뿔들은 밑면의 한 변의 길이보다 정확히 0.5배의 높이를 가집니다. 이 사실은 팔면체의 모퉁이들이 다소간 너무 뾰족하고, 따라서 팔면체 공간은 쌍곡형 기하를 가져야 함을 말해줍니다.

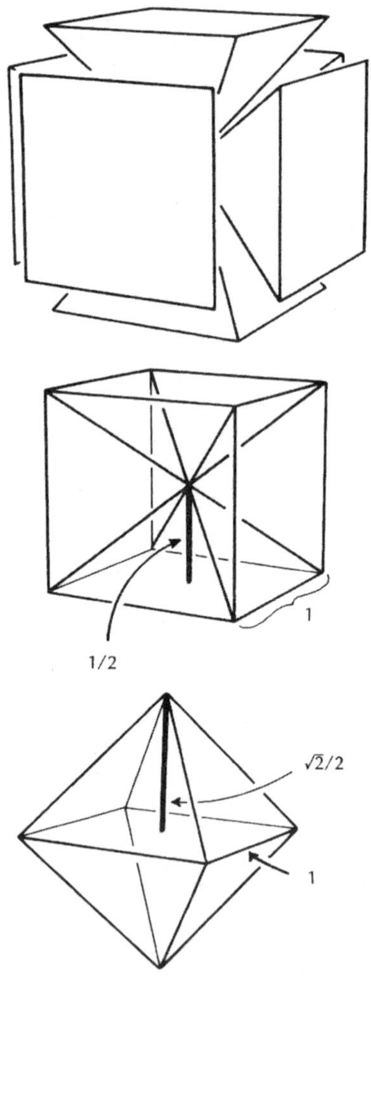

CHAPTER 17

17.1

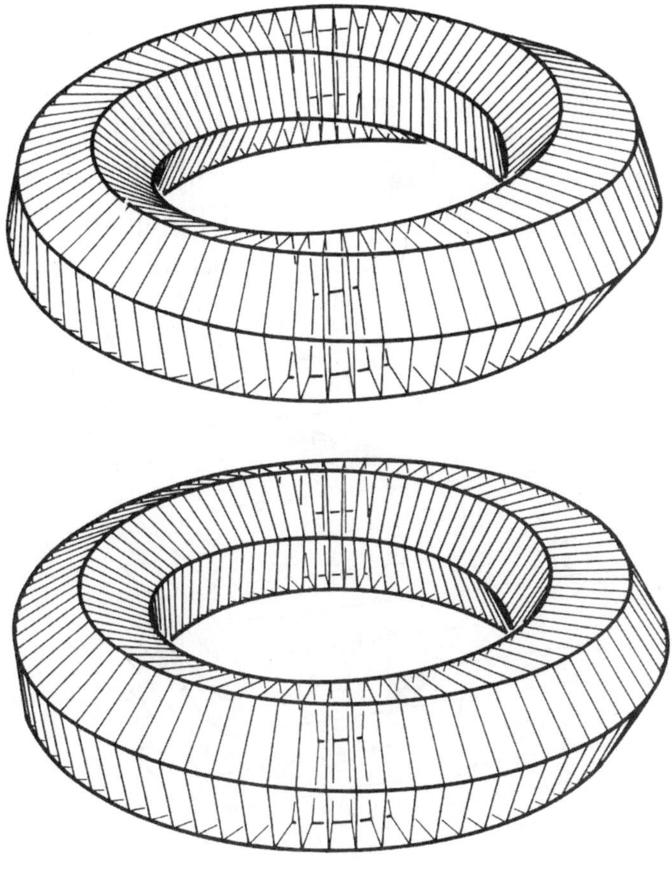

17.2

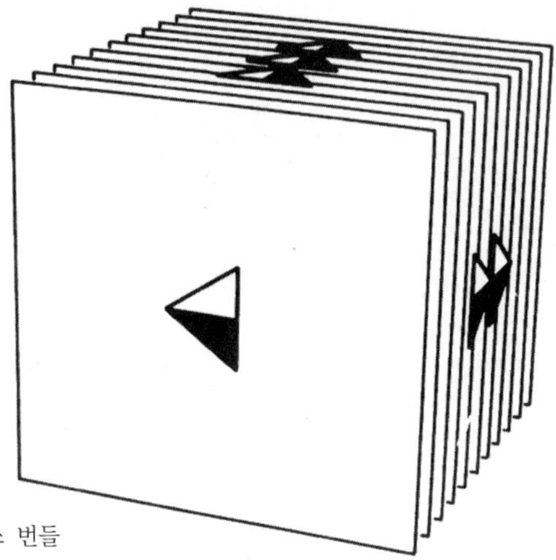

원 위의 토러스 번들

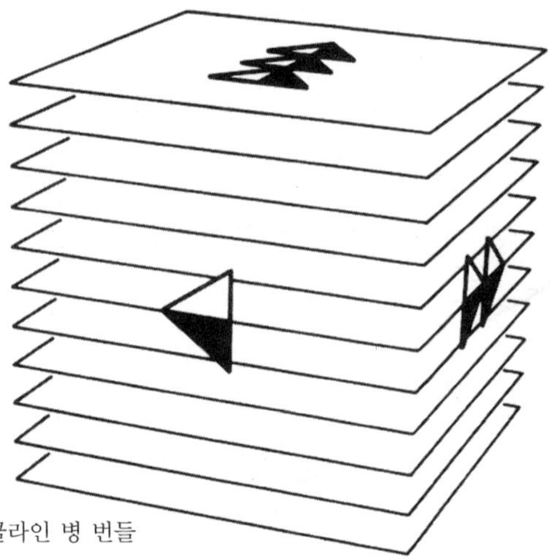

원 위의 클라인 병 번들

17.3 여러분은 윗면을 아랫면에 1/8, 1/4, 3/8, 1/2 바퀴 회전을 주어 붙일 수 있습니다. 또한 여러분은 윗면을 아랫면에, 아래에 보이는 두 가지 종류의 뒤집힘 중 하나를 주어 붙일 수도 있습니다. 단, 뒤집힘을 주었을 때는 삼차원 공간에서 그림 17.4와 같이 말쑥한 형상을 만들 수는 없습니다. (흥미롭게도, 이 두 종류의 뒤집힘에 의해 만들어지는 두 다양체는 위상적으로 서

로 다릅니다.)

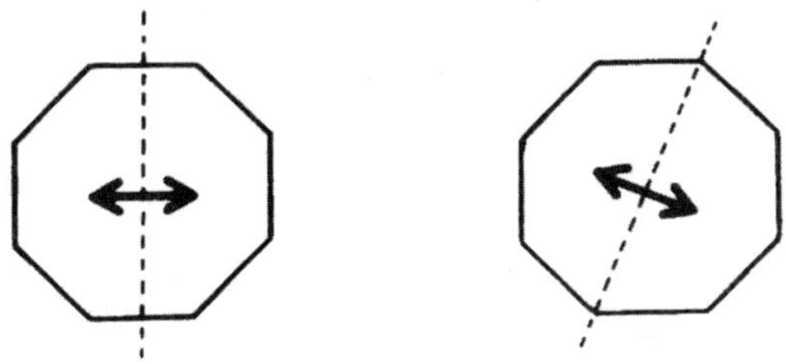

17.4 토러스와 클라인 병. 참고로, 마주보는 변들이 맞붙은 뫼비우스 띠가 클라인 병입니다.

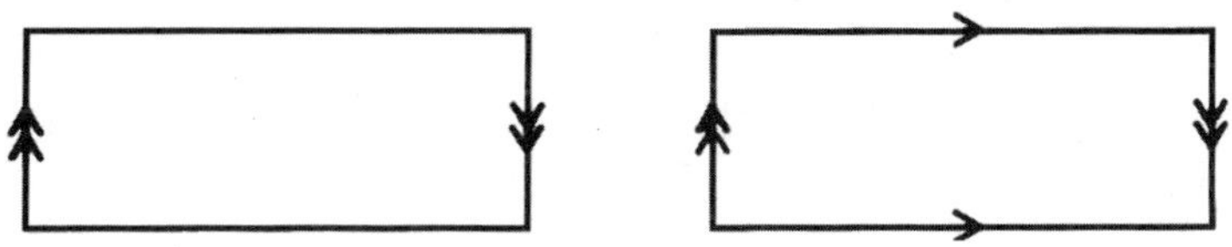

17.5 속이 찬 원기둥의 한쪽 끝이 다른 끝에 좌우 뒤집혀서 붙어 있다고 상상하면 됩니다. 여러분이 얻게 되는 것은 원판의 원인데, 이것은 곱이 아닙니다. (여러분은 이 붙이기를 삼차원 공간속에서 물리적으로 수행할 수 없습니다. 플랫랜드 사람이 평면상에서 뫼비우스 띠를 물리적으로 조립할 수 없는 것과 마찬가지입니다.)

17.6 $S^2 \times I$가 두꺼운 구 모양 껍질이라고 상상합니다. 여러분은 안쪽 표면을 바깥쪽 표면에 가장 단순한 방법으로 붙여서 $S^2 \times S^1$를 얻을 수 있습니다. 또한 여러분은 안쪽 표면을 바깥쪽 표면에 좌우 뒤집힘을 주어 붙임으로써 비가향적인 원 위의 구 번들(K^3)를 얻을 수 있습니다. 안쪽 표면을 바깥쪽 표면에 붙이는 다른 모든 방법-예를 들어 안쪽 구의 각 점을 바깥쪽 구의 대각선으로 마주보는 점과 붙이는 것-은 지금 언급한 두 가지 중 하나와 위상적으로 같은 다양체를 만듭니다(이는 다음 사실과 비슷합니다. 원기둥의 양끝을

얼마간의 회전을 가지고 붙이면, 원기둥의 양끝을 회전 없이 붙여서 만든 토러스와 기하학적으로는 다르지만 위상적으로는 같은 곡면을 얻게 됩니다. 토러스와 위상적으로 다른 곡면을 얻으려면, 그 원기둥의 양끝을 좌우 뒤집힘을 주어 붙이는 것과 같은 좀 더 과격한 일을 해야 합니다.)
속이 찬 공과 구간의 곱에서, 그 가장자리를 가장 단순한 방법으로 붙이면 '속이 찬' $S^2 \times S^1$을 얻게 됩니다. '속이 찬' K^3를 얻으려면 그 가장자리를 좌우 뒤집힘을 주어 붙여야 합니다. 사차원 다양체를 이해하려면, 정사각형이 보통의 속이 찬 토러스나 속이 찬 클라인 병을 이해하기 위해 어떤 시도를 할 수 있을지 생각해 보세요.

17.7 연습문제 7.4의 다양체들, 그리고 $K^2 \times S^1$. (사실, 그림 7.10의 다양체는 $K^2 \times S^1$과 위상적으로 동등하며, 그림 7.11과 7.12의 다양체들은 위상적으로 서로 동등함이 증명됩니다. 기하적으로 이 넷은 서로 다름에도 불구하고 그렇습니다.)

17.8 그 기둥의 천장을 바닥에 붙여 원들의 팔각형을 얻은 다음, 마주보는 옆면끼리 붙여서 원의 2구멍 도넛을 얻습니다. (마주보는 면들이 붙은 팔각형은 위상적으로 $T^2 \# T^2$와 같습니다.)

17.9 그림 8.2의 각각의 정육면체들이 수직의 스파게티로 채워져 있다고 생각합니다. 정육면체의 천장이 바닥에 붙으면 스파게티는 원이 되므로, 여러분은 각각의 경우에 대해 어떤 종류의 원 번들을 얻게 됩니다. 처음의 것은 토러스 위의 원 번들이고, 이는 가향적입니다. 두 번째 것은 클라인 병 위의 원 번들이고, 이는 비가향적입니다. 세 번째 것은 토러스 위의 원 번들이고, 이는 비가향적입니다. 네 번째 것은 클라인 병 위의 원 번들이고 이는 가향적입니다.

17.10 여러분은 임의의 수직인 변 세 개를 함께 붙어서 수평의 직선들이 들어맞게 만들 수 있지만, 네 번째 변에서는 그럴 수 없는데, 그것이 두 개의 다른 '높이'를 동시에 가져야 하기 때문입니다. 보통의 비틀린 토러스에서 이 문제는 발생하지 않습니다.

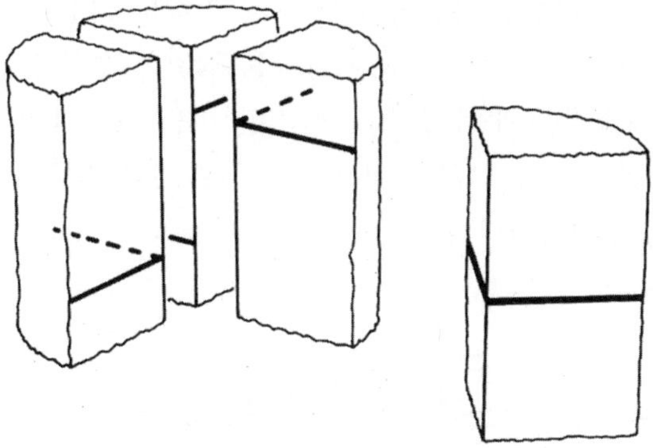

17.11

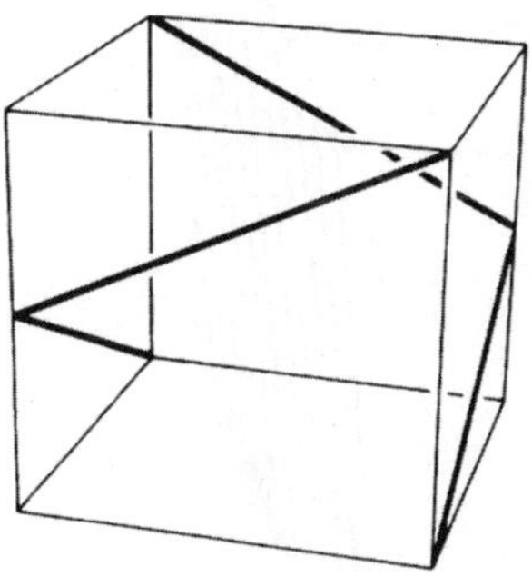

또는

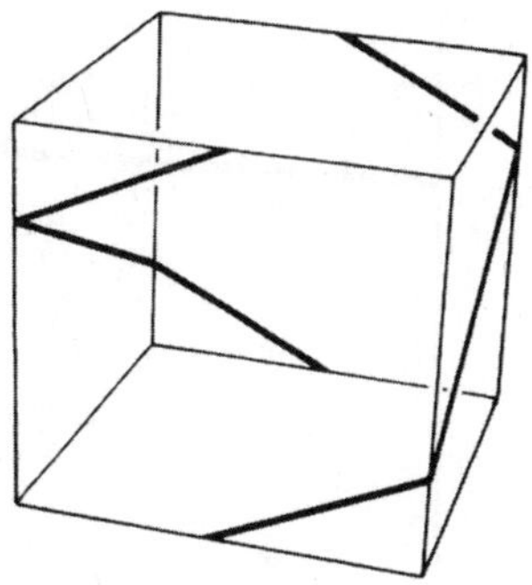

17.12

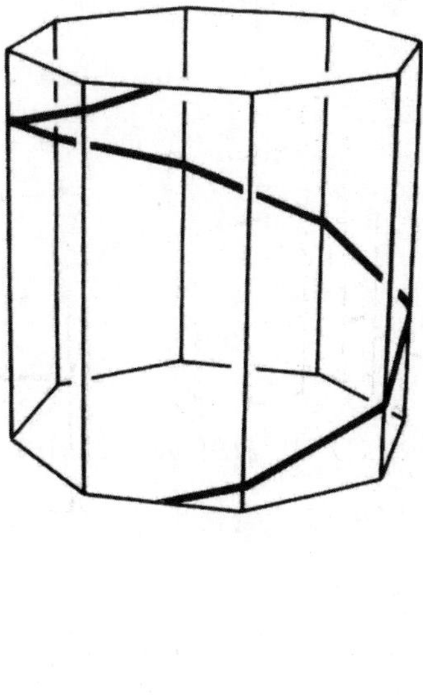

17.13 놀랍게도, 비틀린 토러스는 원 위의 토러스 번들이 됩니다. 아래에 보이는 것처럼 그것을 얇게 썰었을 때, 각각의 낱장은 그것이 절단을 가지고 있더라도 위상적으로 토러스임을 주목하세요. 하지만 비틀림을 가진 토러스는 여전히 곱은 아닙니다. 토러스들의 원이 되는 방식은 그것이 원들의 토러스가 되는 방식과 관계가 없기 때문입니다.

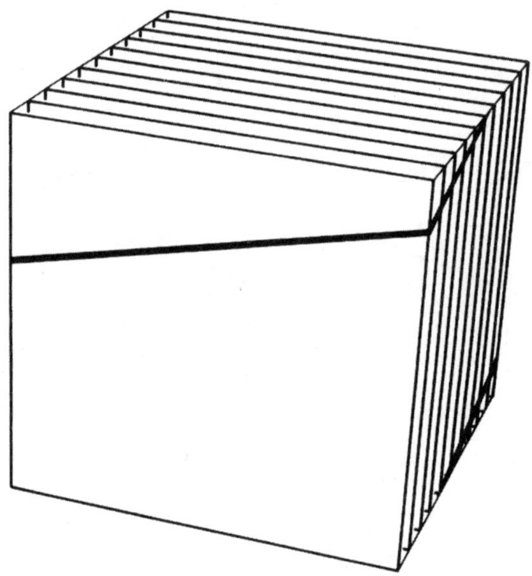

CHAPTER 18

18.1 K^3 (연습문제 17.6 참조).

18.2 S^2, P^2, T^2, K^2이 아닌 임의의 곡면과 원의 곱. 원 위의 곡면 번들 중 많은 것들 또한 $H^2 \times E$ 기하를 가집니다. 연습문제 17.3에서 몇 개의 구체적인 예를 보세요.

18.3 K^2와 $P^2 \times S^1$은 비가향적인 반면, $S^2 \times S^1$와 그 새로운 다양체는 가향적입니다. 그 새로운 다양체는 어떤 측면에서 사영 삼차원 공간과 닮았습니다. 즉, 여러분이 (두께가 있는 구형의 껍질이라고 간주되는) $S^2 \times I$의 안쪽이건 바깥쪽이건 표면을 떠난다면 여러분은 회전하여 같은 표면상의 대각선으로 마주보는 점으로 돌아오게 됩니다만, 거울 반사된 상태로는 아닙니다.

18.4 가질 수 없습니다. 비틀린 유클리드 기하를 가진 삼차원 다양체에서, 여러분은 출발점의 아래로 돌아오려면 시계방향으로 여행해야 하는지 아니면 반시계방향이어야 하는지 쉽게 관찰할 수 있습니다. 여러분이 그런 다양체에 들어가 있다고 해 봅시다. 여러분이 수평인 시계방향으로 조그만 원을 그리며 여행한다면 여러분은 출발점 아래로 돌아오게 될 것입니다. 긴 여행에서 돌아오는 경우도 그는 시계방향으로 움직이면 출발했던 곳 아래로 돌아온다는 사실을 여전히 관찰할 수 있습니다. 이것은 그가 거울상이 되지 않았음을 말합니다! 그가 거울상이 되었다면, 반시계방향의 원을 따라 움직여야 출발점 아래로 돌아올 수 있는 것처럼 그에게 보였을 것입니다. 이것은 여행자가 거울상이 되어 집에 돌아올 수 없음을 보여줍니다. 즉, 그 다양체는 가향적이어야 합니다.

18.5 연습문제 17.12에 나온 다양체가 잘 설명해줄 것입니다.

CHAPTER 19

19.1 은하 A와 B 사이의 거리는 (0.07)(150억 광년)=10.5억 광년만큼 늘어날 것이고, 따라서 총 150억 광년 + 10.5억 광년 = 160.5 광년만큼 떨어져 있게 됩니다. 은하 B는 은하 A로부터 (10.5억 광년)/(10억년) = 1년당 1.05 광년의 속도로 멀어지게 됩니다. 이것은 빛의 속도보다 5% 더 빠른 것입니다. 아인슈타인의 특수상대성이론에 의하면 두 개의 인접한 물체는 빛보다 빠른 속도

로 서로를 지나칠 수 없지만(정확한 용어로 말하자면, 같은 관성계에 속한 두 물체의 상대속도는 빛의 속도를 초과할 수 없습니다), 다행히도 지금 얻은 답이 특수상대성이론에 모순되는 것은 아닙니다. 지금의 예에서 두 개의 떨어진 은하 사이의 전체 거리는 빛의 속도를 초과하는 비율로 증가하지만, 두 은하는 매우 멀리 떨어져 있으며 어떤 직접적인 비교도 불가능하기 때문에 상관없습니다(정확한 용어로 말하자면, 두 은하는 다른 관성계에 속해있습니다).

CHAPTER 21

21.1 지금 우리로부터 10억 광년 떨어진 한 은하에서 온 빛은 우리에게 도달하는데 10억년보다는 적게 걸렸습니다. 우주가 과거에는 지금에 비해 더 작았기 때문입니다. 일정한 간격으로 떨어져 있는 이정표를 상상해 봅시다: 빛이 출발한 은하에 0번 이정표가 놓여 있고, 출발점으로부터 우리에게로 1/10만큼 온 지점에 1번 이정표가, 2/10 온 지점에 2번 이정표가 있습니다. 이와 같이 계속하여 지구에 놓여있는 10번 이정표에 이른다고 해 봅시다. 지금의 우주에서는 이웃한 이정표 사이의 거리는 정확히 1억 광년입니다. 그러나 빛의 광자들이, 예를 들어, 8번 이정표에서 9번 이정표로 향하고 있던 과거에는 우주가 약간 더 작았고, 결국 그 두 이정표 사이의 거리는 1억 광년보다 작았습니다. 더 먼 과거로 가서, 빛의 광자들이 7번 이정표에서 8번 이정표로 향하고 있었을 때 우주는 더욱 작았고, 결국 이정표 사이의 거리가 더욱 작았습니다. 더 더욱 먼 과거도 이와 마찬가지로 생각할 수 있지요. 요컨대 광자는 여행의 초기에 더 많이 나아갔습니다. 그때의 우주가 지금보다 더욱 압축되어 있었기 때문입니다.

21.2 n개의 은하 각각으로부터 $n-1$개의 다른 은하 각각까지의 거리는 총 $n(n-1)$개입니다. 그러나 은하 A로부터 B까지의 거리는 은하 B로부터 A까지의 거리와 같지요. 따라서 계산해야 하는 거리의 수는 절반으로 줍니다. 결

국, $n(n-1)/2$ 개의 거리를 계산하면 됩니다.

CHAPTER 22

22.1 우리의 최후 산란면은 미래에는 더욱 커질 것입니다. 이것은 단지 우주가 팽창하기 때문만은 아니고, 더 멀리 떨어진 장소에서 출발한 빛이 우리에게 도달하는데 필요한 시간을 더 가지게 되기 때문이기도 합니다. 결국 미래에 우리가 우주에서 볼 수 있는 영역의 비율은 지금 우리보다 더 높을 것입니다. (그러니, 만약 우주의 위상을 간파하려고 하는 지금의 노력이 실패로 돌아가면, 우리는 십억 년 기다려서 다시 시도해볼 수 있을 것입니다.)

22.2 (a) 예, 여러분의 두 손가락은 대응하는 점에서 같은 색깔을 지나갑니다. A에서의 온도는 A'에서의 온도와 같고, B에서의 온도는 B'에서의 온도와 같고, 이렇게 계속 나아갑니다. (b) 북쪽 하늘의 원과 남쪽 하늘의 원을 따라 분포된 온도는 완전히 일치합니다. 이 두 개의 원은, 그 하늘 자신 속에서는 완전한 원형이지만, 아래의 그림에서는 수평의 직선이라는 것에 주목하세요.

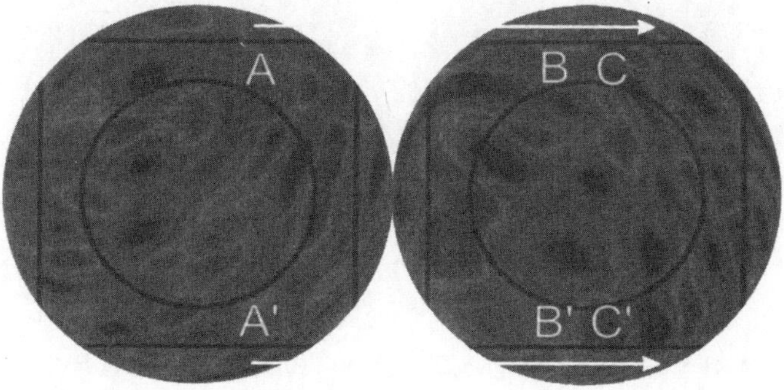

22.3 (a) 1/4 회전 다양체의 원들은 삼차원 토러스의 원과 같이 들어맞습니다. 단, 삼차원 토러스의 원들은 똑바로 가로질러 들어맞는 반면, 1/4 회전 다양체의 한 쌍의 원들은 90° 회전을 가지고 들어맞습니다. (b) $K^2 \times S^1$ 에서 한 쌍의 원들은 뒤집힘을 가지고 들어맞으며, 이를 통해 그 우주의 위상이 드러납니다.

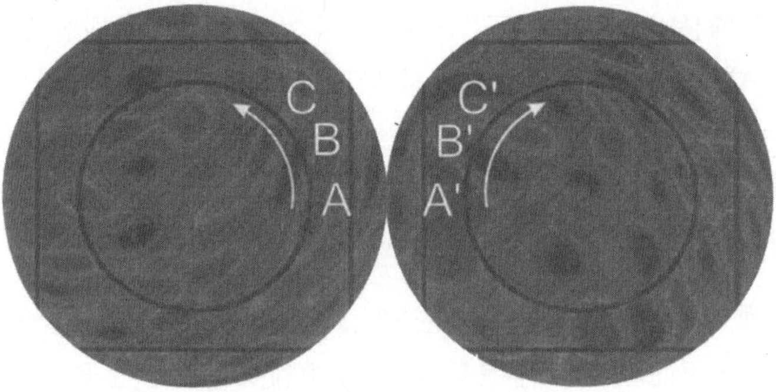

삼차원 토러스의 원들은 똑바로 가로질러 들어맞는다.

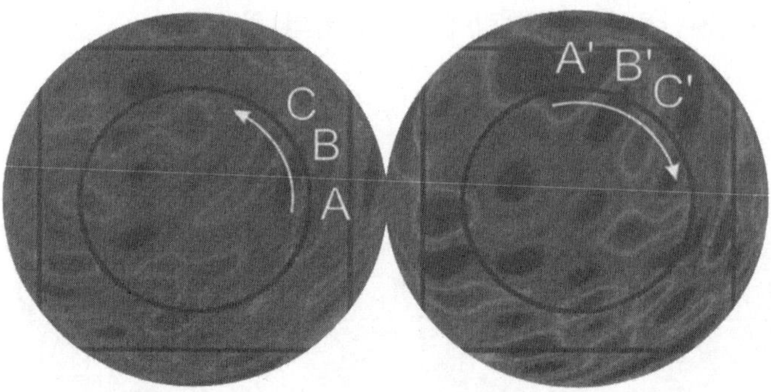

1/4 회전 다양체의 어떤 한 쌍의 원은 90°차이를 가지고 들어맞는다.

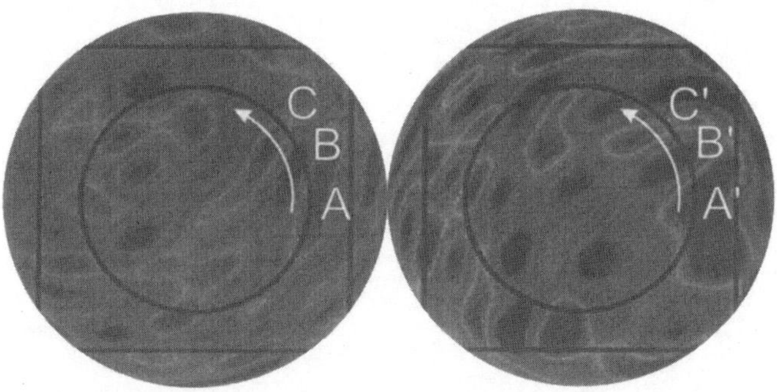

$K^2 \times S^1$의 어떤 한 쌍의 원은 뒤집힘을 가지고 들어맞는다. (그 뒤집힘을 가장 분명하게 보려면 두 개의 반구를 모아서 구형의 하늘을 복원해 보면 될 것이다. 인쇄된 지면에는 두 개의 원 모두 반시계 방향으로 도는 것 같지만, 구형의 하늘에서 그 둘은 서로 반대 방향으로 돈다.)

22.4 우리가 십이면체의 가운데 앉아있다면, 푸앵카레의 십이면체 공간과 사이페르트-베버 공간 중 어느 쪽이든 십이면체 대칭구조로 하늘에 배치되어 있는 여섯 쌍의 들어맞는 원들(총 열두 개의 원)을 보게 됩니다. 그렇지만 원들은 두 공간 사이의 어떤 차이를 드러냅니다. 즉, 푸앵카레 십이면체 공간에서 마주보는 원들의 온도는 1/10 바퀴만큼 비틀어져서 들어맞고, 사이페르트-베버 공간에서 온도는 3/10 바퀴만큼 비틀어져서 들어맞습니다.

Appendix B

참고문헌

4차원 공간

1. Abbot, E. A. Flatland: A Romance of Many Dimensions, Dover, 1992 (초판은 1884년에 출간)

만약 여러분이 이 참고문헌 목록에서 단 하나를 읽겠다면 《플랫랜드 Flatland》를 읽으세요. Abbot는 이 책에서 빅토리아 시대의 사회에 대한 풍자를 곁들여 더 높은 차원에 대해 친절하게 소개합니다. 분명하고 힘찬 문체는 그 자체로 영감을 줍니다. 무엇보다도 좋은 점은 이 책은 단지 1달러면 구할 수 있다는 것입니다. 책을 주문할 때 여러분의 친구들 것까지 함께 주문해도 좋겠네요.

2. Banchoff, T. F. Beyond the Third Dimension: Geometry, Computer Graphics, and Higher Dimensions, Scientific American Library, 1990.

삽화가 멋진 이 책은 4차원 세계, 그리고 기하학과 위상수학의 관련 주제들을 재미있고 읽기 쉽게 소개합니다.

3. Rucker, R. Geometry, Relativity and the Fourth Dimension, Dover, 1977.

더 높은 차원, 물리학, 철학에 대항문화를 곁들여 대중들 수준에서 탁월하게 설명합니다.

기하학

4. Hilbert, D. and S. Cohn-Vossen. Geometry and the Imagination, Chelsea, 1999 (Anschauliche Geometrie, 1932 의 번역본임).

5. Coxeter, H. S. M. Introduction to Geometry, 2nd edition, Wiley, 1989.

위의 두 권의 책은 기하학에 대한 좋은 백과사전입니다. 이 책들을 처음부터 끝까지 읽어도 좋겠지만, 나는 전체를 대강 살펴보고 나서 흥미 있는 부분을 정독하여 읽는 편을 선호합니다.

6. Henderson, D. W. Experiencing Geometry, 2nd edition, Prentice Hall, 2001.

활동적인 학습을 하도록 구성된 학부 기하학의 훌륭한 교재입니다. 이 책은 기하학의 모든 관점을 망라하여 26쪽의 참고문헌 목록을 담고 있는데, 저자는 이 목록을 http://www.math.cornell.edu/~dwh/biblio/에서 지속적으로 갱신하고 있습니다.

위상수학

7. Seifert, H. and W. Threlfall. A Textbook of Topology, Academic Press, 1980 (Lehrbuch der Topologie, 1934).

이 책의 출판연도만 보고 읽을 필요가 없을 것이라고 판단하지 마세요. 이 책이 담고 있는 아이디어들(호몰로지homology theory, 기본군fundamental group,

피복공간covering space, 3차원 다양체3-manifolds, 푸앵카레 쌍대성Poincaré duality, 연환수linking numbers)은 1934년과 다를 바 없이 오늘날에도 흥미롭고 중요합니다. 3차원 다양체의 위상수학의 기원을 알고 싶은 졸업생이나 상급의 학부생에게 이 책은 탁월한 선택이 될 것입니다.

8. Thurston, W. P. Three-Dimensional Geometry and Topology, Vol. 1, Princeton University Press, 1997.

서스턴Bill Thurston은 3차원 다양체의 기하학적 이론을 개척한 사람입니다. 이 책은 그가 보는 것을 여러분도 볼 수 있게 해 줍니다. 이 책은 대학원생 수준으로 나온 것이라서 완전히 내용을 이해하려면 수학적인 기초가 탄탄해야 합니다. 서스턴은 완벽한 선행지식을 요구하는 대신, 기본적인 개념들을 명확히 설명하는데, 그리고 가능한 경우에 대해서는 이해를 돕는 그림을 제공하는 데 많은 노력을 쏟았습니다.

9. Weeks, J. R. Exploring the Shape of Space, Key Curriculum Press, 2001.

이 책은 종이와 가위를 이용한 활동, 연필과 종이를 이용한 활동, 컴퓨터 게임, 그리고 우리의 3차원 다양체 우주의 가능한 모양을 탐험하기 위한 비디오를 활용한 2주간의 교실수업을 제공합니다. 대상은 6학년에서 10학년까지의 학생들입니다. http://www.keypress.com/space

10. Adams, C. C. Knot Book: An Elementary Introduction to the Mathematical Theory of Knots, Freeman, 1994.

이 책은 다양한 독자들을 대상으로 매듭이론을 유쾌하게 탐구합니다.

11. Rolfsen, D. Knots and Links, Publish or Perish, 1976.

Knot and Links는 수학을 전공한 대학원생들이 The Shape of Space에 이

어서 읽기에 아주 좋은 책입니다. 그림, 그리고 손으로 푸는 연습문제를 통해 3차원 다양체의 위상수학과 매듭 이론 전반을 상세하게 안내합니다.

12. Francis, G. K. A Topological Picturebook, Springer-Verlag, 1987.

수학적 삽화의 대가인 저자가 아름답고 효과적인 삽화를 그리는 방법을 알려줍니다. 이와 동시에 고전적 위상수학도 약간 가르쳐주지요.

13. Guilleman, V. and A. Pollack. Differential Topology, Prentice-Hall, 1974.

미분위상수학differential topology을 훌륭하게 소개하는 이 책에서는 많은 아름다운 주제—내가 특히 좋아하는 것은 벡터장vector fields과 사상의 지수degrees of mappings입니다—들을 탐구합니다. 그럼에도 불구하고 이 책은 최소한의 배경지식만을 가정합니다. 바로 미적분학과 선형대수입니다(저를 믿으세요. 이 주제에 대한 다른 책들과 비교하면 이것은 정말 최소한입니다).

14. Petit, J. -P. Here's Looking at Euclid. Kaufmann, 1985 (Le Geometricon의 번역본임).

이 만화책에서는 몇 개의 단순한 3차원 다양체를 활기차게 뛰어다닙니다. 수학의 초보자와 전문가 모두 즐겁게 읽을 수 있을 것입니다.

우주 위상학

15. Osserman, R. Poetry of the Universe, Anchor Books, 1996.

저렴한 페이퍼백으로 나온 이 책은 우주의 모양에 대한 인류의 이해가 어떻게 진화하는지 보여줍니다. 저자는 기하학적 지식을 역사적 지식과 절묘하게 엮어냅니다. 비전문가를 고려하여 쓴 책으로서 과학이나 수학의 배경지식은 필요하지 않습니다.

16. Luminet, J. -P. L'Univers Chiffonné, Fayard, 2001.

실재하는 우주의 위상을 발견하기 위해 현재 어떠한 실험이 진행되고 있는지에 대해, 이 책은 명료한 문체와 멋진 그림으로 가장 훌륭하게 설명해 줍니다. 교양이 있는 대중들을 독자로 하며, 수학과 물리학의 전문지식은 필요하지 않습니다. 최소한의 불어만 할 줄 안다면 문제없이 읽을 수 있을 정도로 쉽게 쓰였습니다. (나는 지금도 제목에 있는 chiffonn 단어를 이해하지 못합니다. 하지만 본문 자체의 불어는 쉽습니다.) 불어를 전혀 모른다면, 영어 번역본을 기다리면 되겠습니다.*

17. Cornish, N. and J. Weeks. Measuring the shape of the Universe. Notices of American Mathematical Society 45: 1461-1469, 1998.

팽창하는 우주를 물리학과 수학을 통해 설명합니다. 우주의 위상을 알기 위한 하늘의 원 방법과 함께요. 여러 분야에 걸친 전문 수학자를 대상으로 하지만, 대부분의 내용은 수학이나 물리 전공의 학부생들도 읽을 수 있습니다.

* 역주: 2008년에 'The Wraparound Universe'라는 제목으로 영어 번역본이 출간되었다.

Appendix C

콘웨이의 ZIP 증명*

George K. Francis와 Jeffrey R. Weeks

곡면은 여러 가지 다른 모양으로 자연스럽게 등장합니다. 복소해석학에서 동역학에 이르는 여러 수학 분야에서 말이지요. 1860년대 이후로 분류정리라는 것이 알려졌는데, 모든 닫힌곡면들은 그 태생과 모양에 상관없이, 결국은 몇 개의 손잡이handle나 교차뚜껑cross cap(아래에서 정의합니다)을 가진 구와 위상적으로 동형이라는 것입니다. 현대적인 교재 대다수는 그 정리에 대해 사이페르트Seifert와 드렐폴Threlfall [5]의 증명을 제시합니다. 사이페르트와 드렐폴의 증명은 구성적이어서 좋지만, 주어진 곡면을 조금 인위적인 표준 형태로 만드는 과정을 포함합니다. 지금 우리는 콘웨이John H. Conway가 1992년쯤 찾아낸 완전히 새로운 증명을 소개하려고 합니다. 이 증명은 [5]의 구성적인 성격을 유지하면서 표준 형태의 불필요한 부분은 없앴습니다. 콘웨이는 자기의 증명을 무관계성 제거 증명Zero Irrelevancy Proof, 혹은 'ZIP 증명'이라고 불렀습니다. 다른 사람들에게도 자기의 증명을 이렇게 불러달라고 부탁했지요. 그러지 않는다면 사람들이 이 증명을 볼 때 이것이야말로 머릿속에 자연스럽게 떠

* 이 논문은 원래 *the American Mathematical Monthly*의 1999년 5월호에 실린 것입니다.

올릴 수 있는 증명 방법이라고 생각할 것이고, 결국 이 증명의 기원은 잊히게 될 수 있다고 걱정한 것입니다. 우리는 콘웨이의 재치 있는 증명이 많은 교재에서 관례적으로 싣고 있는 사이페르트와 드렐폴의 증명을 대신하게 될 것이라고 확신합니다. 이 새로운 증명은 기초 위상수학의 모든 고전적인 특성을 간직한, 더 가볍고 기름기 없는 누벨퀴진nouvelle cuisine적인 방법이라 말할 수 있습니다.

우리는 위상수학의 범주에서 생각할 것입니다. 즉, 곡면은 자유롭게 늘어나고 변형될 수 있습니다. 예를 들면, 구와 타원체는 위상적으로 동형입니다. 하나가 다른 하나로 점차적으로 변형될 수 있기 때문입니다. 그러나 구와 도넛의 표면은 위상적으로 다릅니다. 그렇게 점차적으로 변형될 수 없기 때문입니다. 앞으로 보게 될 모든 그림들은 곡면들이 변형되는 것을 보여줍니다. 예를 들면, 그림 C.1A에서 구멍 두 개를 갖는 정사각형은 튜브 두 개를 갖는 정사각형(C.1B)과 위상적으로 동형입니다. 하나를 다른 하나로 변형시킬 수 있기 때문입니다. 더 일반적으로 말하자면, 두 곡면이 동등할, 즉 **위상동형**일 필요충분조건은, 하나가 다른 하나로 연속인 일대일대응을 통해 대응된다는 것입니다. 결국, 중요한 것은 최종적으로 동형인가의 여부입니다. 그것이 어떤 변형에 의해 얻어진 것이든 아니든 말이지요.

이제 기본적인 위상적 특성들을 지퍼zipper, 다른 말로 '짚의 쌍zip-pair'이라는 용어를 써서 도입하겠습니다. 여기서 지퍼의 반쪽을 짚zip이라 부르는 것입니다. 그림 C.1A는 곡면의 가장자리가 되는 원 두 개를 포함하는 곡면인데, 각각의 원은 짚을 달고 있습니다. 지퍼를 닫읍시다. 이제 이 곡면은 **손잡이**handle를 가지게 됩니다(C.1D). 만약 우리가 이 두 개의 짚 중 하나의 방향을 반대로 두면(C.2A), 두 개의 튜브 중 하나는 짚의 방향을 맞추기 위해서 '자기 자신을 통과'해야만 합니다(C.2B). 그림 C.2B는 구조를 좀 더 쉽게 볼 수 있도록 수직 방향으로 얇은 조각을 임시로 잘라낸, 스스로 교차하는 튜브를 보여줍니다. 여기서 지퍼를 잠그면(C.2C) **교차손잡이**crosshandle가 만들어집니다(C.2D). 이 교

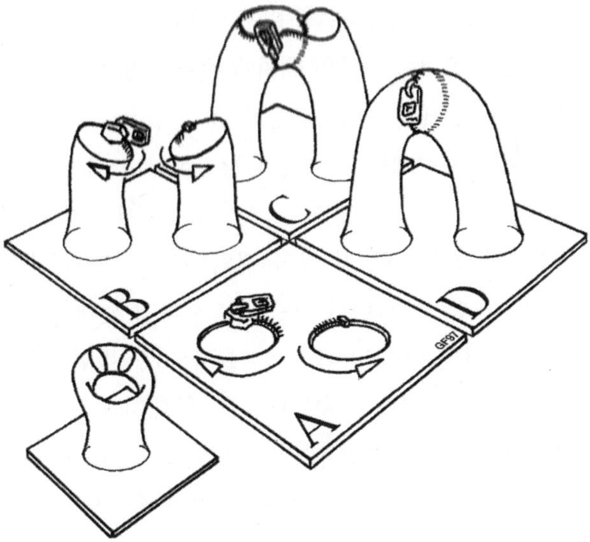

[그림 C.1] 손잡이

[그림 C.2] 교차손잡이

차손잡이의 그림에는 스스로 교차하면서 만들어지는 선분이 보입니다. 스스로 교차하는 것은 삼차원 공간에서는 곡면의 배치에 관련된 흥미로운 특성이지만, 곡면 그 자체의 내재적인 위상에는 영향을 주지 않습니다.

만약 두 지퍼가 하나의 경계원을 절반씩 차지하고(그림 C.3A) 그 방향이 맞으면 **뚜껑**cap 하나를 얻게 됩니다(C.3C). 그러나 위상적으로 이것은 무시할 수 있기 때문에(C.3D) 더 이상 다루지 않을 것입니다. 지퍼의 방향이 맞지 않을 때(C.4A)의 결과가 더 재미있습니다. 두 개의 지퍼에서 대응하는 점들이 서로 마주보도록 곡면을 변형한 다음(C.4B) 지퍼를 닫기 시작합시다. 처음에, 지퍼 머리는 별 문제 없이 위로 나아가지만(C.4C), 꼭대기에 도착한 다음부터 '다른 두 장'을 모아 지퍼를 닫으면서 내려가서 스스로를 교차하는 선분을 만듭니다. 앞에서처럼 자기교차는 곡면을 삼차원 공간에서 만들어 보이면서 생긴 인위적인 부분일 뿐이며, 곡면의 내적인 위상에는 영향을 주지 않습니다. 결과로서 얻어지는 것은 **교차뚜껑**crosscap(C.4D)입니다. 그림에는 자기교차를 더 분명하게 보여주기 위해 잘려진 모습을 담았습니다.

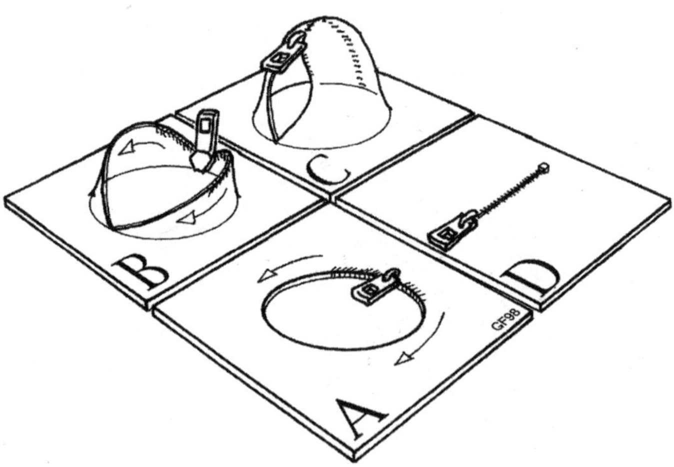

[그림 C.3] 뚜껑

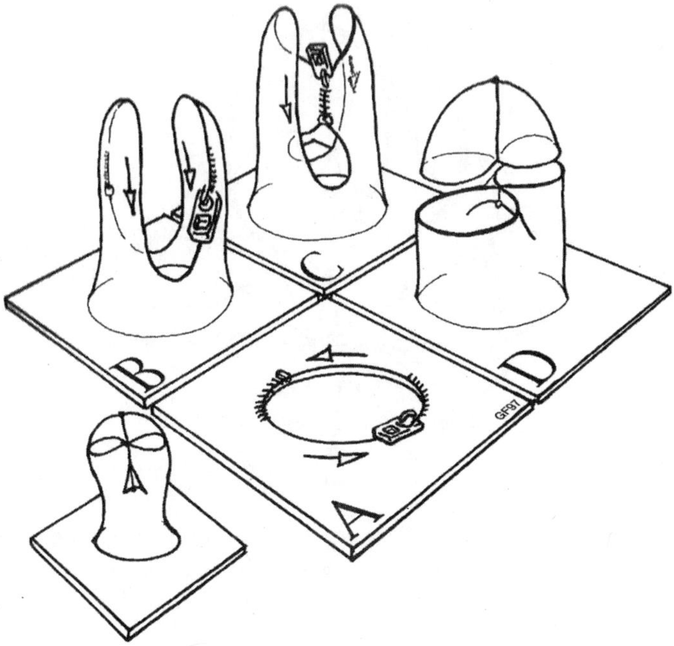

[그림 C.4] 교차뚜껑

지금 살펴본 구성 과정은 비전문가에게 곡면의 개념을 명확하게 해줍니다. 전문가라면 우리가 다루는 곡면은 옹골compact이며, 경계를 가질 수도 있다는 사실을 주목할 수도 있겠습니다.

주석. 곡면이 연결되어 있다고 가정하지는 않습니다.

주석. 그림 C.5는 삼각분할된 곡면의 예를 보여줍니다. 모든 곡면들은 삼각분할될 수 있지만, 그 증명[4]은 어렵습니다. 대신에 우리는 이미 삼각분할된 곡면에 대한 이야기로서 분류정리를 제시할 것입니다.

정의. 곡면에서 열린 원판을 제거한 후 남은 부분을 **구멍**이라 합니다. 예를 들면 그림 C.1A는 두 개의 구멍을 갖는 곡면의 일부분입니다.

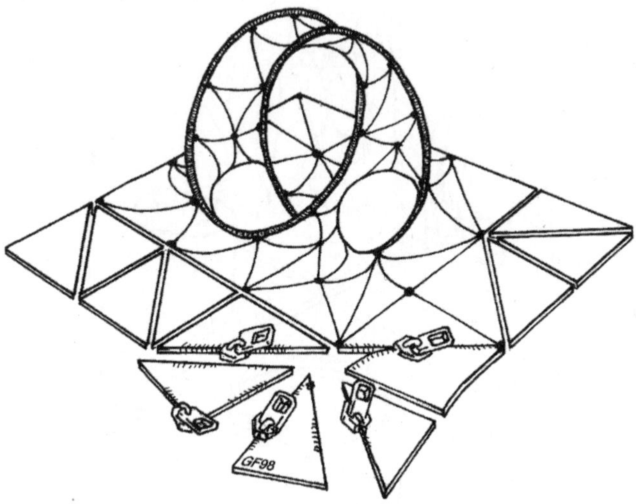

[그림 C.5] 삼각분할 각각의 변을 따라 짚의 쌍을 설치하고, 그것들 모두를 연다. 그리고 한 번에 하나씩 그것들 모두를 다시 닫는다.

정의. 어떤 곡면이 각각 유한개의 손잡이, 교차손잡이, 교차뚜껑, 구멍을 가진 구 유한개의 모임과 위상동형일 때 그 곡면은 **정규적**이라 합니다.

분류정리 (예비적인 판)

모든 곡면은 정규적이다.

증명. 임의의 삼각분할된 곡면을 가지고 시작하지요. 그 곡면이 천 조각을 이어붙여 만든 퀼트라고 상상해 봅시다. 단, 정사각형 모양의 천 조각들을 바늘로 꿰매서 만든 전통적인 퀼트 대신에, 삼각형 모양의 천 조각들을 지퍼로 결합해서 만든 것을요(그림 C.5). 모든 짚의 쌍을 열면 곡면은 변을 따라서 짚이 달려있는 삼각형들의 모임이 됩니다. 이 삼각형들의 모임은 정규적인 곡면입니다. 각각의 삼각형이 하나의 구멍을 가진 구와 위상동형이기 때문입니다. 이제, 하나의 짚을 원래의 짝과 다시 닫습니다. 그 결과로 만들어진 곡면은 다시 정규적인 곡면이 됩니다. 이것을 보이는 것이 어렵지는 않습니다. 그렇지만 설명을 보다 깔끔하게 하기 위해 자세한 증명은 보조정리 1로 미루겠습니다. 자, 계속해서 한 번에 한 쌍씩 원래의 짝과 짚을 다시 닫읍시다. 이때 각 단계에서 곡면이 여전히 정규적으로 유지된다는 사실을 보조정리 1이 보장한다는 것을 잊지 마세요! 마지막 지퍼 쌍이 닫히는 순간 원래의 곡면이 다시 만들어지고 이는 정규적인 곡면입니다. □

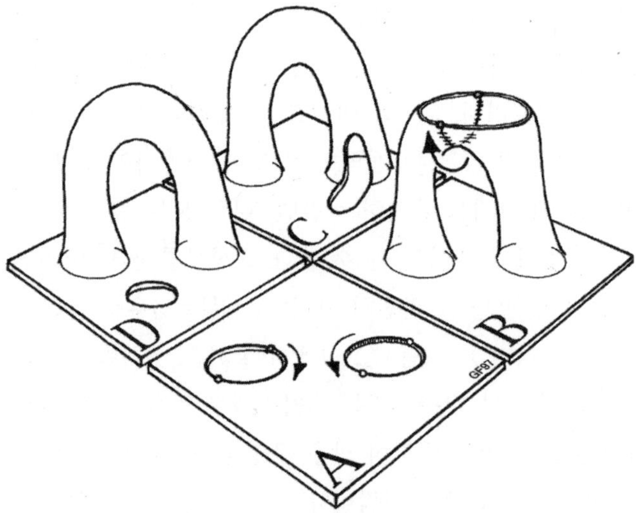

[그림 C.6] 이 짚들은 경계를 이루는 원의 일부만을 차지한다.
이들을 닫으면 구멍 뚫린 손잡이가 된다.

보조정리 1. 경계의 일부분에 짚 두 개를 달고 있는 곡면을 고려하자. 만약 짚이 서로 닫히기 전에 그 곡면이 정규적이면, 닫힌 후에도 정규적이다.

증명. 먼저 두 개의 짚 각각, 경계를 이루는 원을 완전히 차지하는 경우를 고려합시다. 만약 두 경계원이 그 곡면의 같은 연결성분connected component 위에 있다면, 그 곡면은 경계원들이 서로 가까이 오도록 변형될 수 있으며, 짚들을 서로 닫으면 그들의 방향에 따라서 손잡이(그림 C.1)나 교차손잡이(그림 C.2)로 변형됩니다. 두 경계원이 다른 연결 성분에 있는 경우에는, 지퍼를 닫을 때 두 성분은 하나로 결합됩니다.

다음으로 두 개의 짚이 하나의 경계원 전체를 나누어 가지는 경우를 생각합시다. 그것들을 서로 닫으면 그것들의 방향에 따라서 뚜껑(그림 C.3)이나 교차뚜껑(그림 C.4)이 만들어집니다.

마지막으로, 짚들이 경계를 이루는 원(들)을 완전히 차지하지 않고 남겨두는 여러 경우를 생각해 봅시다. 예를 들면, 그림 C.6A에서 짚들을 서로 닫으면 두 개의 구멍은 꼭대기에 구멍을 가진 손잡이로 변형됩니다(C.6B). 그 구멍은 손잡이에서 미끄러져 스르륵 내려갈 수 있습니다(C.6C, C.6D). 경계원(들)을 완전히 차지하지 않는 두 개의 짚을 갖는 일반적인 경우로 되돌아가서, 두 개의 짚이 보통의 크기를 유지하는 반면, 다른 모든 짚들은 크기가 작게 줄어들어서 우리가 돋보기 없이는 볼 수 없다고 상상합시다. 이러면 두 개의 짚이 자신이 놓인 경계원(들)을 완전히 차지하고 있는 경우로 환원되고(돋보기는 여전히 내려둔 채입니다!), 그림 C.1–4에서 살펴본 것처럼, 우리는 짚들을 닫아서 손잡이, 교차손잡이, 뚜껑, 또는 교차뚜껑을 얻을 수 있습니다. 돋보기를 다시 들여다보면 그 곡면은 여전히 작은 구멍을 갖고 있을 것이고, 이제 우리는 그것들을 원래 크기로 복구시킵니다. □

다음의 두 보조정리들은 손잡이와 교차손잡이, 교차뚜껑 사이의 관계를 표현합니다.

보조정리 2. 교차손잡이는 교차뚜껑 두 개와 위상동형이다.

증명. "클라인 구멍(그림 C.7A)"을 가진 곡면을 생각합시다. 만약 평행한 짚들(C.7A에서 검은 화살표로 보이는 짚들)이 먼저 닫히면, 그 구멍은 두 개로 나뉩니다(C.7B). 남아있는 지퍼를 닫으면 교차손잡이가 만들어집니다(C.7C).

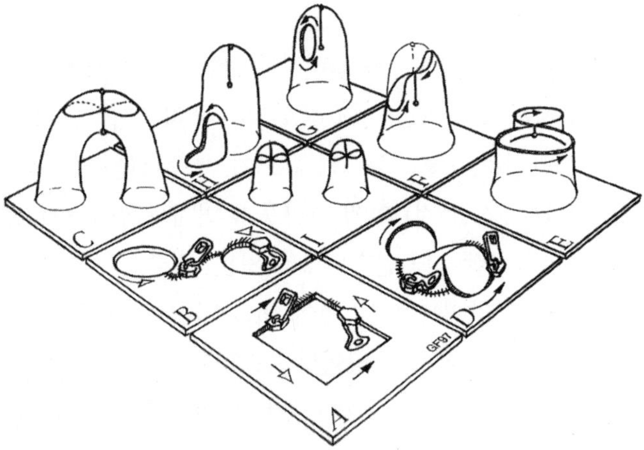

[그림 C.7] 교차손잡이는 두 개의 교차뚜껑과 위상동형이다.

한편, 만약 서로 반대 방향으로 평행한 짚들(그림 C.7A에서 흰 화살표로 보이는 짚들)이 먼저 닫히면, '뫼비우스 다리'(C.7D)를 가진 구멍이 만들어집니다. 어떤 일정한 높이까지 경계를 들어올리면서, 곡면을 그 아래로 늘어뜨리면, 교차뚜껑의 바닥 쪽 절반이 만들어집니다(C.7E). 교차뚜껑의 위쪽 반을 '눈에 보이지 않는 원판'으로 임시로 채우고(C.7F), 교차뚜껑의 자기-교차 선을 떠나도록 밀어낸 다음(C.7G), 임시로 채워 넣은 그 원판을 제거합니다. 구멍을 교차뚜껑 밖으로 밀어내고, 남아 있는 (검은색 화살표로 보이는) 짚의 쌍을 닫아 두 번째 교차뚜껑을 만듭니다(C.7I).

곡면의 내적인 위상은 먼저 닫힌 짚의 쌍이 무엇인지에 관계없으므로, 우리는 교차손잡이(C.7C)가 두 교차뚜껑과 위상동형이라고 결론내릴 수 있습니다. □

보조정리 3 (Dyck의 정리 [1]) 손잡이와 교차손잡이는 교차뚜껑이 존재할 때 동등하다.

증명. 그림 C.8A처럼 부착된 짚들을 갖는 구멍 한 쌍을 생각합시다. 만약 검은색 화살표가 먼저 지퍼로 닫히면(C.8B), 우리는 교차뚜껑 지시선을 가지는 손잡이를 얻습니다. 반대로, 만약 하나의 튜브가 그 자신을 관통하여 교차하고(C.8C, 그림 C.2B도 상기할 것) 흰색 화살표가 먼저 지퍼로 닫히면, 교차뚜껑 지시선을 가지는 교차손잡이를 얻습니다(C.8D). 물론, 두 경우 모두에서, 교차뚜껑은 마치 그림 C.6BCD에서 구멍이 미끄러져 손잡이를 벗어난 것처럼, 미끄러져 손잡이나 교차손잡이를 벗어날 수 있습니다. 그러므로 교차뚜껑을 가진 손잡이는 교차뚜껑을 가진 교차손잡이와 위상동형입니다.

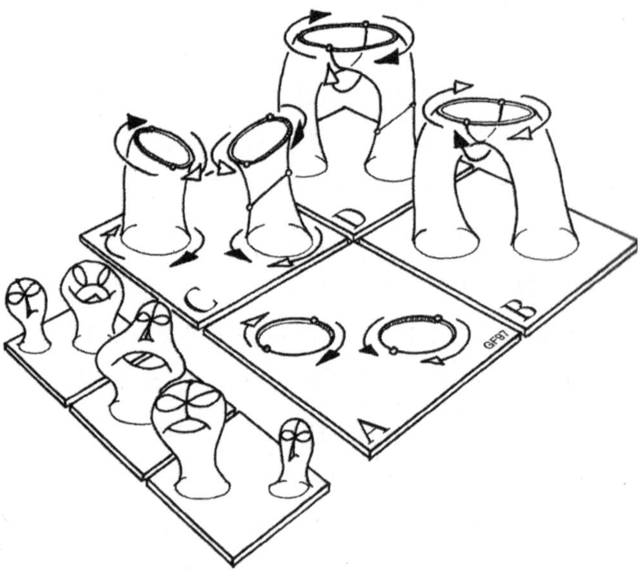

[그림 C.8] 교차뚜껑이 있으면 손잡이는 교차손잡이와 같다.

분류정리

모든 연결된 닫힌곡면은 몇 개의 교차뚜껑을 가진 구 혹은 몇 개의 손잡이를 가진 구 중 하나와 위상동형이다.

증명. 분류정리에 대한 예비적인 판에 의해서, 연결된 닫힌곡면은 손잡이들, 교차손잡이들, 교차뚜껑들을 가진 구와 위상동형입니다.

경우 1. 적어도 하나의 교차손잡이나 교차뚜껑이 있는 경우. 각각의 교차손잡이는 두 개의 교차뚜껑과 위상동형이므로(보조정리 2), 전체로서의 곡면은 교차뚜껑과 손잡이만 갖는 구와 위상동형입니다. 적어도 하나의 교차뚜껑이 있으므로 각각의 손잡이는 교차손잡이와 같고(보조정리 3), 그것은 결국 두 개의 교차뚜껑과 위상동형이므로(보조정리 2), 결과적으로 교차뚜껑들만 가진 구가 됩니다.

경우 2. 교차손잡이도, 교차뚜껑도 없는 경우. 이 곡면은 손잡이만 갖는 구와 위상동형입니다.

우리는 모든 연결된 닫힌곡면이 교차뚜껑을 가진 구 혹은 손잡이를 가진 구 중 하나와 위상동형임을 보였습니다. □

주석. 분류정리에서 이름 붙여진 곡면들 모두는 위상적으로 서로 다르며, 가향성과 오일러 수를 알면 그 중 어느 것인지 판단할 수 있습니다. n개의 손잡이를 가진 구는 가향적이며, 오일러 수가 $2-2n$입니다. n개의 교차뚜껑을 가진 구는 비가향적이며, 오일러 수가 $2-n$입니다. 대부분의 위상수학 책에서 상세한 증명을 찾아볼 수 있습니다. 특히 [6]과 [2]에서 기초적인 설명을 찾아볼 수 있습니다.

이름 붙이기. 하나의 손잡이를 갖는 구를 **토러스**라고 하고, 두 개의 손잡이를 갖는 구를 **이중 토러스**라 하고, 세 개의 손잡이를 갖는 구를 **삼중 토러스**라 합니다. 하나의 교차뚜껑을 갖는 구를 전통적으로 실사영평면real projective plane이라 부릅니다. 그 이름은 아핀 구조가 존재할 때의 사영 기하학에 대한 연구에서 적합하지만, 순수하게 위상적인 대상에 대해서는 적합하지 않습니다. 콘웨이는 이 이름 대신에 하나의 교차뚜껑을 갖는 구를 **교차곡면**cross surface이라고 부르자고 제안했습니다. 교차곡면이라는 이름은 교차뚜껑뿐 아니라, 반대편에 있는 점들을 동일시하는 구라는, 그 곡면의 우아한 대안적인 구성 방법을 상기시킵니다. 두 개의 교차뚜껑을 갖는 구는 **이중 교차곡면**double cross surface이라 부를 수 있고, 세 개의 교차뚜껑을 갖는 구는 **삼중 교차곡면**triple cross surface이라 부를 수 있으며, 계속 이런 식으로 나갈 수 있습니다. 특별한 경우로, 이중 교차곡면을 보통 **클라인 병**이라 부르고, 삼중 교차곡면을 **Dyck 곡면**이라고 부릅니다[3].

참고문헌

1. W. Dyck. Beitr ge zur Analysis Situs I. Math. Ann. 32: 457–512, 1888.
2. D. Farmer and T. Stanford. Knots and Surfaces, American Mathematical Society, Providence RI, 1996.
3. G. Francis and B. Collins. On knot-spanning surfaces: An illustraed essay on topological art. In: Michele Emmer, ed. The Visual Mind: Art and Mathematics, Chapter 11, MIT Press, Cambridge MA, 1993.
4. T. Rad . ber den Begriff der Riemannschen Fl che. Acta Litt. Sci. Szeged 2: 101–121, 1925.
5. H. Seifert and W. Threlfall. Lehrbuch der Topologie, Teubner, Leipzig, 1934. Translated into English as A Textbook of Topology, Academic Press, New York, 1980.
6. J. Weeks. The Shape of Space, Marcel Dekker, New York, 1985.

찾아보기